高等职业技术教育机电类专业规划教材

可编程序控制器技术训练与拓展

主　编　戴一平
参　编　劳顺康　田志勇　汤皎平
主　审　俞秀金

机 械 工 业 出 版 社

本书分为基础训练和拓展训练两大部分。第一部分为读者提供从认识硬件、软件、指令训练到基本逻辑控制的基础训练，在看、练、想、试的过程中提高自己的技术水平；第二部分介绍了 PLC 和旋转编码器、步进电动机驱动器、变频器、触摸屏及组态软件等常用工业控制设备、软件之间的关系，还简单介绍了 PLC 之间的通信和 Modbus 网络，为读者创造一个 PLC 应用的拓展空间。

本书为普通高等教育“十一五”国家级规划教材《可编程控制器技术及应用（欧姆龙机型）》（第 2 版）训练配套而编写，内容由浅入深、通俗易懂、实践性强，也可独立使用。本书面向高职高专院校、广播电视大学、技师学院电气自动化技术、生产过程自动化技术、机电一体化技术、应用电子技术以及相关专业，可供企业技术人员参考，也可作为可编程序控制系统设计师的培训教材或自学用书。

图书在版编目（CIP）数据

可编程序控制器技术训练与拓展/戴一平主编. —北京：机械工业出版社，2011.8（2016.1 重印）

高等职业技术教育机电类专业规划教材

ISBN 978-7-111-34452-0

Ⅰ.①可… Ⅱ.①戴… Ⅲ.①可编程序控制器-高等职业教育-教材 Ⅳ.①TM571.6

中国版本图书馆 CIP 数据核字（2011）第 121169 号

机械工业出版社（北京市百万庄大街 22 号 邮政编码 100037）

策划编辑：于 宁 责任编辑：于 宁 冯睿娟 版式设计：霍永明

责任校对：常天培 封面设计：鞠 杨 责任印制：李 妍

唐山丰电印务有限公司印刷

2016 年 1 月第 1 版第 3 次印刷

184mm×260mm · 11 印张 · 267 千字

4501—6400 册

标准书号：ISBN 978-7-111-34452-0

定价：24.00 元

凡购本书，如有缺页、倒页、脱页，由本社发行部调换

电话服务

社服务中心：（010）88361066

销售一部：（010）68326294

销售二部：（010）88379649

读者购书热线：（010）88379203

网络服务

门户网：http://www.cmpbook.com

教材网：http://www.cmpedu.com

封面无防伪标均为盗版

前　言

可编程序控制器（PLC）是集计算机技术、自动控制技术和通信技术于一体的高新技术产品。因其具有功能完备、可靠性高、使用灵活方便的优点，已成为工业及各相关领域中发展最快、应用最广的控制装置，PLC 技术也已成为现代控制技术的重要分支之一。

任何一门技术的学习过程都是一个由浅入深、由表及里，在知识和技能上不断提高的过程，由于 PLC 技术的实践性很强，所以在学习了 PLC 技术的基本原理后，要结合实际控制对象，运用各种指令多加练习。本书的目的就是提供一个练习的环境和机会，让读者在学习的过程中，多看——各种控制的方法、各种指令的使用；多练——按照本书提供的程序加以练习，不断积累；多想——在控制的过程中，为什么要这样做？多试——试一试，还能怎么做？从模仿练习、局部修改、独立设计，直到改革创新，使自己的技术水平在练习中，从量的积累不知不觉地发生质的升华。

本书分为两大部分，第一部分是基础训练，主要是认识 PLC、认识编程软件、基本指令与简单逻辑控制训练、应用指令与运算逻辑控制训练、交流电动机运行控制训练、顺序控制训练和模拟量控制训练，为读者提供一些基础性的训练；第二部分是拓展训练，从与 PLC 联系最为密切的常用外围设备着手，展开讨论，其中有常用的高速输入设备——旋转编码器、高速脉冲输出设备——步进电动机、交流调速设备——变频器、人机交互界面——可编程终端（触摸屏）及组态软件等，还简单介绍了 PLC 之间的通信和 Modbus 网络，为读者创造一个应用 PLC 的拓展空间。

本书由戴一平（项目一、二、三、四、六、七 、十、十一、十三、十四）、劳顺康（项目五）、田志勇（项目八、九）、汤皎平（项目十二）编写。俞秀金审阅了全书，提出了许多宝贵的意见和建议，在此，编者表示衷心的感谢。

从书稿的酝酿和策划开始，欧姆龙自动化（中国）统辖集团就给予了热情的支持，提供了大量的参考资料和技术支持，使我们受益匪浅。书稿编写中，作者查阅和参考了多种书籍，从中得到许多教益和启示，在此，向欧姆龙自动化（中国）统辖集团和各位作者致以诚挚的谢意。

书中所需使用手册、编程手册等技术资料可通过欧姆龙工业自动化网站（http://www.fa.omron.com.cn/）、北京昆仑通态自动化软件科技有限公司（http://www.mcgs.com.cn/）网站索取。

由于编者水平有限，书中难免有错误和不妥之处，恳请使用本书的广大读者给予批评指正，以便修正改进。作者的 E-mail 地址：dyp18@163.com。电话：（0571）87773026，欢迎来信来电。

编　者

目　　录

第二部分 拓展训练

第一部分　基础训练

项目一　认识 PLC

训练要求：

通过学习本项目，熟悉 PLC 的结构，掌握可编程序控制器的输入/输出种类，了解可编程序控制器扩展与常用外设接口，学会电源及输入/输出的接线方法，了解输入/输出指示灯和工作指示灯的作用。

1.1　认识可编程序控制器

本训练的可编程序控制器以 OMRON（欧姆龙）公司生产的 CP1H 机型为主要操作对象，其外形如图 1-1 所示。

CP1H 型 CPU 单元有 X（基本型）、XA（带内置模拟输入/输出端子）、Y（带脉冲输入/输出专用端子）三种类型。其中 CP1H-XA 型 PLC 的 CPU 单元的正面面板结构图如图 1-2 所示。

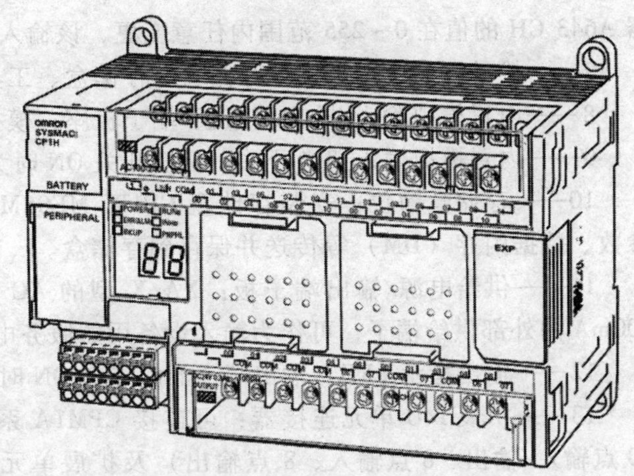

图 1-1　CP1H 型 PLC 外形图

图 1-2 中各部分名称和功能介绍如下：

1——电池盖：打开盖可放入电池。

2——工作指示 LED：指示 CP1H 的工作状态的 LED，其中 POWER（绿）为电源的通断指示；RUN（绿）为 PLC 工作状态指示；ERR/ALM（红）为错误/警告指示；INH（黄）在用特殊辅助继电器（A500.15）切断负载时亮；BKUP（黄）在用户程序、参数、数据内存向内置闪存（备份存储器）写入、访问和复位时亮；PRPHL（黄）在 USB 端口通信时闪烁，平时灭。

3——外围设备 USB 端口：与计算机连接，由 CX-Programmer 进行编程及监视。

4——7 段 LED 显示：在 2 位的 7 段 LED 上显示 CPU 单元的异常信息及模拟电位器操作时的当前值等 CPU 单元的状态。

5——模拟电位器：通过旋转电位器，可使特殊辅助继电器 A642 CH 的值在 0 ~ 255 范围内任意变更。

6——外部模拟设定输入连接器：通过从外部施加 0 ~ 10V 的电压，可将特殊辅助继电

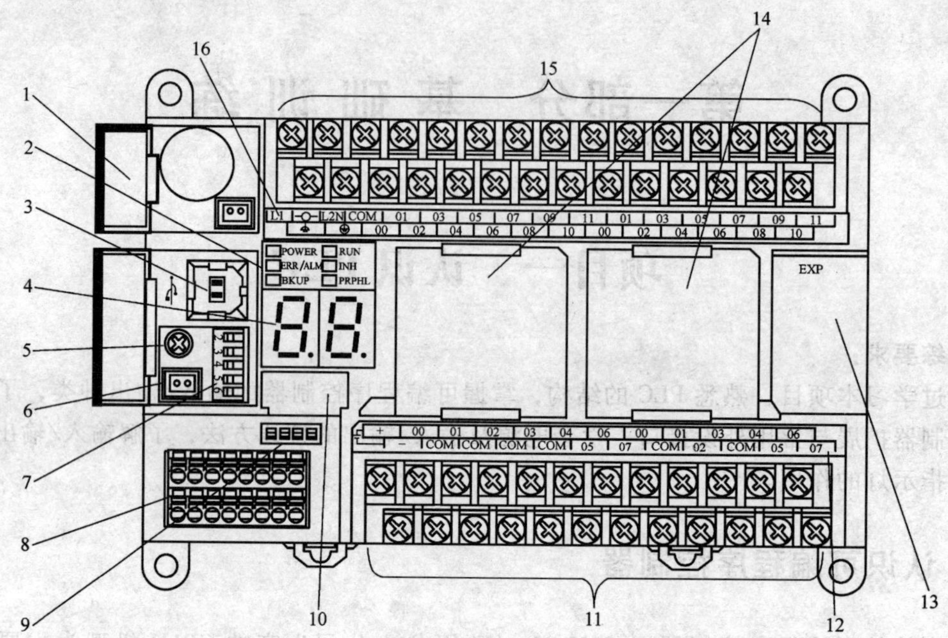

图 1-2 CP1H-XA 型 PLC 的 CPU 单元的正面面板结构图

器 A643 CH 的值在 0～255 范围内任意变更，该输入为不隔离。

7——拨动开关：用于用户存储器、存储盒、工具总线等的设置。

8——内置模拟输入/输出端子板/端子板座：模拟输入 4 点、模拟输出 2 点。

9——内置模拟输入切换开关：切换开关 ON 时为电流输入，OFF 时为电压输入。

10——存储盒槽位：安装存储盒 CP1W-ME05M，可将 CP1H CPU 单元的梯形图程序、参数、数据内存（DM）等传送并保存到存储盒。

11——供给电源/输出端子板：XA/X 型的 AC 电源规格的机型中，带有 DC24V 最大 300mA 的外部供给端子，可作为输入设备用的服务电源来使用。

12——输出指示 LED：输出端子的触点为 ON 时灯亮。

13——扩展 I/O 单元连接器：可连接 CPM1A 系列的扩展 I/O 单元（40 点输入/输出、20 点输入/输出、8 点输入、8 点输出）及扩展单元（模拟输入/输出单元、温度传感器单元、CompoBus/S I/O 连接单元、Device Net I/O 链接单元），最大 7 台。

14——选件板槽位：可分别将 RS-232C 选件板 CP1W-CIF01、RS-422A/485 选件板 CP1W-CIF11 安装到槽位 1、2 上。

15——电源、接地、输入端子板。

16——输入指示 LED：输入端子的触点为 ON 时灯亮。

1.2 可编程序控制器的接线

可编程序控制器基本单元（即 CPU 单元）的接线主要有电源接线、输入接线和输出接线。电源接线和输入接线在基本单元的上部，输出接线在基本单元的下部，打开接线端子盖，可看到各接线端子的排布。

1.2.1　电源和接地

电源的范围在 AC100 ~ 240V 之间。为了不发生因其他设备的起动电流及浪涌电流导致的电压降低，电源电路应与动力电路分别布线。为防止电源线发出的干扰，请将电源线绞扭后使用，如采用 1∶1 的隔离变压器进行布线，更加有效。

⏚（GR）为防止触电用接地端子，⏚（LG）为功能接地端子（噪声滤波器中性端子）。干扰大、有误动作及防止电击时，请将 LG 与 GR 短路，用专用的接地线（截面积在 $2mm^2$ 以上的电线）进行单独接地。请勿将接地线与其他设备共享，或连接到建筑物的梁上，这样会有相反的效果，反而会受到不良影响。电源和接地接线如图 1-3 所示。

1.2.2　输入布线

输入电路为 24 点输入端子和 1 点公共（COM）端子。输入元件一端接标有输入继电器地址的接线端子，一端接到 DC24V 电源的正极，电源负极接公共（COM）端。X/XA 型 AC 电源型的下部端子板中含有 DC24V 输出端子，可作为输入电路的 DC 电源使用。由于不少机型的输入电路模板采用了双向二极管，所以输入端的 DC24V 电源可以反接，CP1H 就属于这样一款机型。

所有布线，请务必采用压接端子或使用单线。输入接线如图 1-3 所示。图中的开关、按钮可以常开的方式接入，也可以常闭的方式接入，对于初学者建议将输入元件以常开的方式接入，这样对编程和对程序的理解都较为容易一点。

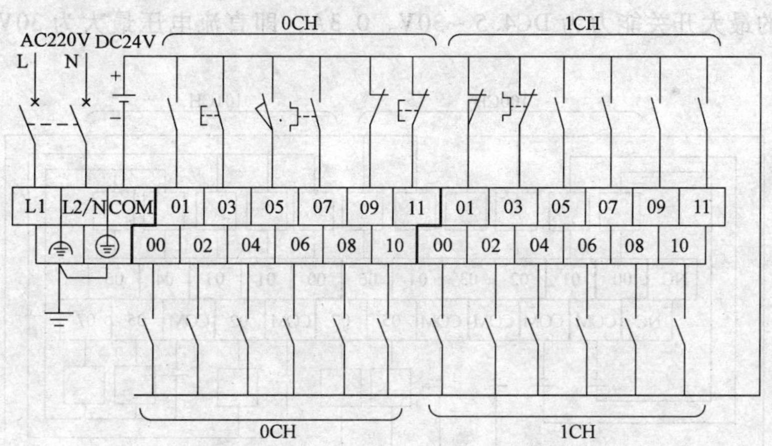

图 1-3　电源、接地、输入元件的连接图

1.2.3　输出布线

1. 继电器输出的负载接线

输出电路有 16 点输出端子和 6 个公共端子，输出的负载接线如图 1-4 所示。每个公共端都和特定的输出点对应，这是为了适应不同的负载电源所安排的，每个公共端只能配置一个电源。若各组负载的电源电压和特性都一致，可将公共端连接在一起使用。

图中各输出点的最大开关能力：交流为 AC250V、2A（$\cos\varphi = 1$），即最大电压为 250V，在电阻性负载时最大电流为2A；直流为DC24V、2A（4A/COM），即在24V时，负载最大电流为2A，但必须控制公共端（COM）电流不能超过4A，同时注意直流的最小开关能力为DC5V、10mA。

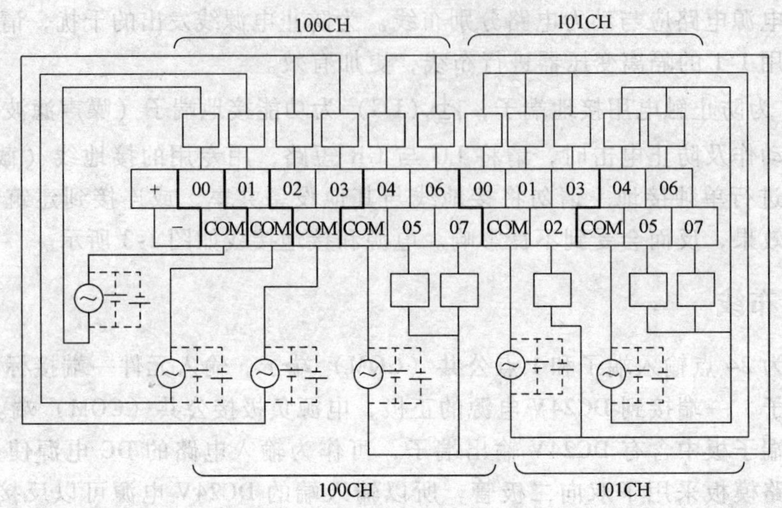

图 1-4 继电器输出的负载接线

2. 晶体管输出的负载接线

晶体管输出有两种：漏型（NPN型）晶体管输出和源型（PNP型）晶体管输出。漏型（NPN型）晶体管输出的接线如图1-5所示，源型输出只要将电源的极性反接即可。

图中各点的最大开关能力为DC4.5～30V、0.3A，即直流电压最大为30V，负载电流不能超过0.3A。

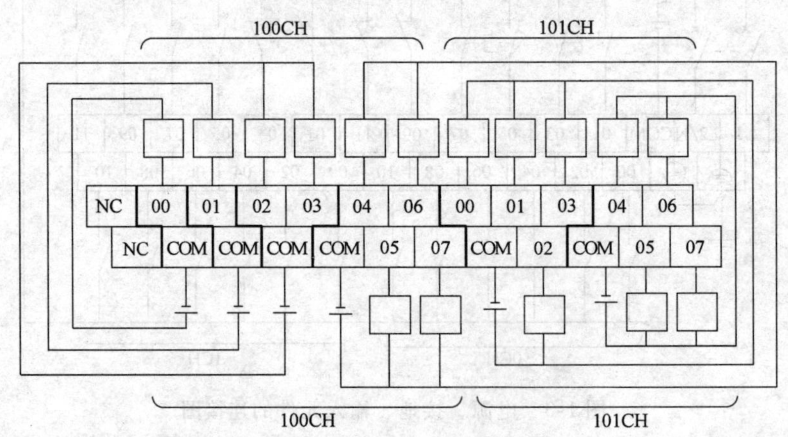

图 1-5 漏型（NPN型）晶体管输出的接线

1.3 CP1H和计算机的通信

PLC中的用户程序是在计算机上预先编好后，再传送到PLC的。CP1H和计算机的通信方式有USB通信和RS-232通信两种。

1. USB通信

CP1H 通过 USB 端口和计算机通信，如图 1-6 所示。

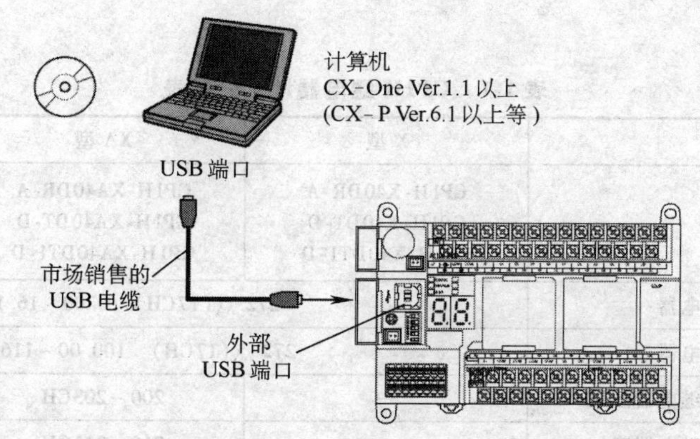

图 1-6 通过 USB 端口的通信

2. RS-232 通信

当 CP1H 通过 RS-232 口和计算机通信时，应首先在 CP1H 的选件板槽位上安装 RS-232C 选件板（CP1W-CIF01），RS-232C 选件板如图 1-7 所示，图中 COMM 为通信状态指示灯。RS-232C 选件板和计算机 RS-232 口的连接如图 1-8a 所示，**请特别注意，SD、RD 和 SG 的引脚编号在 PLC 侧和在计算机侧是不同的，这是典型的三线连接法**。若采用五线连接，则如图 1-8b 所示。

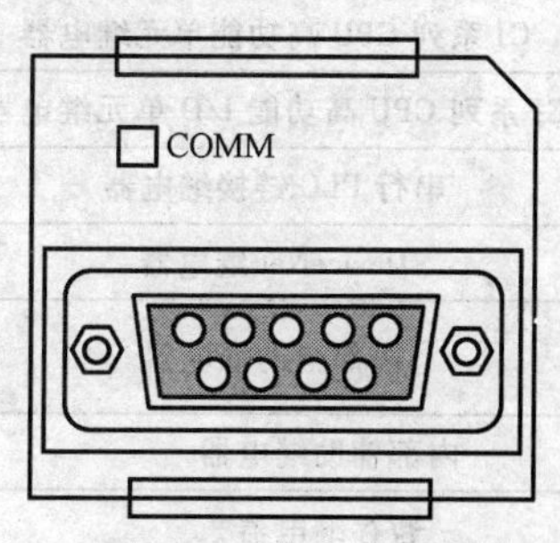

图 1-7 RS-232C 选件板
（CP1W-CIF01）

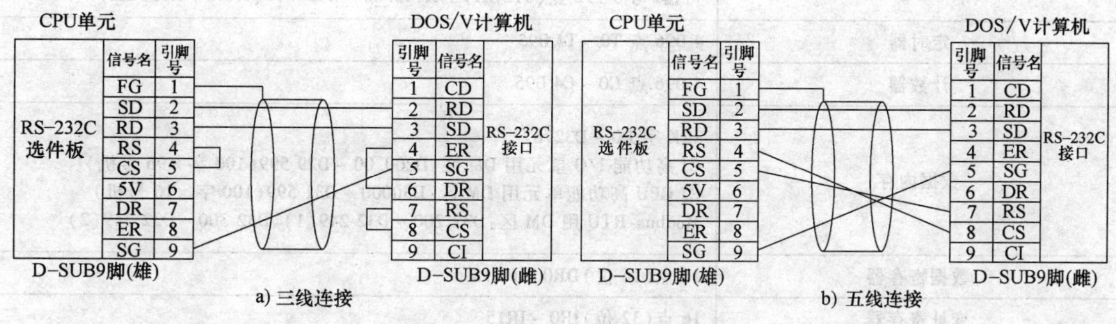

图 1-8 RS-232C 选件板和计算机 RS-232 口的连接

1.4 CP1H 中的软元件

在 CP1H 中，由数字 0 000 ~ 0 016 开始的地址表示输入继电器；由数字 0 100 ~ 0 116 开始的地址表示输出继电器；由数字 1 200 ~ 1 499、3 800 ~ 6 143 或字母 W 开始的地址表示内部辅助继电器；由字母 TR 开始的地址表示暂存继电器；由字母 H 开始的地址表示保持继电器；由字母 A 开始的地址表示特殊辅助继电器；由字母 T 开始的地址表示定时器；由字母 C 开始的地址表示计数器；由字母 D 开始的地址表示数据存储器等。详细的继电器地址分配见表 1-1。

表 1-1 CP1H 继电器地址分配表

类	型	X 型	XA 型	Y 型
型号		CP1H-X40DR-A CP1H-X40DT-D CP1H-X40DT1-D	CP1H-XA40DR-A CP1H-XA40DT-D CP1H-XA40DT1-D	CP1H-Y20DT-D
I/O区域	输入继电器	272 点(17CH) 0.00 ~ 16.15		
	输出继电器	272 点(17CH) 100.00 ~ 116.15		
	内置模拟输入继电器区域	—	200 ~ 203CH	—
	内置模拟输出继电器区域	—	210 ~ 211CH	—
	数据链接继电器区域	3 200 点(200CH) 1 000.00 ~ 1 119.15(1 000 ~ 1 119CH)		
	CJ 系列 CPU 高功能单元继电器	6 400 点(400CH) 1 500.00 ~ 1 899.15(1 500 ~ 1 899CH)		
	CJ 系列 CPU 高功能 I/O 单元继电器	15 360 点(960CH) 2 000.00 ~ 2 959.15(2 000 ~ 2 959CH)		
	串行 PLC 链接继电器	1 440 点(90CH) 3 100.00 ~ 3 199.15(3 100 ~ 3 199CH)		
	DeviceNet 继电器	9 600 点(600CH) 3 200.00 ~ 3 799.15(3 200 ~ 3 799CH)		
	内部辅助继电器	4 800 点(300CH) 1 200.00 ~ 1 499.15(1 200 ~ 1 499CH) 37 504 点(2 344CH) 3 800.00 ~ 6 143.15(3 800 ~ 6 143CH)		
内部辅助继电器		8 192 点(512CH) W0.00 ~ W511.15(W0 ~ W511CH)		
暂存继电器		16 点 TR0 ~ TR15		
保持继电器		8 192 点(512CH) H0.00 ~ H511.15(H0 ~ H511CH)		
特殊辅助继电器		只读 7 168 点(448CH) A0.00 ~ A447.15(A0 ~ A447CH) 可读/写 8 192 点(512CH) A448.00 ~ A959.15(A448 ~ A959CH)		
定时器		4 096 点 T0 ~ T4 095		
计数器		4 096 点 C0 ~ C4 095		
数据内存		32K 字 D0 ~ D32767 CJ 高功能 I/O 单元用 DM 区:D200.00 ~ D29 599(100 字 ×96 号机) CJ CPU 高功能单元用 DM 区:D30000 ~ D31 599(100 字 ×16 号机) Modbus-RTU 用 DM 区:D32 200 ~ D32 249(1)、D32 300 ~ D32 349(2)		
数据寄存器		16 点(16 位)DR0 ~ DR15		
变址寄存器		16 点(32 位)IR0 ~ IR15		
任务标志		32 点 TK0000 ~ TK0031		
跟踪存储器		4 000 字(跟踪对象数据最大,即 31 点、6CH 时,500 采样值)		

CP1H 的软元件要比 CPM1A 丰富得多，CP1H 的通道号有 4 位，而 CPM1A 的通道号只有 3 位；CP1H 的定时器、计数器各有 4096 个，且地址是分开的，而 CPM1A 定时器、计数器共有 128 个，地址是重合的；CP1H 还增加了 CJ 系列 CPU 高功能单元继电器、DeviceNet 继电器、变址寄存器等属于中型机系统的地址。为了方便读者，特将 CPM1A、CPM2A 和 CP1H 常用的地址和特殊辅助继电器对照见表 1-2、表 1-3。

表1-2 CPM1A、CPM2A、CP1H常用地址分配对照表

	CPM1A	CPM2A	CP1H
输入继电器	0.00~9.15	0.00~9.15	0.00~16.15
输出继电器	10.00~19.15	10.00~19.15	100.00~116.15
内置模拟输入继电器			200CH~203CH
内置模拟输出继电器			210CH~211CH
内部辅助继电器	200.00~231.15	20.00~49.15 200.00~227.15	1 200.00~1 499.15 3 800.00~6 143.15 W0.00~W511.15
暂存继电器	TR0~TR7	TR0~TR7	TR0~TR15
保持继电器	HR0.00~HR19.15	HR0.00~HR19.15	H0.00~H511.15
定时器	T/C0~T/C127	T/C0~T/C256	T0~T4 095
计数器			C0~C4 095
数据内存	DM0~DM1 023	DM0~DM2 048	D0~D32 767

表1-3 CPM1A、CPM2A、CP1H常用特殊辅助继电器对照表

符号名称	地址/值			注释
	CPM1A	CPM2A	CP1H	
P_On	253.13	253.13	CF113	常通标志(常ON位)
P_First_Cycle	253.15	253.15	A200.11	首次循环标志(第一次循环为ON)
P_1min	254.00	254.00	CF104	周期为1min的时钟脉冲位
P_0_1s	255.00	255.00	CF100	周期为0.1s的脉冲位
P_0_2s	255.01	255.01	CF101	周期为0.2s的脉冲位
P_1s	255.02	255.02	CF102	周期为1s的脉冲
P_CY	255.04	255.04	CF004	进位标志(执行结果有进位时为ON)
P_GT	255.05	255.05	CF005	GT(>)标志(比较结果大于时为ON)
P_EQ	255.06	255.06	CF006	EQ(=)标志(比较结果等于时为ON)
P_LT	255.07	255.07	CF007	LE(<)标志(比较结果小于时为ON)

各种类型的PLC，其软元件地址编号分配都不相同，其功能也各有特点，读者在使用时应仔细阅读相应的《使用手册》，搞清地址分配，这是程序（梯形图）编写的基础。

项目二　认识编程软件

训练要求：

通过学习 CX-Programmer 编程软件，了解编程软件的基本结构和功能，学会简单的梯形图编写、编辑、传送和运行的基本方法。

2.1　CX-Programmer 的安装

CX-Programmer（简称 CX-P）是一个用于对 OMRON 各系列 PLC 进行编程、测试和维护的工具，对 CP1H PLC 编程应安装 6.0 以上版本。CX-Programmer 安装运行时需在微软 Windows 环境（Microsoft Windows 98 或者更新版本、Microsoft Windows NT 4.0 或者更新版本）的计算机上面运行。安装 CX-Programmer 时视计算机配置不同，对内存和硬盘剩余空间的要求也不同，一般 256MB 内存、150MB 硬盘空间就能满足安装要求。安装时较简单，只要根据提示信息，一步一步操作即可顺利完成。

2.2　CX-Programmer 的使用

2.2.1　CX-Programmer 的启动

双击“CX-Programmer”图标，编程软件被启动，显示 CX-Programmer 程序窗口，如图 2-1所示。

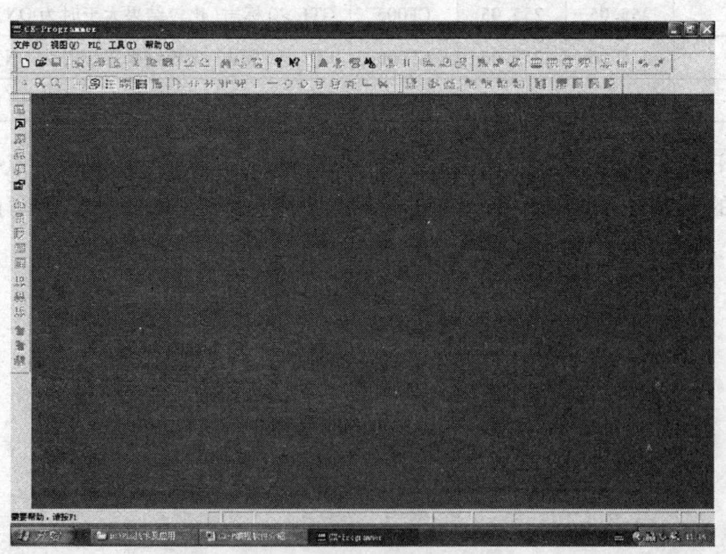

图 2-1　CX-Programmer 程序窗口

CX-Programmer 提供了一个生成工程文件的功能，此工程文件包含按照需要生成的多个PLC，对于每一个 PLC，可以定义梯形图、地址和网络细节、内存、I/O、扩展指令（如果需要的话）和符号。

2.2.2　CX-Programmer 的界面

（以下叙述以 CP1H 为例）

在图 2-1 所示界面左上角单击“文件”菜单中的“新建”，将出现图 2-2 所示对话框。“设备名称”可自行输入，也可默认为“新 PLC1”；“设备类型”根据使用的 PLC 进行选择，本训练中如不作说明，均选“CP1H”；在相应的“设定”中根据实际使用机型选择“CPU 类型”为“X”、“XA”或“Y”。如果计算机和 PLC 通过 USB 端口通信，则“网络类型”选“USB”，在相应的“设定”中选择“FINS 目标地址”为“网络 0”、“节点 0”；如果计算机和 PLC 通过 RS-232 串口通信，则“网络类型”选“SYSMAC WAY”，在相应的“设定”中选择“FINS 目标地址”为“网络 0”、“节点 0”，“端口名称”根据计算机上的串口位置选“COM1”或“COM2 ”，波特率为 9600bit/s，7 位数据位，2 位停止位，偶校验。

图 2-2　新建工程时的对话框

单击“确定”按钮后，即可进入到 CX-Programmer 编程环境，如图 2-3 所示。

CX-Programmer 的视图窗口布局可根据要求来自定义，在“视图”菜单中由提供的“窗口”选项来控制视图窗口，当全部打开时，如图 2-4 所示。编程时，一般除“工程工作区”和“梯形图工作区”外，其余窗口都在隐藏状态。

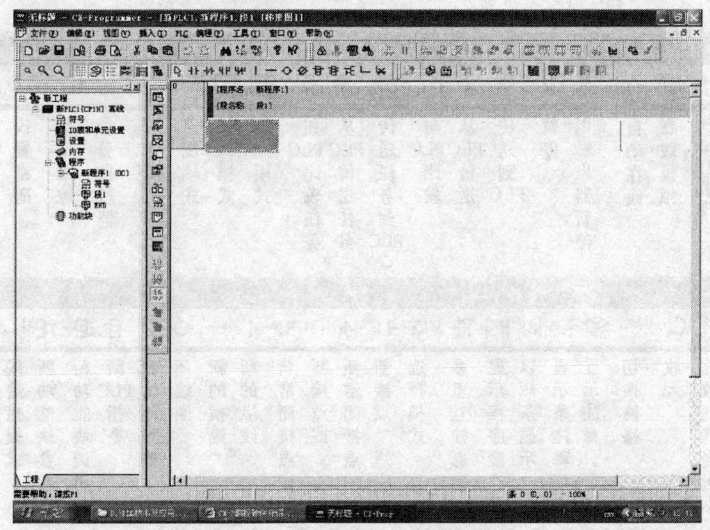

图 2-3　CX-Programmer 编程环境

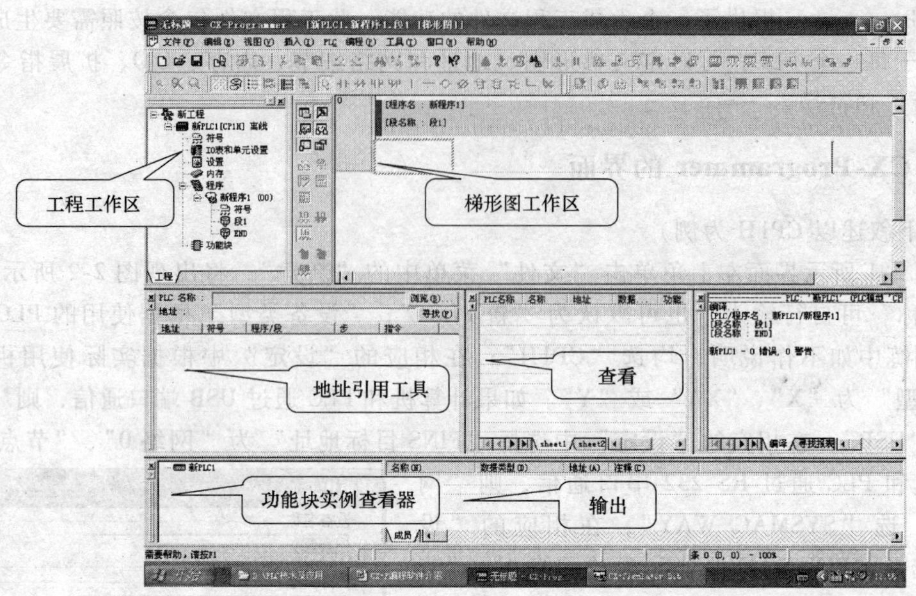

图 2-4　视图窗口

“视图”菜单的“工具栏”选项提供了“标准”、“PLC”、“梯形图”、“程序”、“插入”、“查看”、“模拟调试”、“符号表”等工具，在各工具前的框内打上“√”，单击“确定”按钮后，相应的工具能被显示。当鼠标箭头移动到各工具图标时，会以中文形式显示相应图标的功能。各图标的功能如图 2-5 所示。

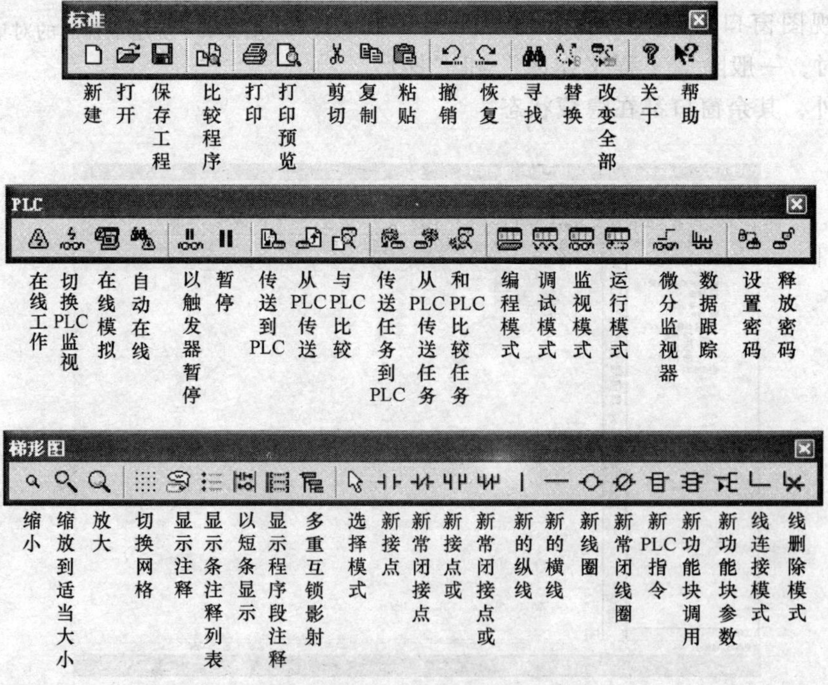

图 2-5　各图标的功能

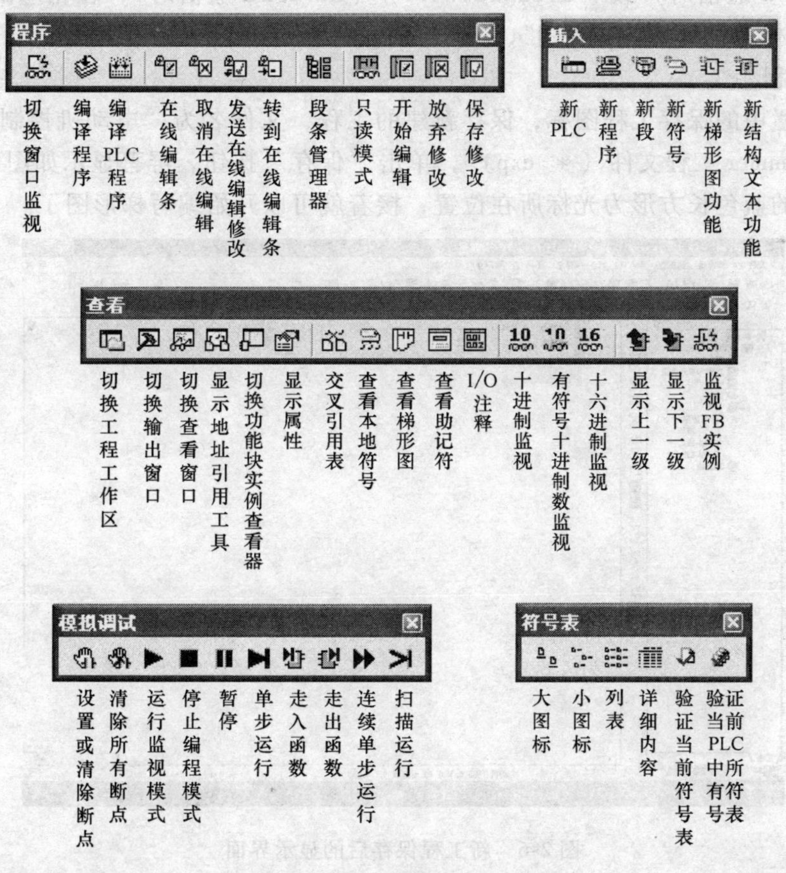

图 2-5 各图标的功能（续）

说明：因软件汉化的原因，软件触点在界面图标功能中被译为“接点”，在本项目的训练中，为与软件一致，仍采用“接点”的称呼。

2.3 CX-Programmer 的编程

当规划一个 PLC 工程时，在开始编写程序指令以前需要考虑各种项目和 CX-Programmer 内部的设置。例如，要编程的 PLC 的类型和设置信息，这对 CX-Programmer 十分重要，因为只有这样，才能够使其和 PLC 之间建立正确的程序检查和通信。编程要以将要使用的 PLC 为目标。PLC 的类型可以随时改变，一旦改变，程序也跟着改变。按照不成文的约定，在开始时最好先设置好正确的 PLC 类型。

2.3.1 工程建立

按照以下步骤来建立一个新的工程。

1. 新建工程

选择工具栏中的新建图标。在图 2-2 所示对话框的“设备名称”栏中输入“电动机”；“设备类型”选“CP1H”，在相应的“设定”中选择“CPU 类型”为“XA”；“网络类型”

选“USB”（USB 通信时）或“SYSMAC WAY”（RS-232C 通信时），在相应的“设定”中选择“FINS 目标地址”为“网络 0”、“节点 0”。

2. 保存工程

选择工具栏中的保存工程图标，保存新建的工程，文件名为“电动机控制”，保存类型为“CX-Programmer 工程文件（*.cxp）”，单击“保存”按钮，屏幕显示如图 2-6 所示。梯形图工作区中的蓝色长方形为光标所在位置，接着就可以开始编写梯形图了。

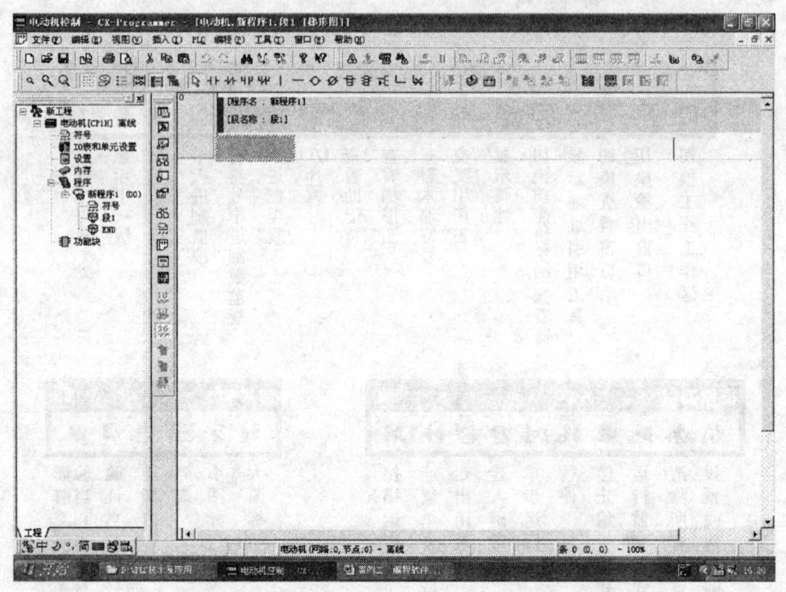

图 2-6 新工程保存后的显示界面

注意：单击“保存”按钮之后，会生成“*.cxp”和“*.opt”两个文件。“*.cxp”是主程序文件；“*.opt”是配置文件，记录系统工作环境信息。如果再次打开“*.cxp”，对程序进行修改后再次保存，这时又会生成第三个文件：“*.bak”，这是备份文件，备份的是最近一次修改之前的程序。

在没有“*.opt”文件的情况下，主程序文件“*.cxp”仍然可以正常打开。如果读者将“*.cxp”和“*.opt”同时复制到另一台计算机时有可能会遇到打不开“*.cxp”文件的情况，其原因是“*.opt”文件记录的是原先那台计算机的系统工作环境信息，与现在的这台计算机的系统工作环境不一致，这时只要删除“*.opt”文件即可。“*.bak”文件的打开方式是：打开 CX-Programmer 软件→文件→打开→文件类型选择所有→选中要打开的“*.bak”双击；或者右键单击“*.bak”文件名，在“打开方式”中选择用 CX-Programmer（以下简称（X-P））软件打开即可。

2.3.2 程序编写（1）

下面以三相异步电动机的起动、停止控制为例，说明梯形图的编写方法。

1. 生成符号

1）在工具栏中选择查看本地符号图标，显示界面如图 2-7 所示。

2）在本地符号查看区任意位置，单击右键，选择“插入符号”；或单击新符号图标，

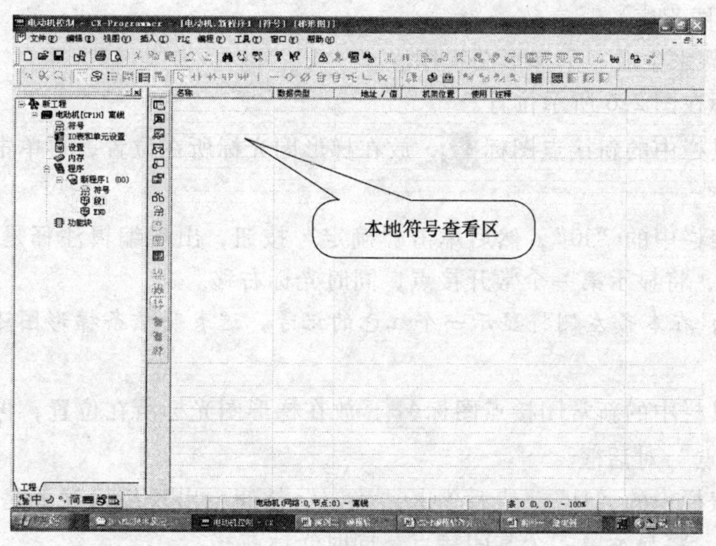

图 2-7 本地符号查看区

均可打开插入新符号对话框，如图 2-8 所示。

3）在“名称”栏中输入“I0”。

4）在“日期类型”栏中选择“BOOL”，它表示二进制值的一位。

5）在“地址或值”栏中输入“0.00”或“0”。

6）在“注释”栏中输入“SB1”。

7）单击“确定”按钮，完成其符号的输入。

8）按表 2-1，重复步骤 2）~7），依次输入各变量的信息，本地符号查看区的最后显示如图 2-9 所示。

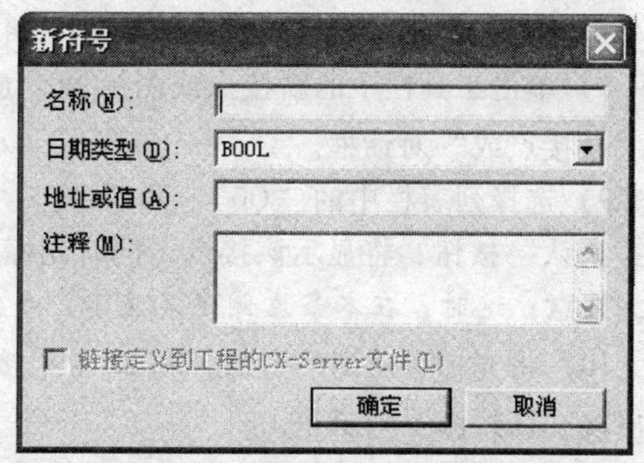

图 2-8 插入新符号对话框

表 2-1 新建符号信息一览表

名 称	类 型	地 址	注 释
I0	BOOL	0.00	SB1
I1	BOOL	0.01	SB2
I2	BOOL	0.02	FR
Q0	BOOL	100.00	KM

名称	数据类型	地址 / 值	机架位置	使用	注释
、I0	BOOL	0.00	主机架 : ...	输入	SB1
、I1	BOOL	0.01	主机架 : ...	输入	SB2
、I2	BOOL	0.02	主机架 : ...	输入	FR
、Q0	BOOL	100.00	主机架 : ...	输出	KM

图 2-9 本地符号输入结果

2. 建立梯形图程序

按照以下步骤来生成一个梯形图程序。

1）确认光标在图 2-6 所示位置。

2）单击工具栏中的新接点图标，放在梯形图光标所在位置，再单击左键，即可出现“新接点”对话框。

3）选择列表栏中的“I0”，然后单击“确定”按钮，出现编辑注释是“SB1”，再次单击“确认”按钮，将显示第一个常开接点，同时光标右移。

注意： 这时，在本条左侧将显示一个红色的记号，这表明该条梯形图还未完成，出现了一个错误。

4）单击工具栏中的新常闭接点图标，放在梯形图光标所在位置，再单击左键，即可出现“新常闭接点”对话框。

5）选择列表栏中的“I1”，然后单击“确定”按钮，出现编辑注释是“SB2”，再次单击“确认”按钮，将显示第二个常闭接点，同时光标右移。

注意： 这时，在本条左侧还是显示一个红色的记号。

6）重复第 4）、5）两步，输入常闭接点“I2”。

7）按“回车”键，并移动光标到下一行的开始位置。

8）单击工具栏中的新接点或图标，放在梯形图光标所在位置，再单击左键，即可出现“新接点或”对话框。

9）选择列表栏中的“Q0”，然后单击“确定”按钮，出现编辑注释是“KM”，再次单击“确认”按钮，将显示该接点，同时光标右移。

注意： 这时，在本条左侧还是显示一个红色的记号。

10）将光标移动到最右面，和 I2 常闭接点连接处，单击工具栏中的新线圈图标，即可出现“新线圈”对话框。

11）选择列表栏中的“Q0”，然后单击“确定”按钮，出现编辑注释是“KM”，再次单击“确认”按钮，将显示该线圈，同时该条梯形图最左边的红色的记号消失，表明在这条梯形图里面已经没有错误了。

12）单击下一条的任意位置，该条梯形图将自动整理如图 2-10 所示。该梯形图在段 1 的位置，在段“END”，CX-P 已自动生成一条 END 指令。

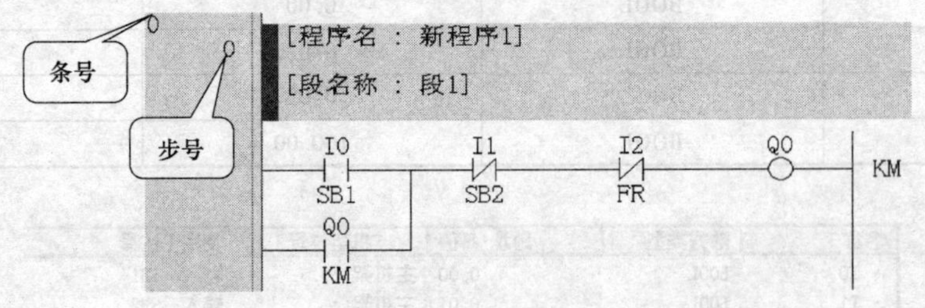

图 2-10 以符号地址编写的梯形图

在左边的灰条内显示该条梯形图的条号和该条梯形图内首个元件的步号。上边的黄条内显示的是该梯形图的程序名和该段的段名。为书写方便，在以后的梯形图中不再显示条号、步号、程序名和段名。

该梯形图只有一条，在以后的学习过程中，会看到有几十条或几百条的梯形图。

从以上梯形图建立的过程中，我们体会到，用 CX-P 软件建立梯形图非常方便，基本上就是一个画图的过程，读者还可以利用工具条上的其他工具建立这个梯形图。

3. 查看助记符程序

单击工具栏上的查看助记符图标，可以查看该程序的助记符表示形式，如图 2-11 所示。

4. 编译程序

无论是在线程序还是离线程序，在其生成和编辑过程中都不断被检验。如果一条梯形图中出现错误，在该条梯形图的左边将会出现一道红线。例如：在梯形图窗口已经放置了一个元素，但是并没有给其分配符号和地址的情况下，这种情形就会出现。

条	步	指令	操作数	注释
0	0	LD	I0	SB1
	1	OR	Q0	KM
	2	ANDNOT	I1	SB2
	3	ANDNOT	I2	FR
	4	OUT	Q0	KM

图 2-11 程序的助记符表示形式

单击工具栏上的编译程序图标，能将程序中所有的错误显示在输出窗口的编译标签下面。如：上述梯形图中若缺少“线圈 Q0”时，在“输出窗口”就会出现图 2-12 所示的错误细目。

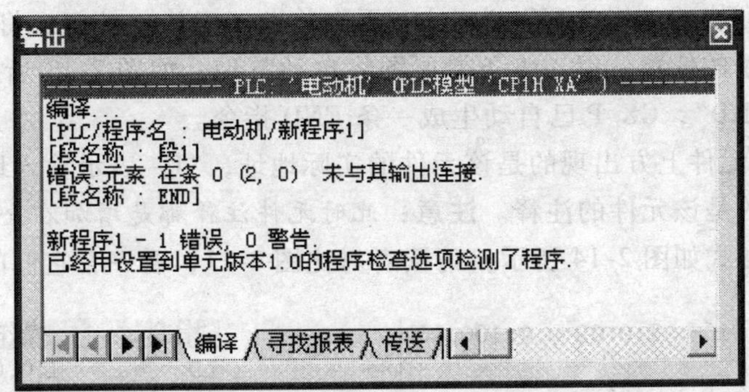

图 2-12 输出窗口显示的错误细目

请读者试一试：当程序正确时，输出窗口显示什么？

5. 保存工程

在程序编译正确后，再一次保存工程。若程序较长，应在编写的过程中随时保存。

2.3.3 程序编写（2）

在编写梯形图程序时，也可不生成符号，直接用实际地址编写。下面仍以三相异步电动机的起动、停止控制为例，说明梯形图的编写方法。

1）重新建立一个新工程，并确认光标在图 2-6 所示位置。

2）单击工具栏中的新接点图标 ┤├，放在梯形图光标所在位置，再单击左键，即可出现“新接点”对话框。

3）在“新接点”对话框中输入“0”或“0.00”，然后单击“确定”按钮，在“编辑注释”栏输入“SB1”（也可使“编辑注释”为空），再次单击“确认”按钮，将显示第一个常开接点，同时光标右移。

4）单击工具栏中的新常闭接点图标，放在梯形图光标所在位置，再单击左键，即可出现“新常闭接点”对话框。

5）在“新常闭接点”对话框中输入“1”或“0.01”，然后单击“确定”按钮，在“编辑注释”栏输入“SB2”（也可使“编辑注释”为空），再次单击“确认”按钮，将显示第二个常闭接点，同时光标右移。

6）重复第4）、5）两步，输入常闭接点“2”或“0.02”。

7）按“回车”键，光标移到下一行的开始位置。

8）单击工具栏中的新接点或图标，放在梯形图光标所在位置，再单击左键，即可出现“新接点或”对话框。

9）在“新接点或”对话框中输入“100.00”，然后单击“确定”按钮，在“编辑注释”栏输入“KM”（也可使“编辑注释”为空），再次单击“确认”按钮，将显示该接点，同时光标右移。

10）将光标移动到最右面，和“0.02”常闭接点连接处，单击工具栏中的新线圈图标，即可出现“新线圈”对话框。

11）在“新线圈”对话框中输入“100.00”，然后单击“确定”按钮，在“编辑注释”栏输入“KM”（也可使“编辑注释”为空），再次单击“确认”按钮，将显示该线圈。

12）单击下一条的任意位置，该条梯形图将自动整理，如图2-13所示。该梯形图在段1的位置，在段“END”，CX-P已自动生成一条END指令。

在图2-13中，元件上方出现的是该元件的实际地址，“I”表示输入地址，“Q”表示输出地址，下方出现的是该元件的注释。**注意**：此时元件注释都是增加在全局符号表内的。该程序的助记符表示形式如图2-14所示，请读者对比图2-11，看一看它们的不同之处。

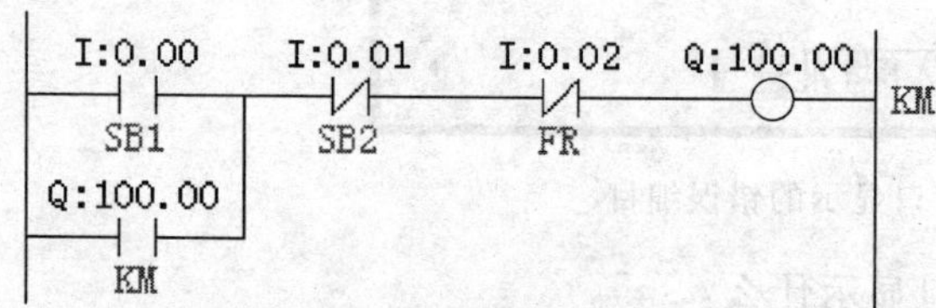

图2-13 以实际地址编写的梯形图

指令	操作数	注释
LD	I:0.00	SB1
OR	Q:100.00	KM
ANDNOT	I:0.01	SB2
ANDNOT	I:0.02	FR
OUT	Q:100.00	KM

图2-14 以实际地址编写的助记符程序

2.3.4 调试程序

程序编译只能检查程序的语法错误。当程序编写完成后，必须把计算机和PLC通过通信线连接起来，将程序下载到PLC，进行调试，检查用户编写的程序是否符合实际要求，具体步骤如下。

1. 下载程序

按照以下步骤即可将程序下载到PLC。

1）单击工具栏中的在线工作图标，与PLC进行连接。将出现一个确认对话框，单击“确认”按钮。此时，若设置、连接、通信等一切正常，由于在线工作时一般不允许编辑，梯形图界面将变成灰色。

2）单击工具栏里面的编程模式图标，把PLC的操作模式设为编程模式。如果未做这一步，那么CX-P软件在下载程序前，将自动提示把PLC设置成此模式。

3）单击工具栏上面的传送到PLC图标，将显示下载选项对话框，选择相应的传送内容，单击“确认”按钮。此时，下载程序即可完成。

2. 监视程序

一旦程序被下载，就可以在梯形图工作区中对其运行进行监视（以模拟显示的方式），按照以下步骤来监视程序。

1）选择工程工作区中的PLC对象。

2）单击工程工具栏中的切换PLC监视图标。程序执行时，即可监视梯形图中的数据和控制流，例如，连接的选择和数值的增加。

3. 程序运行

程序调试正常后，可选择运行模式，使PLC工作在运行状态。当PLC在线运行时，在梯形图工作区用绿色线条形象地显示程序运行的状态，如图2-15所示。

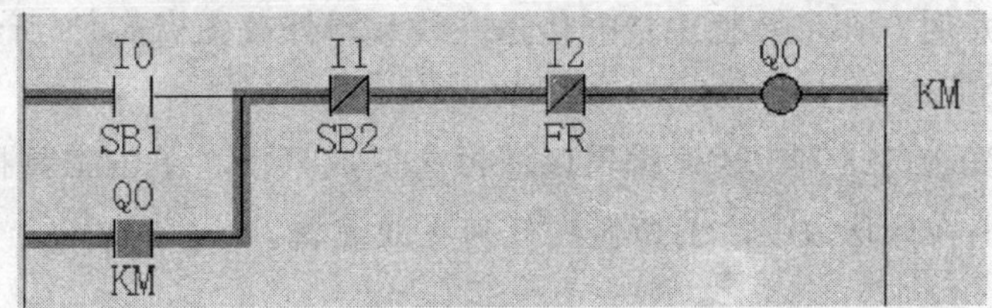

图2-15　程序的运行状态

4. 程序编辑

若程序需要修改，可在离线状态对原来编写的程序进行修改、编辑。

如图2-10所示的梯形图，原来只有起动、停止功能，现希望加入时间控制功能，要求在电动机起动运行1min后，自动停止。可对原梯形图作图2-16所示的修改。

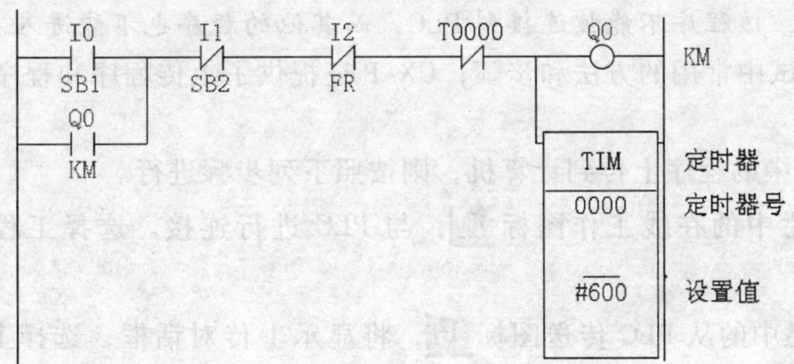

图2-16　修改后的梯形图

具体修改步骤是：

1）单击工具栏中的新常闭接点图标，插入在常闭接点I2和线圈Q0之间，在“新常闭接点”的对话框中输入“T0000”或“T0”，单击两次“确定”按钮。

2）单击新指令图标，移动鼠标到线圈Q0的下面，再单击左键，在“新指令”对话框中输入“TIM 0 #600”，单击两次“确定”按钮。

3）使用线连接模式图标划线，连接定时器到常闭接点 T0000 和线圈 Q0 之间。

修改完成后，请读者按在线连接→传送到 PLC→运行模式的先后次序，将修改后的程序传送到 PLC，然后运行，观察运行的情况。

5. 在线编辑

虽然在线工作后，梯形图界面已经变成灰色，以防止被直接编辑，但是还是可以选择在线编辑特性来修改梯形图程序。当使用在线编辑功能时，通常使 PLC 运行在“监视”模式下面，不能在“运行”模式下面进行在线编辑。使用以下步骤进行在线编辑。

1）拖动鼠标，选择要编辑的梯级。

2）在工具栏中选择与 PLC 进行比较图标，以确认编辑区域的内容和 PLC 内的相同。

3）在工具栏中选择在线编辑条图标，程序条的背景将改变，表明其现在已经是一个可编辑区。此区域以外的条不能被改变，但是可以把这些条里面的元素复制到可编辑条中去。

4）编辑条。

5）当对结果满意时，在工具栏中选择传送在线编辑修改图标，所编辑的内容将被检查并且被传送到 PLC。

6）一旦这些改变被传送到 PLC，编辑区域再次变成只读。单击工具栏中的取消在线编辑图标，可以取消在确认改变之前所做的任何在线编辑。

6. 在线模拟

CX-P 软件还提供了一个在线模拟的环境，计算机不需连接到 PLC，就能对 CP1H 及中型机中的用户程序进行监控和调试，具体方法如下。

1）在梯形图窗口编写一个程序或选择一个目标梯形图。

2）单击工具条中的在线模拟图标，CX-P 开始模拟在线工作，能将程序、PLC 设置、I/O 表、符号表和注释传送到一个用软件模拟的 PLC，并可进行监视调试。**注意：**当一个程序在线模拟时，该程序不能被连接到 PLC，而其他的程序也不能进入在线模拟状态。

以上是程序调试中常用的方法和步骤，CX-P 还提供了上传程序和程序比较的功能。

7. 上传程序

如需将原 PLC 中的程序上传到计算机，则按照下列步骤进行。

1）单击工具栏中的在线工作图标，与 PLC 进行连接。选择工程工作区中的 PLC 对象。

2）单击工具栏中的从 PLC 传送图标，将显示上传对话框，选择上传内容，然后单击“确认”按钮。

8. 程序比较

按照以下步骤来比较工程程序和 PLC 程序。

1）选择工程工作区中的 PLC 对象。

2）单击工具栏中的与 PLC 进行比较图标，将显示比较选项对话框。设置程序栏，单击“确认”按钮，将显示比较对话框。

项目三　基本指令与简单逻辑控制训练

训练要求：

通过基本指令与简单逻辑控制的学习训练，掌握可编程序控制器基本指令，学会可编程序控制器的基本逻辑控制方法，具有简单应用系统的安装与调试能力，能应用常用基本指令进行简单程序的编制，能运用定时器与计数器进行编程，能应用常用基本指令对电动机进行控制。

训练说明：

在训练开始时，首先将输入元件按项目一的方法接入 PLC 输入端，如无特别说明，输入元件开关（SA）或按钮（SB）均以常开形式接入，元件的数量按训练内容，不必全部接入。然后在输出端根据训练要求接入负载元件，如果 PLC 是继电器输出，负载电源交流、直流均可；若是晶体管输出，通常采用 24V 的直流电源，同时注意电源极性。最后接入工作电源，如图 3-1 所示。

如果是单纯指令训练，可不接负载，只观察 PLC 输出点的状态指示灯即可。单纯的指令训练还可使用在“11.2.2 仿真界面设计与调试”中介绍的方法，通过仿真界面操作，不需要接入 PLC，使训练更方便。

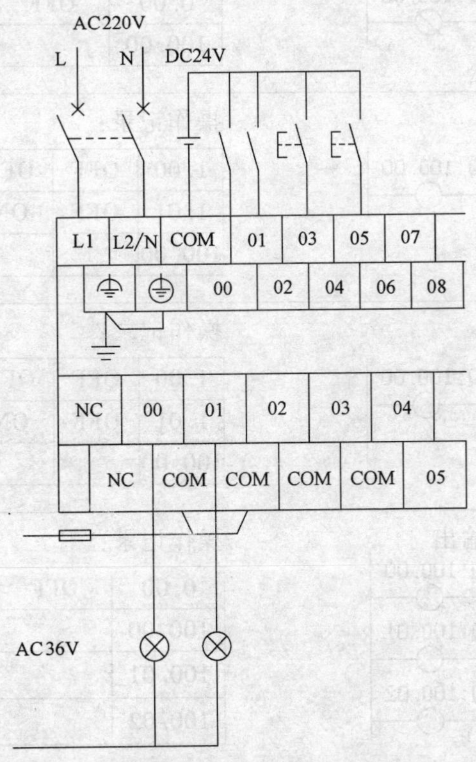

图 3-1　根据训练要求接入输入/输出元件

3.1 时序输入/输出指令与控制实例

3.1.1 基础入门练习

按下面的梯形图输入、传送到 PLC，并运行。按操作记录的要求，操作与地址对应的输入元件，当 PLC 的输入指示灯亮时为 ON，反之为 OFF，若是 ON↑，表示将输入点为 ON，然后再 OFF，即输入一个上升沿脉冲。然后将输出指示灯的状态记录在表格中。

（1）输入和输出

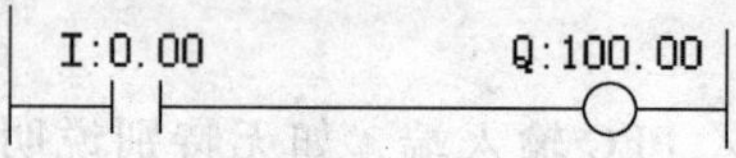

操作记录：

0.00	OFF	ON
100.00		

（2）输入取反和输出

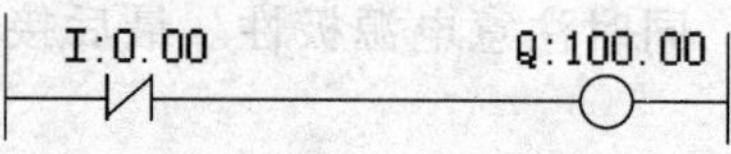

操作记录：

0.00	OFF	ON
100.00		

（3）输入和取反输出

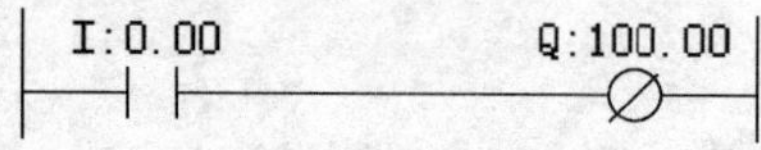

操作记录：

0.00	OFF	ON
100.00		

（4）串联输入和输出

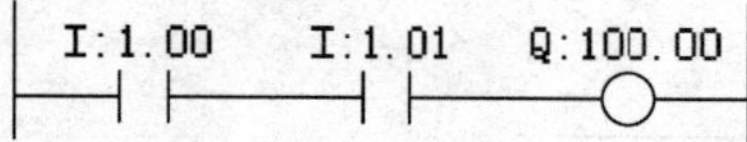

操作记录：

1.00	OFF	OFF	ON	ON
1.01	OFF	ON	OFF	ON
100.00				

（5）并联输入和输出

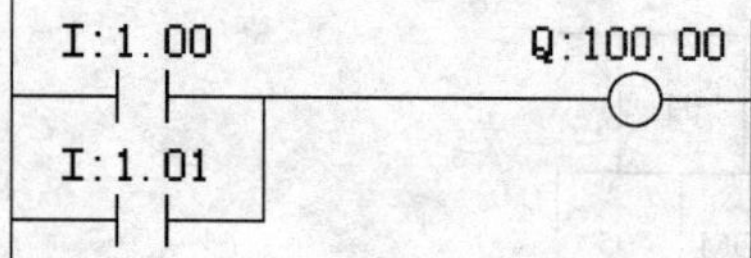

操作记录：

1.00	OFF	OFF	ON	ON
1.01	OFF	ON	OFF	ON
100.00				

（6）单个输入和多个输出

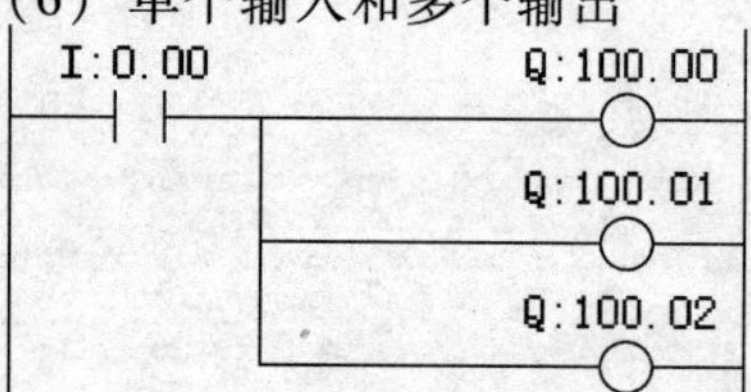

操作记录：

0.00	OFF	ON
100.00		
100.01		
100.02		

(7) 置位和复位（SET/RSET）

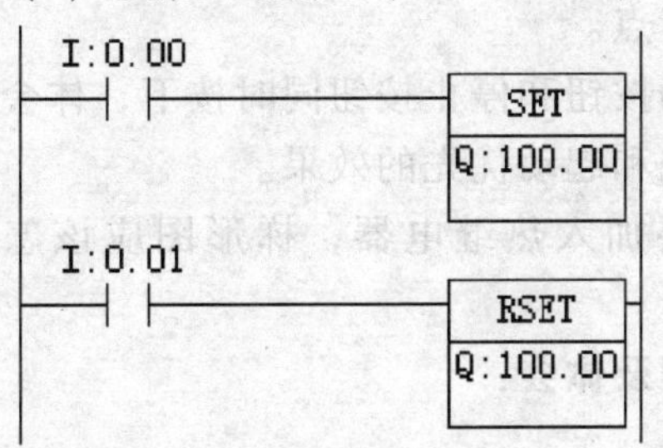

操作记录：

0.00	OFF	ON↑	OFF	ON
0.01	OFF	OFF	ON↑	ON
100.00				

将 SET 和 RSET 的位置换一下，再试一试。

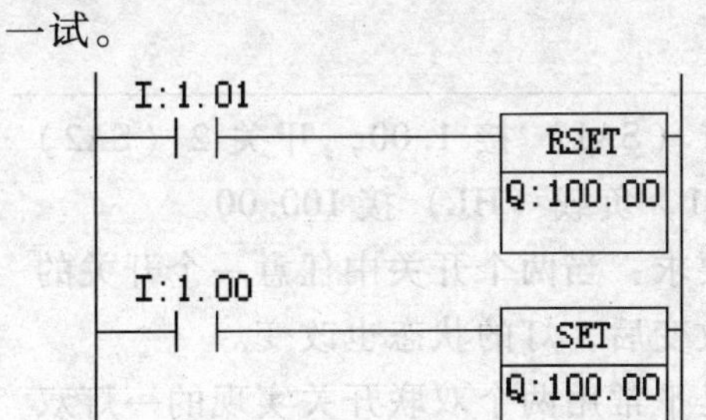

操作记录：

1.00	OFF	ON↑	OFF	ON
1.01	OFF	OFF	ON↑	ON
100.00				

(8) 保持（KEEP）

操作记录：

0.00	OFF	ON↑	OFF	ON
0.01	OFF	OFF	ON↑	ON
100.00				

(9) 特殊辅助继电器

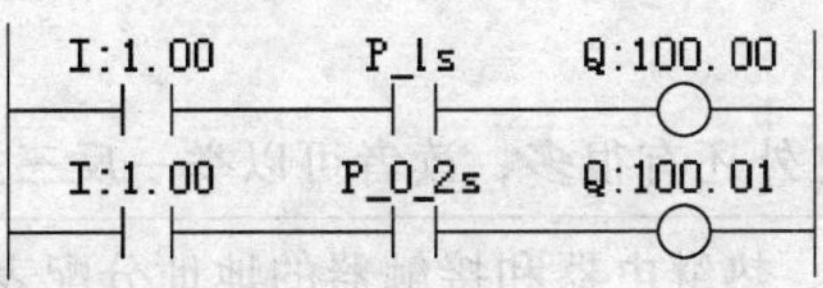

1.00	OFF	ON
100.00		
100.01		

3.1.2　单元电路程序

利用简单的输入/输出指令，可以编写基本的逻辑控制程序，通过单元电路程序练习，为以后编写更复杂的程序打下基础。

(1) 双按钮控制的起动、保持、停止程序

1) 停止优先的控制程序：

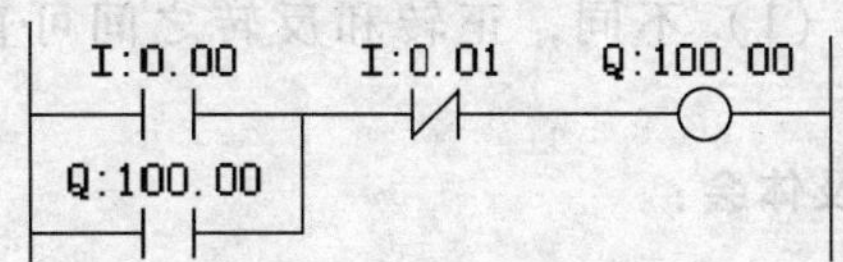

- 起动按钮（SB1）接 0.00，停止按钮（SB2）接 0.01，负载（KM）接 100.00。
- 和 0.00 并联的 100.00 起到自锁作用。

2）起动按钮不变，停止按钮以常闭形式接入后的控制程序：

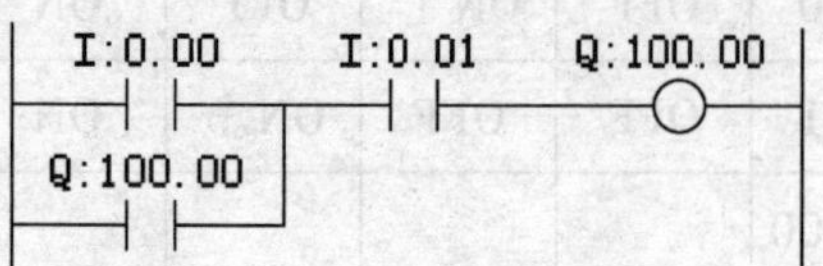

3）起动优先的控制程序：

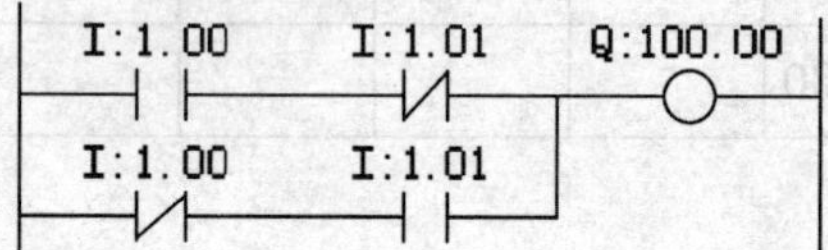

- 体会停止按钮常开和常闭两种不同接法的编程特点。
- 将起动按钮和停止按钮同时按下，体会停止优先和起动优先的效果。
- 如果要加入热继电器，梯形图应该怎样改变？

调试过程及体会：

（2）两地控制程序

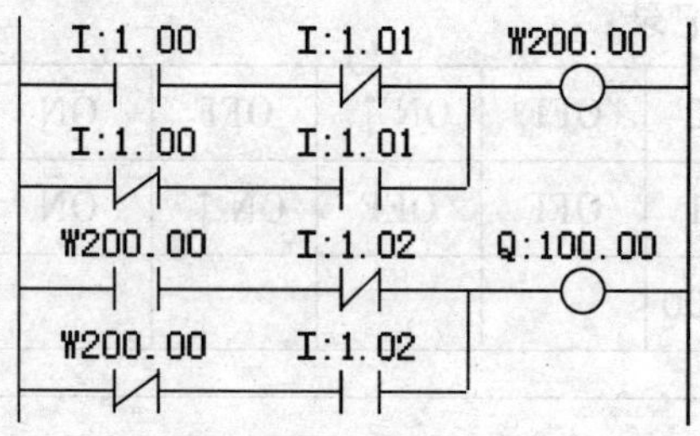

增加 SA2，接入 1.02，完成三地控制要求，控制要求不变。

- 开关 1（SA1）接 1.00，开关 2（SA2）接 1.01，负载（HL）接 100.00。
- 控制要求：当两个开关中任意一个开关的状态改变后，灯的状态也改变。
- 这就是平常用两个双联开关实现的一灯双控电路，但只能一灯双控，一灯三控做不到，更别说一灯四控……但 PLC 很容易实现。
- 能否在此基础上，改为四开关控制一负载？试一试。

调试过程及体会：

3.1.3 实用控制程序

实用控制程序可以用于控制设备，除了以下例子之外还有很多，读者可以举一反三。

（1）电动机正反转控制 1

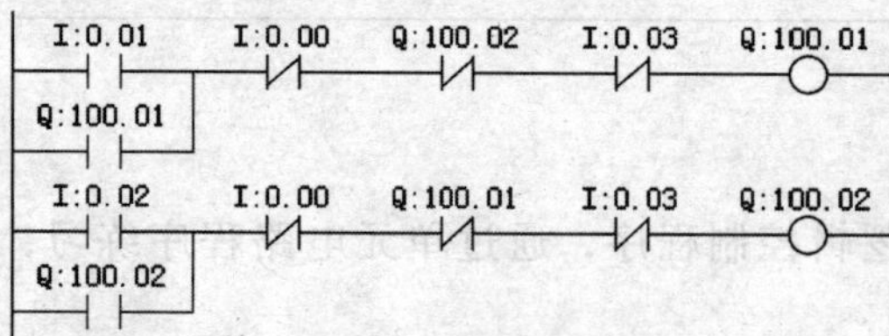

- 三个按钮、热继电器和接触器的地址分配表见下表：

输入			输出		
元件	地址	备注	元件	地址	备注
SB1	0.01	正转起动	KM1	100.01	正转接触器
SB2	0.02	反转起动	KM2	100.02	反转接触器
SB0	0.00	停止按钮			
FR	0.03	热继电器			

（2）电动机正反转控制 2

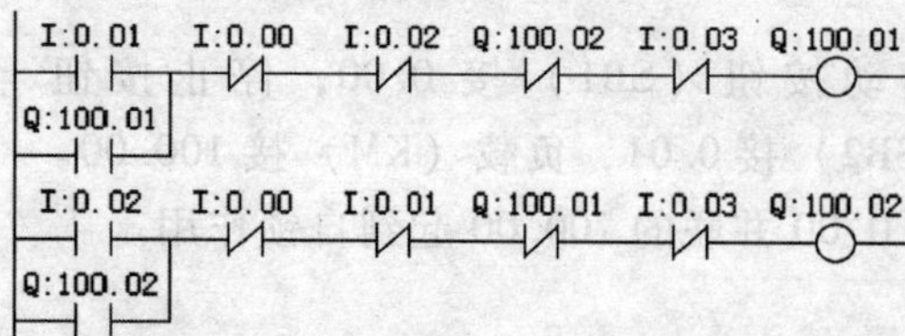

- 想一想继电器控制是不是也是这样的？
- （2）和（1）不同，正转和反转之间可直接切换。

调试过程及体会：

（3）优先起动和停止控制

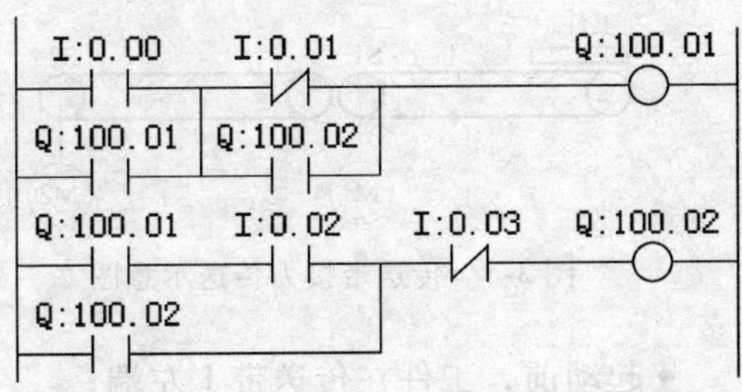

- 0.00、0.01 接 1 号负载（100.01）的起动、停止按钮，0.02、0.03 接 2 号负载（100.02）的起动、停止按钮。
- 起动时，负载 1 先起动，负载 2 才能起动；停止时，负载 2 先停止，负载 1 才能停止。
- 为了说明问题方便，省略了两个电动机的热继电器。
- 看一看这两条起动停止梯形图和 3.1.2 小节中（1）（简写为 3.1.2（1），后同）的主要区别在哪里？增加的触点的功能是什么？

调试过程及体会：

（4）圆盘控制

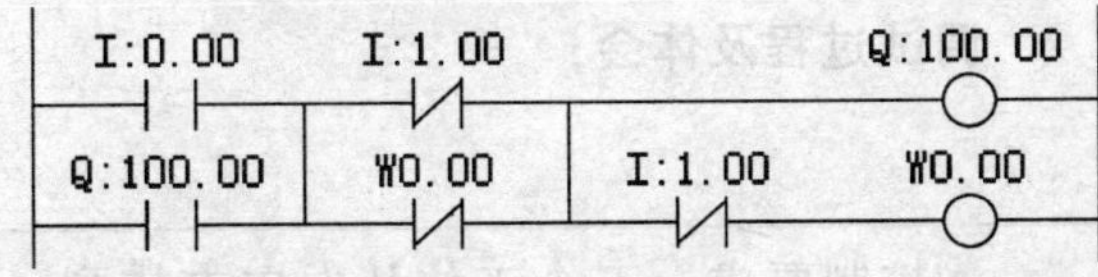

- 圆盘控制如图 3-2 所示，图中圆盘在原点行程开关（1.00），按起动按钮（0.00），圆盘（100.00）转一圈回到原点停止。
- 怎样理解这个梯形图？还有其他的方法来实现吗？

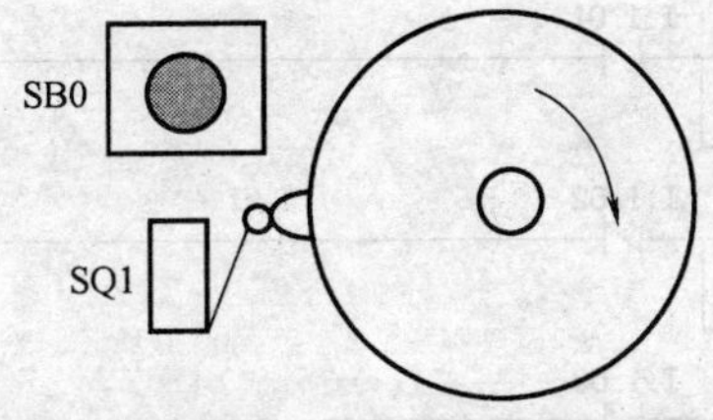

图 3-2　圆盘控制示意图

调试过程及体会：

（5）四选二输出

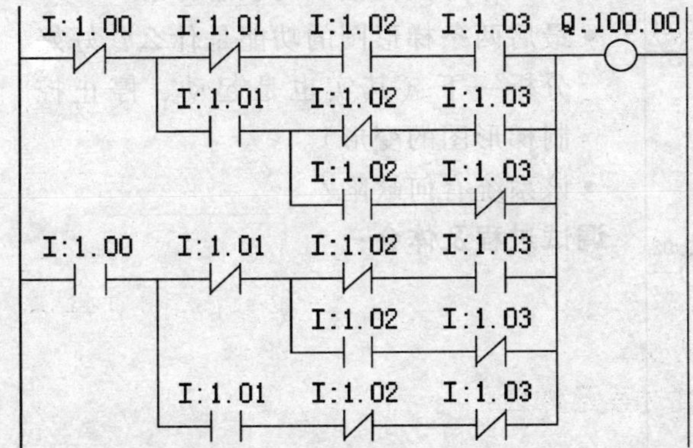

- 1.00～1.03 是输入，100.00 是输出。
- 控制要求：四个输入中的任意两个有输入，输出得电。
- 画出该控制要求的真值表，并化简，对照一下逻辑表达式和梯形图，有何相似之处？

调试过程及体会：

（6）传送带接力传送

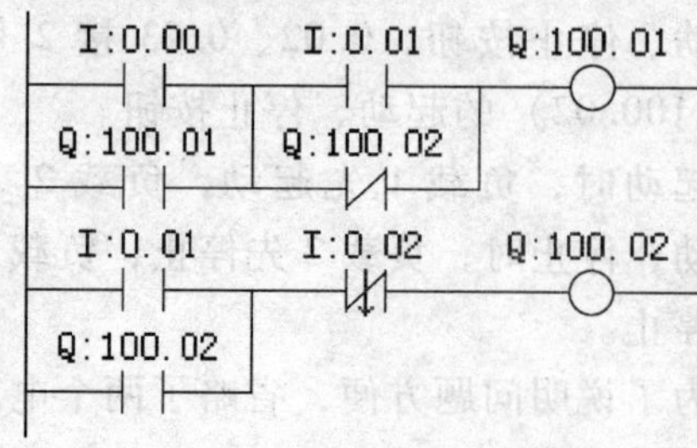

传送带接力传送示意图如图 3-3 所示。

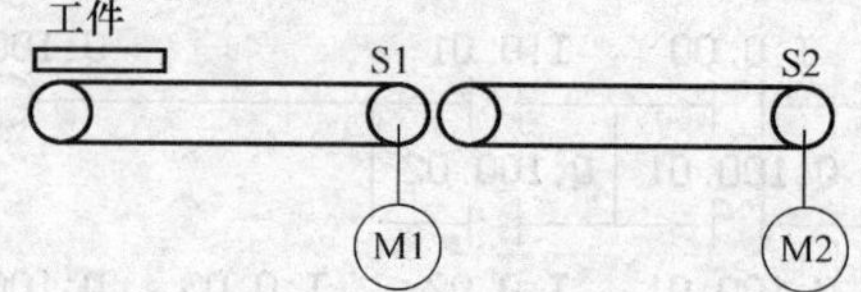

图 3-3 传送带接力传送示意图

- 起动前，工件在传送带 1 左端；
- 起动（0.00）后，电动机 M1（100.01）旋转，传送带 1 带动工件向右运动；工件右侧到达传感器 S1（0.01）位置时，电动机 M2（100.02）起动，工件继续右行；工件左侧经过传感器 S1 时，电动机 M1 停止；工件左侧经过传感器 S2（0.02）时，电动机 M2 停止。

调试过程及体会：

（7）五点呼叫小车

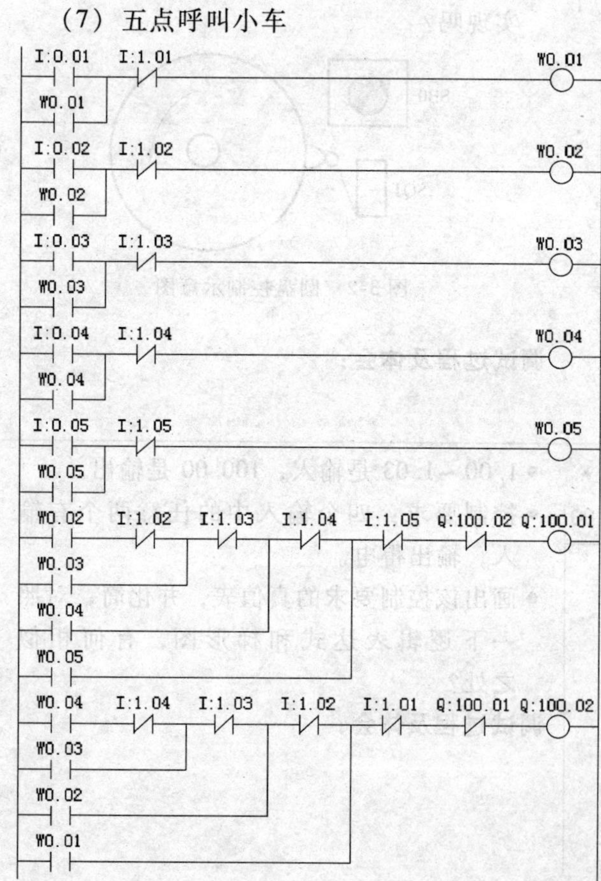

- 控制要求：五个工位从左向右排列，0.01～0.05 分别接 1#～5#工位的呼叫按钮，1.01～1.05 分别接 1#～5#工位的行程开关，100.01 接右行接触器，100.02 接左行接触器。某工位按下呼叫按钮，相应接触器得电，起动电动机，带动小车左行或右行，到呼叫工位后停止。
- 前五条梯形图的格式是一样的，是一个起动、停止控制梯形图。按下按钮，相应的辅助继电器有输出，并自锁，作为按钮按下的状态标志。
- 最后两条梯形图的功能是什么？好好分析一下（其实也是起动、停止控制梯形图的变形）。
- 该系统有何缺陷？

调试过程及体会：

（8）四路抢答器

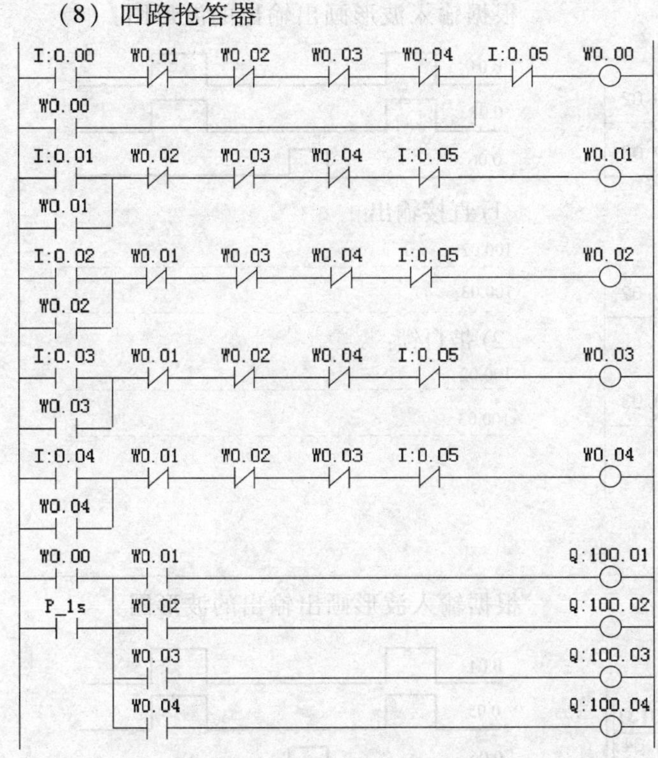

- 控制要求：0.01～0.04 和 100.01～100.04 分别外接 4 个选手的抢答按钮和指示灯，0.00、0.05 接开始按钮和复位按钮。开始后，抢答成功，则相应指示灯亮；未开始，抢答犯规，则相应指示灯闪烁。
- W0.01～W0.04 是选手按钮按下的状态标志，它们是互锁的。
- W0.00 是主持人在选手未犯规时，按下开始按钮的状态标志。
- 最后将各状态标志组合后输出。
- 第一条梯形图的作用是什么？
- 该抢答器还有什么地方可以改进（如超时控制）？

调试过程及体会：

3.2　微分指令与控制实例

3.2.1　基础入门练习

一个微分（上升沿或下降沿）的输出时间，只有一个扫描周期，用肉眼观察不到，如果利用输出的常开触点自锁，就能观察到，请读者一试。

（1）输入点微分（上升沿@和下降沿%）

1）直接输出：

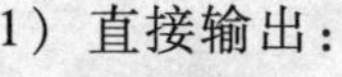

2）带自锁：

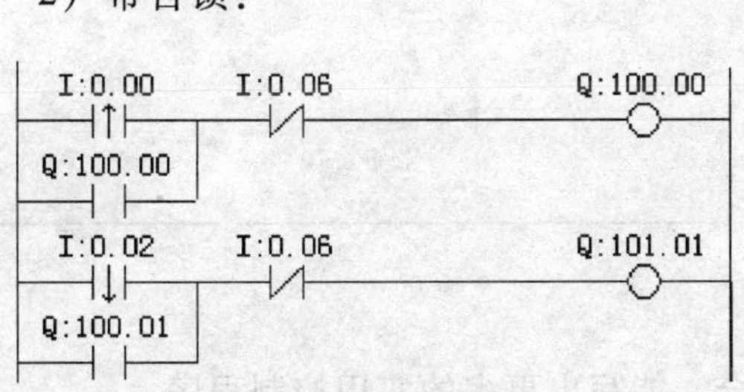

根据输入波形画出输出的波形图：

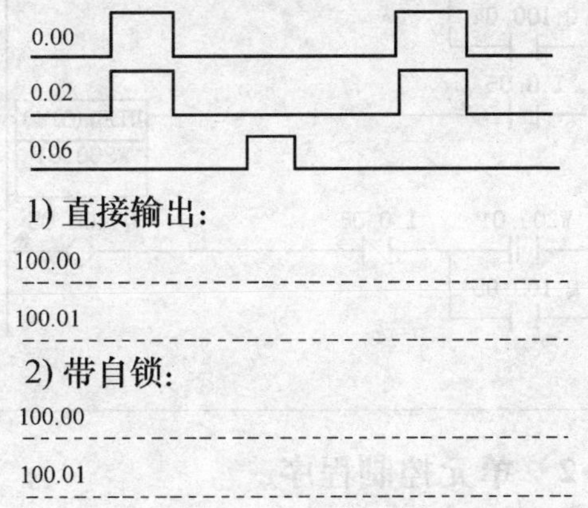

（2）连接型微分（UP 和 DOWN）

1）直接输出：

I:0.01 UP(521) Q:100.02

I:0.03 DOWN(522) Q:100.03

2）带自锁：

I:0.01 UP(521) I:0.06 Q:100.02

Q:100.02

I:0.03 DOWN(522) I:0.06 Q:100.03

Q:100.03

根据输入波形画出输出的波形图：

0.01

0.03

0.06

1) 直接输出:

100.02

100.03

2) 带自锁:

100.02

100.03

（3）输出型微分（DIFU 和 DIFD）

1）直接输出：

I:0.04 DIFU(013) Q:100.04

I:0.05 DIFD(014) Q:100.05

2）带自锁：

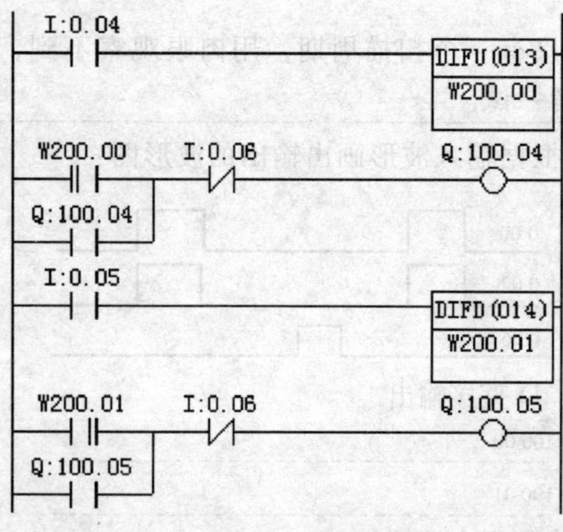

根据输入波形画出输出的波形图：

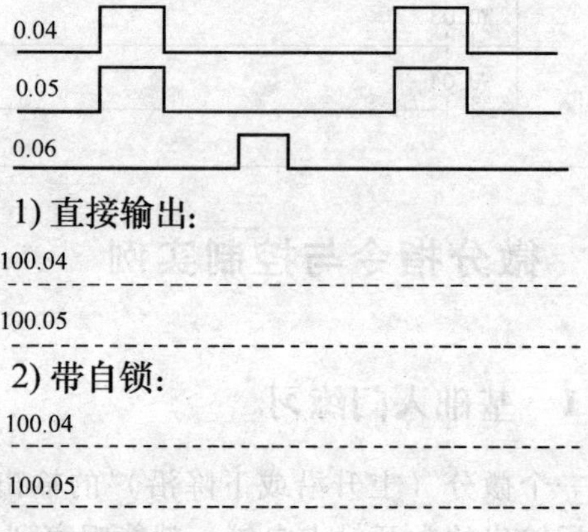

3.2.2 单元控制程序

单元控制程序非常有用，将单元控制程序组合，能写出更多的实用控制程序。

双稳态单元（单按钮起动、保持、停止控制）

1）使用输入点上升沿微分：

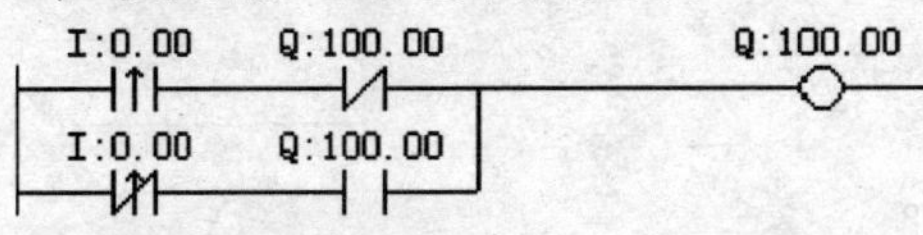

2）使用连接型微分：

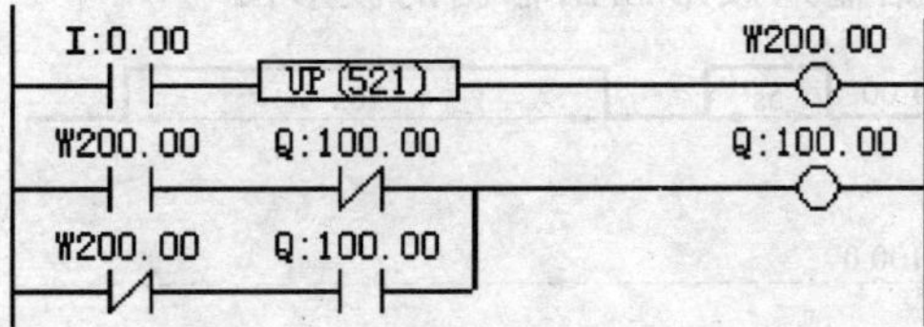

3）使用输出型微分：

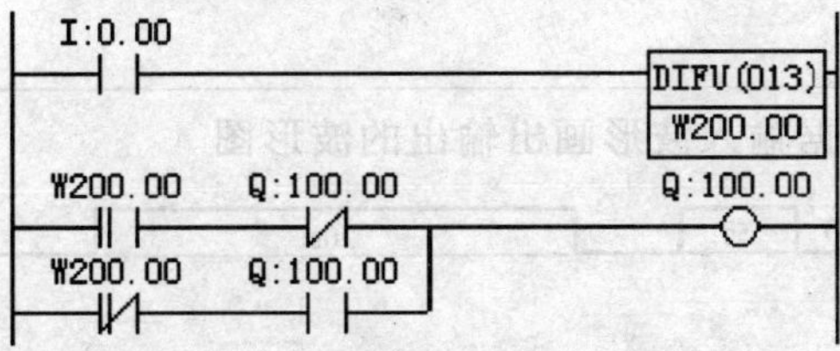

4）使用微分和 KEEP 指令：

- 所谓双稳态，就是该单元有两个稳定状态。在没有外来触发信号的作用下，单元始终处于原来的稳定状态；在外加输入触发信号作用下，双稳态单元从一个稳定状态翻转到另一个稳定状态。由于它具有两个稳定状态，故称为双稳态。
- 比较四种双稳态单元特点，除最后一个外，其实都是相同的，都是一个由脉冲触发的异或逻辑单元。

调试过程及体会：

3.2.3　实用控制程序

（1）圆盘控制

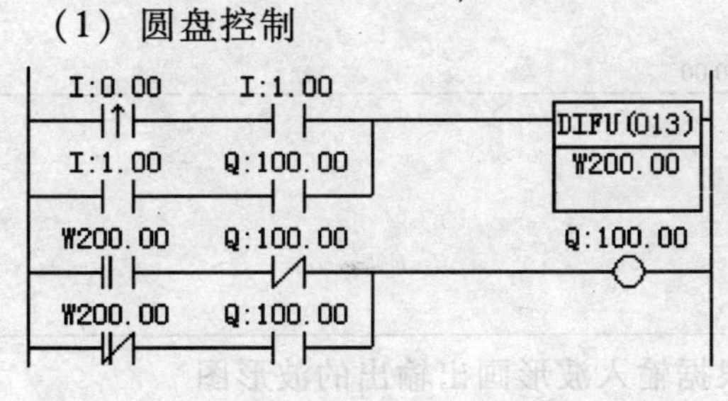

- 控制要求同 3.1.3（4），圆盘在原点（1.00），按起动按钮（0.00），圆盘旋转（100.00）一圈回到原点停止。
- 又是圆盘控制，还有其他的方法来实现吗？可在后面寻找。

调试过程及体会：

（2）秒脉冲分频器

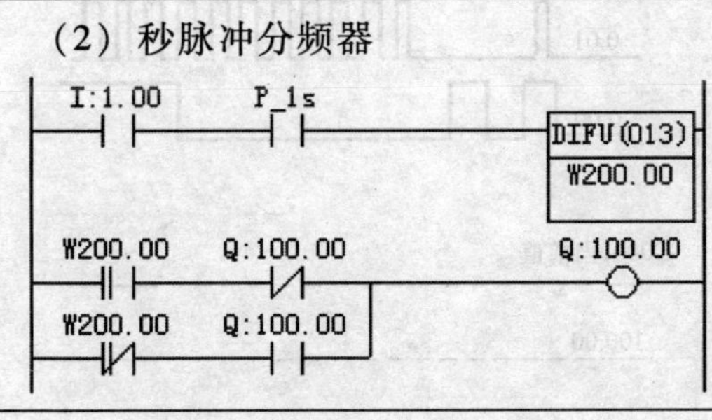

- 利用双稳态单元做分频器是最常用的方法，100.00 输出的脉冲频率是 1s 脉冲的二分之一。1.00 是控制开关输入。
- 怎样实现四分之一分频？

调试过程及体会：

3.3 定时器/计数器指令与控制实例

3.3.1 基础入门练习

通过基础入门练习，认识各种定时器和计数器。

(1) 普通定时器

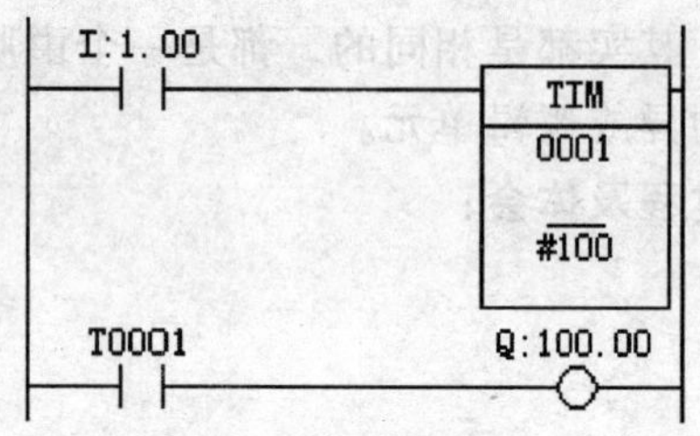

根据输入波形画出输出的波形图

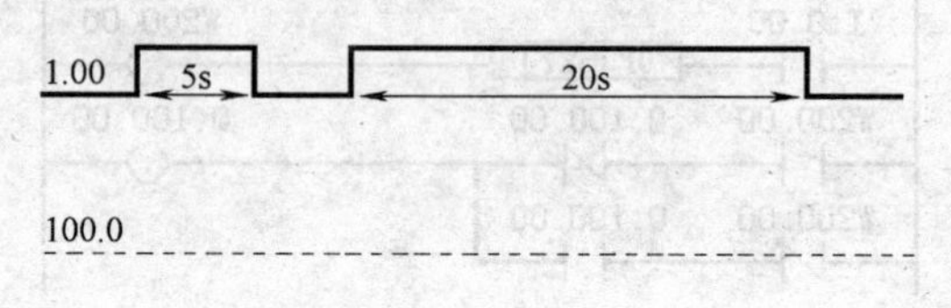

(2) 高速定时器

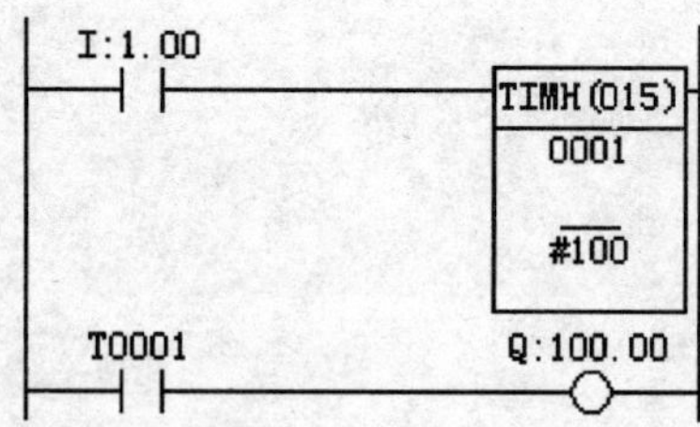

根据输入波形画出输出的波形图

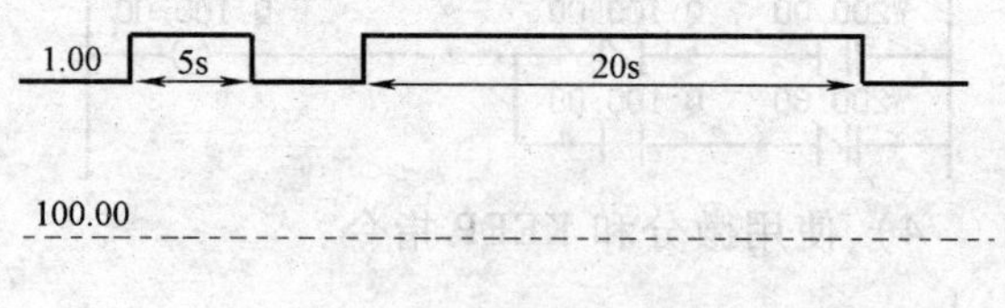

(3) 累积定时器

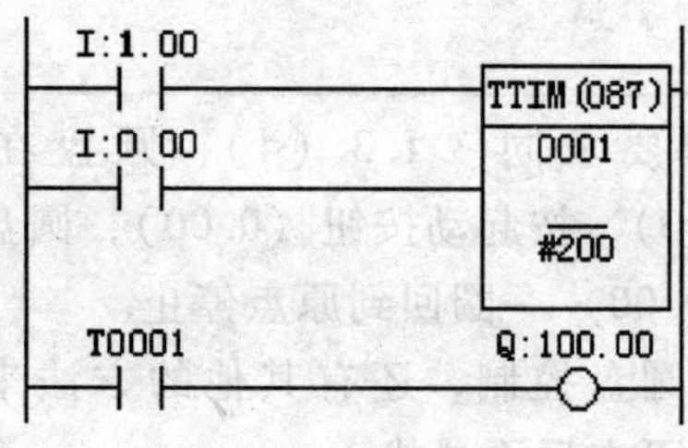

根据输入波形画出输出的波形图

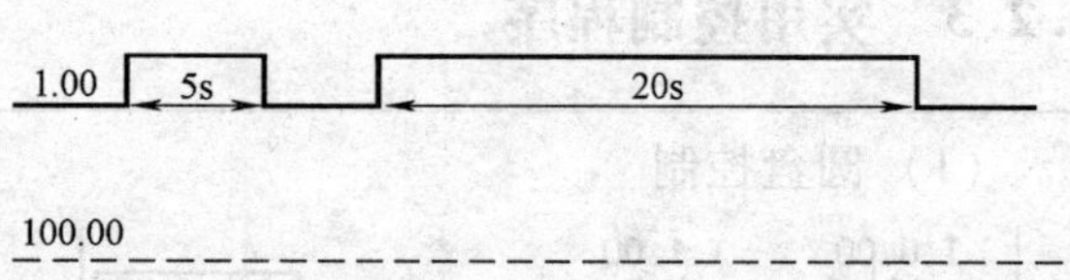

(4) 减计数器

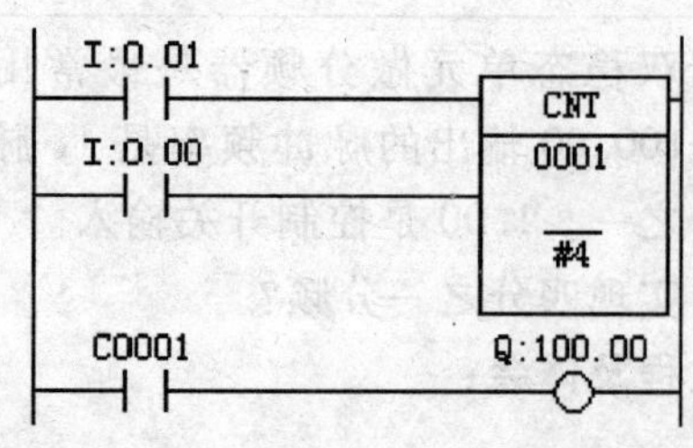

根据输入波形画出输出的波形图

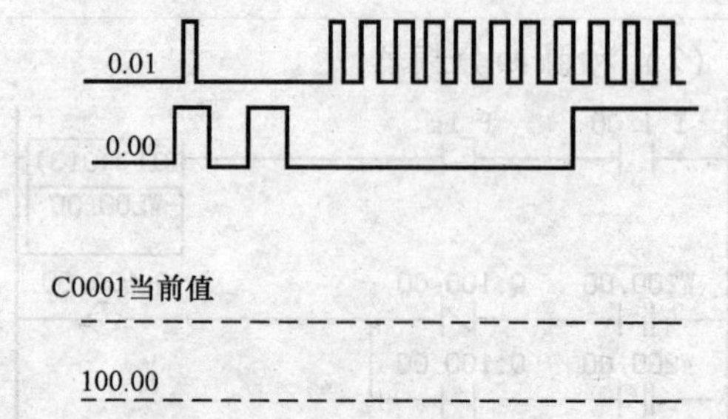

(5) 可逆计数器

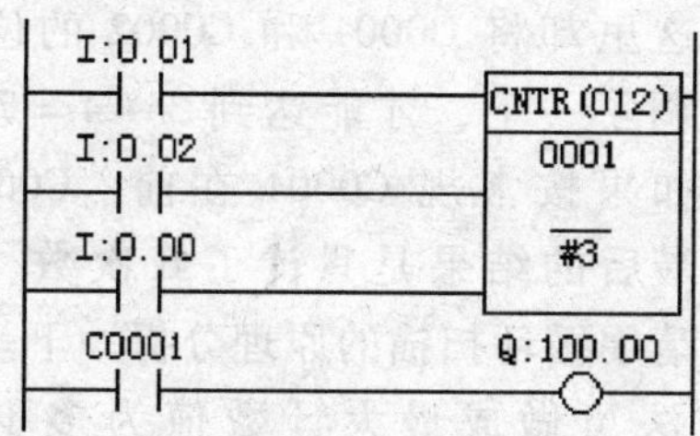

根据输入波形画出输出的波形图

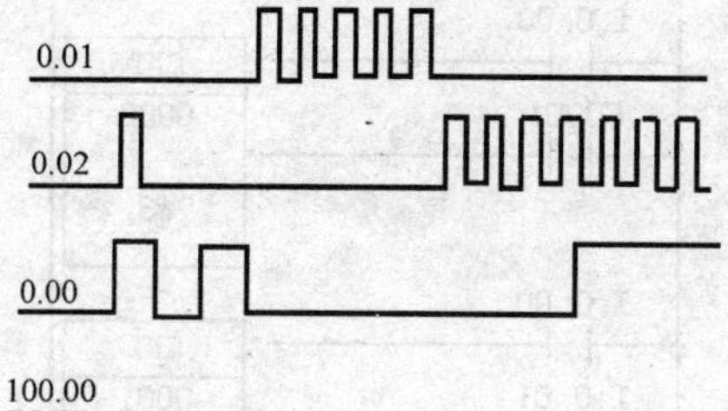

3.3.2　单元控制程序

利用定时器、计数器能写出很多有趣的单元程序，请读者练习，并可在以后应用。

(1) 序列脉冲与双稳态

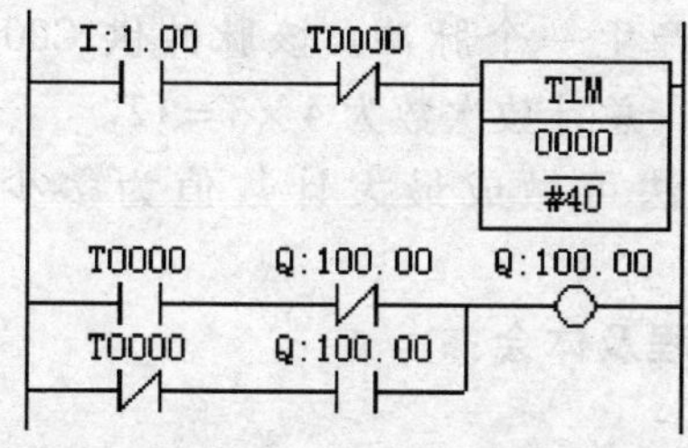

- 第一条梯形图产生一个周期为4s的脉冲，它是由T0000的自复位来实现的。
- 第二条梯形图可观察脉冲来到后的变化。

调试过程及体会：

(2) 定时器的串联（设定值相加）

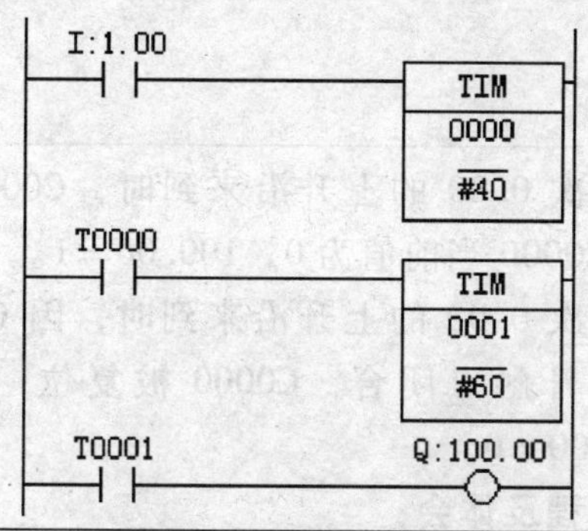

- 第一个定时器计时4s后第二个定时器才开始计时。
- 从1.00闭合到100.00有输出，一共用了多少时间？

调试过程及体会：

(3) 定时器和计数器（设定值相乘）

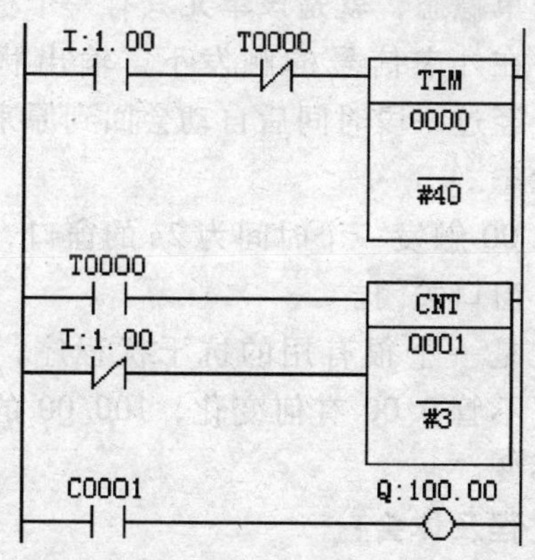

- 这是周期为4s的序列脉冲和计数器的组合，最终的结果是一个4s×3＝12s的定时器。
- 这种方法可做成最长计时时间为几秒的定时器？

调试过程及体会：

(4) 计数器串联（设定值相加）

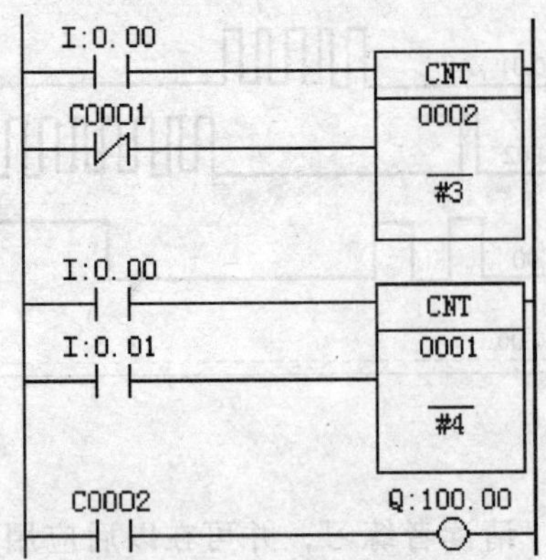

• 通常梯形图应该是 C0001 在前，C0002 在后，这里却将 C0001 和 C0002 的位置前后对调了一下，才能达到 3 + 4 = 7 的目的。如果按常规 C0001 在前，C0002 在后，最后的结果是只计了 6 次数。为什么？请用循环扫描的原理分析一下。

• 该方法可做成最大计数值为多少的计数器？

调试过程及体会：

(5) 计数器串联（设定值相乘）

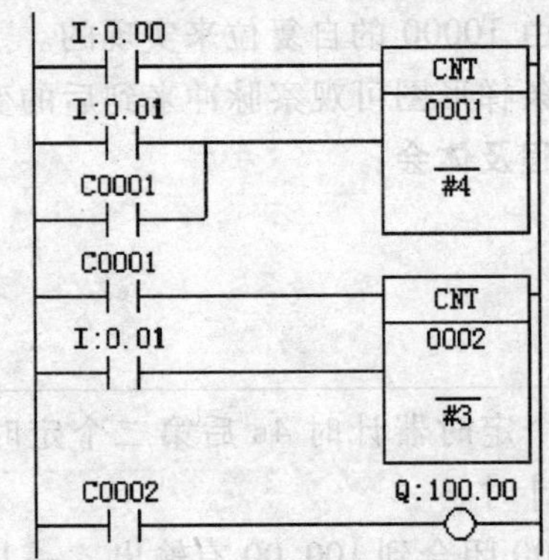

• 第一条由 C0001 计数器计数 4 次，并自复位，产生一个脉冲。该脉冲供 C0002 计数用，总计数次数为 4 × 3 = 12。

• 该方法可做成最大计数值为多少的计数器？

调试过程及体会：

(6) 双稳态单元（用计数器构成）

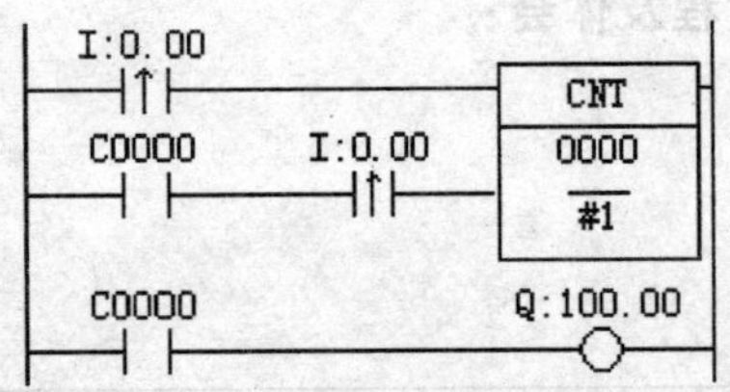

• 第一次 0.00 的上升沿来到时，C0000 减 1，C0000 当前值为 0，100.00 = 1。

• 第二次 0.00 的上升沿来到时，因 C0000 的常开触点闭合，C0000 被复位，导致 100.00 = 0。

调试过程及体会：

(7) 单稳态单元

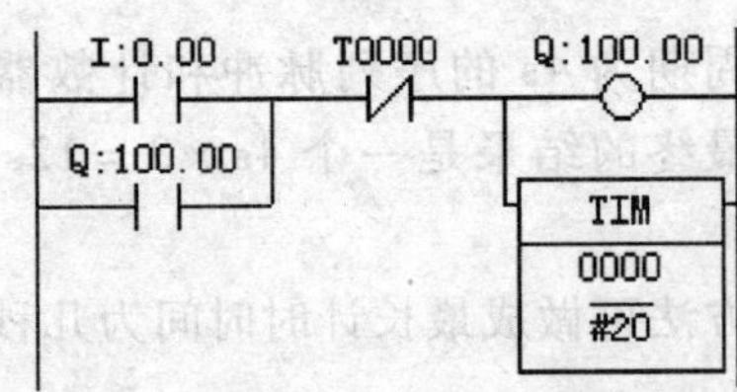

• 所谓单稳态，就是该单元只有一个稳定状态，在外来信号的触发下，输出状态翻转，经过一段时间后自动会回到原来的稳定状态。

• 用 0.00 触发一个时间为 2s 的窗口，时间到，窗口关闭。

• 这也是一个很有用的抗干扰程序，在 2s 内，不管 0.00 有何变化，100.00 的状态都不变。

调试过程及体会：

(8) 无稳态单元

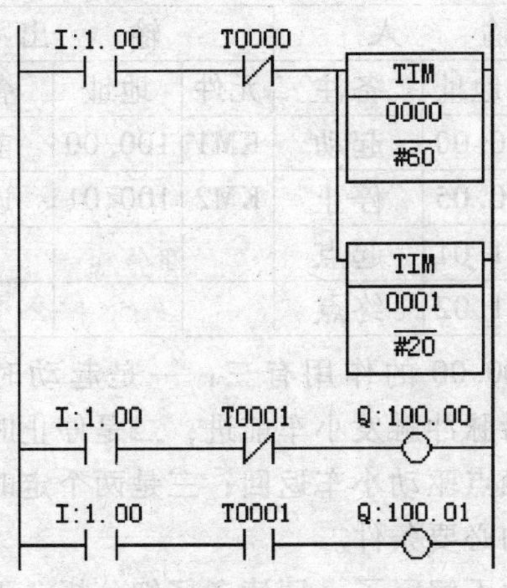

- 所谓无稳态，就是该单元没有稳定的状态，不需要外来触发信号，单元的输出状态就会翻转。
- 这是一个很有用的小程序，由 T0000 控制脉冲周期，由 T0001 控制脉冲的占空比。100.00 和 100.01 交替输出，也可根据需要单独使用。

调试过程及体会：

3.3.3 实用控制程序

(1) 断电延时继电器

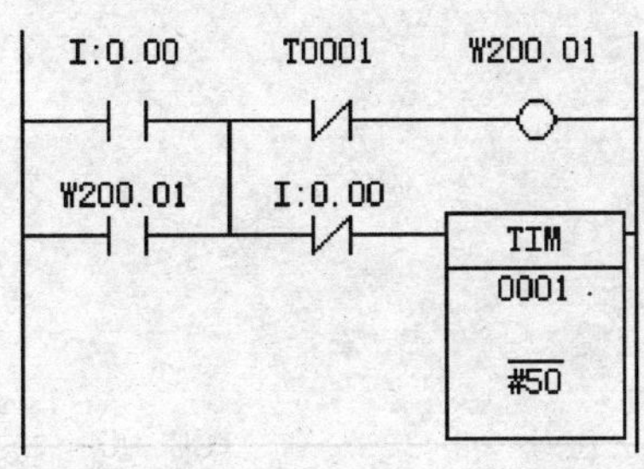

- PLC 中的定时器是通电延时型的，如遇到断电延时（断电延时断开）型继电器，可通过编写梯形图来实现。
- 怎样来实现断电延时闭合型继电器？

调试过程及体会：

(2) 测量脉冲间隔

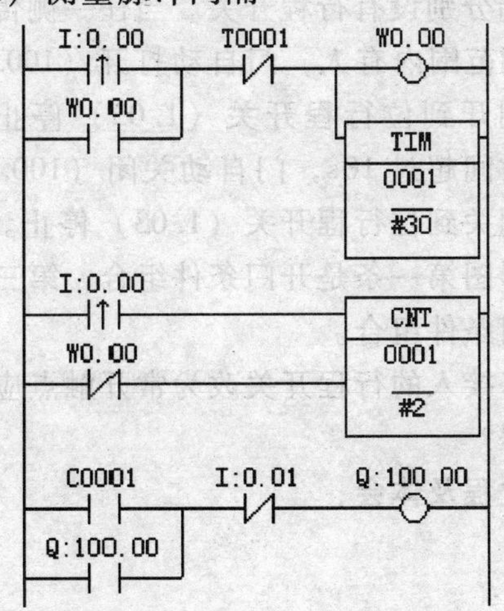

- 第一条梯形图是单稳态单元，在第一个脉冲来到时，产生一个 3s 的时间窗口，并用 W0.00 控制 C0001 的复位端，开启计数器，3s 后自动关闭。
- 第二条梯形图在时间窗口内检测是否有第二个脉冲出现，如有，则说明两个脉冲的间隔小于 3s，然后报警。

调试过程及体会：

(3) 小车循环往复，到位延时

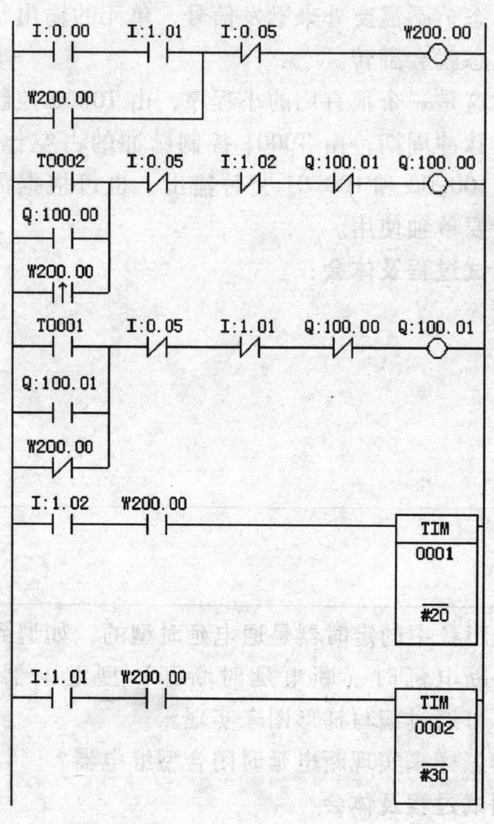

- 地址分配见下表：

输入			输出		
元件	地址	备注	元件	地址	备注
SB0	0.00	起动	KM1	100.00	前进
SB1	0.05	停止	KM2	100.01	返回
SQ1	1.01	起点			
SQ2	1.02	终点			

- W200.00 的作用有三：一是起动时其上升沿脉冲触发小车前进；二是停止时其常闭触点驱动小车返回；三是两个定时器工作的必要条件。
- 其他不解释了，请读者仔细分析一下。

调试过程及体会：

(4) 自动门

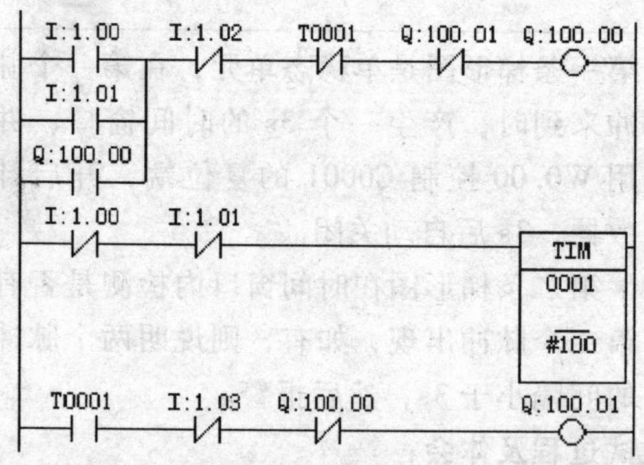

- 控制要求：自动门内、外侧装有传感器（1.00、1.01）探测有无人接近，门行程终端分别设有行程开关。当任一侧传感器作用范围内有人，门自动打开（100.00），压到开到位行程开关（1.02）停止，无人时间超过 10s，门自动关闭（100.01），压到关到位行程开关（1.03）停止。
- 梯形图第一条是开门条件组合，第三条是关门条件组合。
- 如将接入的行程开关改为常开触点应怎样编程？

调试过程及体会：

(5) 密码锁

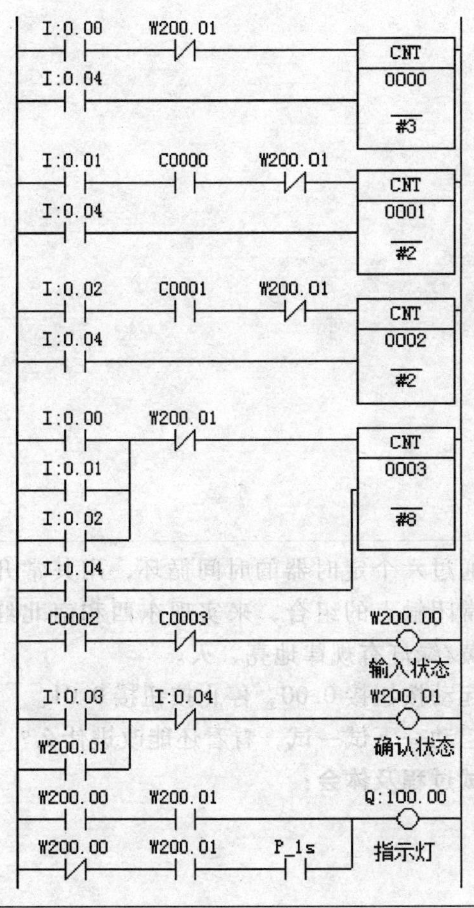

- 控制要求：依次在 0.00 输入三个脉冲（即按三下），然后在 0.01 输入两个脉冲，最后在 0.02 输入两个脉冲，并按确认按钮（0.03），密码锁开启，指示灯（100.00）亮，否则指示灯闪烁。
- 梯形图前三条解决了脉冲输入和输入的前后次序。第四条 C0003 的作用是使总的按键次数要小于 8。
- 将输入状态和确认状态组合就是指示灯输出的状态。
- 按下确认按钮后，其他输入无效，按复位按钮（0.04）后重新开始。

调试过程及体会：

(6) 顺序起动、逆序停止

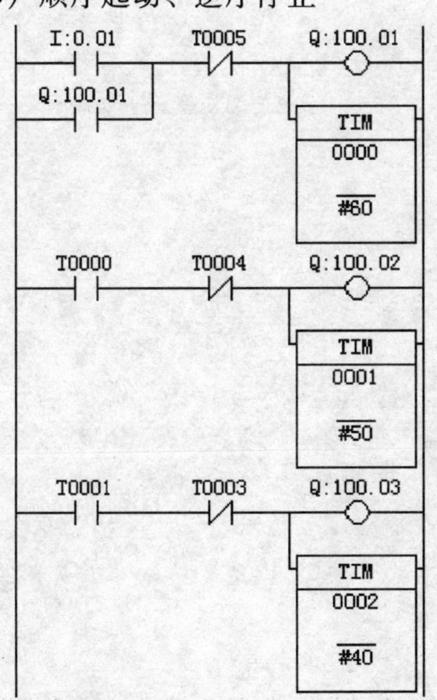

- 起动按钮接 0.01，停止按钮接 0.00。
- 按下起动按钮后，100.01、100.02、100.03、100.04 顺序起动，时间间隔由 T0、T1、T2 决定。
- 按下停止按钮，100.01、100.02、100.03、100.04 逆序停止，时间间隔由 T3、T4、T5 决定。

调试过程及体会：

T0002 W200.01 Q:100.04
I:0.00 Q:100.01 W200.01
W200.01
TIM
0003
#40
T0003
TIM
0004
#40
T0004
TIM
0005
#40

（7）交通信号灯控制

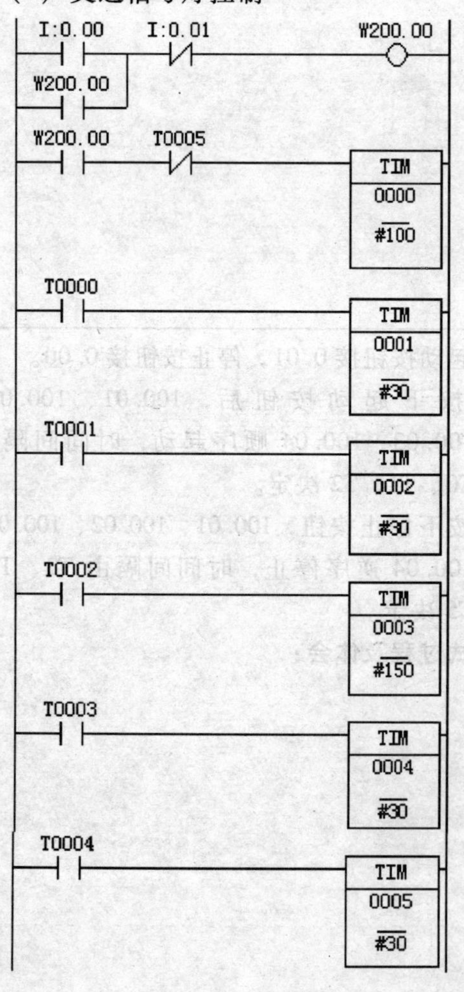

- 通过六个定时器的时间循环，用其常开/常闭触点的组合，来实现东西和南北红/黄/绿灯有规律地亮、灭。
- 起动按钮接 0.00，停止按钮接 0.01。
- 起动一下试一试，看看还能改进什么？

调试过程及体会：

W200.00　T0000　Q:100.00　南北红
T0004　T0005　Q:100.01　南北黄
T0002　T0003　Q:100.02　南北绿
T0003　T0004　P_1s
T0002　Q:100.03　东西红
T0001　T0002　Q:100.04　东西黄
W200.00　T0000　Q:100.05　东西绿
T0000　T0001　P_1s

3.4　时序控制指令与控制实例

3.4.1　基础入门练习

了解 IL/ILC 和 JMP/JME 指令的特点，体会 IL/ILC 和 JMP/JME 控制的不同。

（1）单重联锁/解锁指令训练

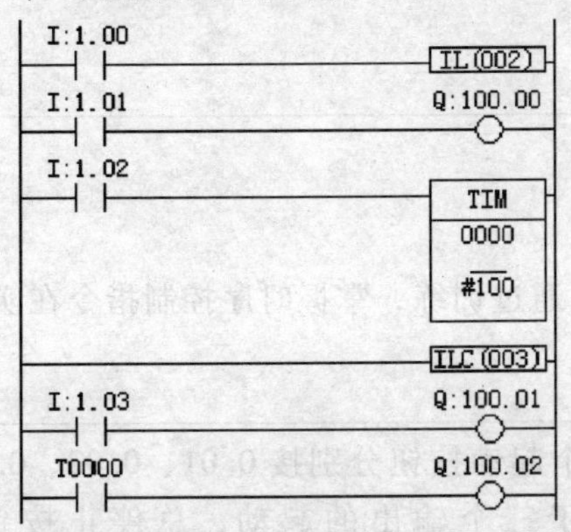

● 根据输入波形画出输出的波形图：

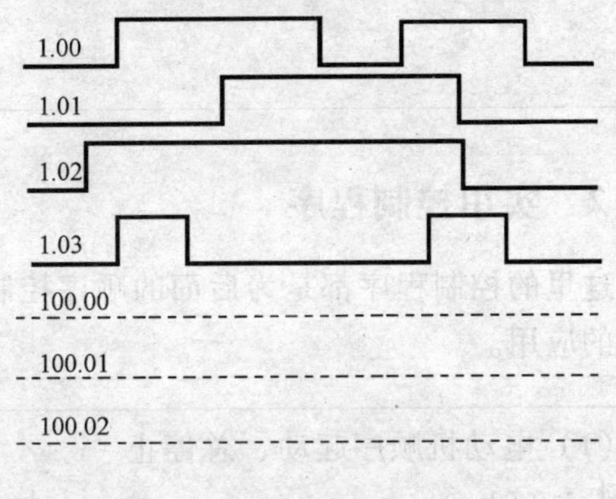

（2）嵌套联锁/解锁指令训练

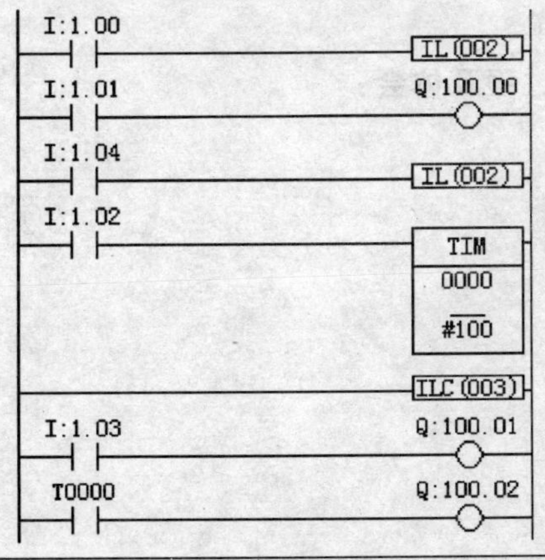

● 根据输入波形画出输出的波形图：

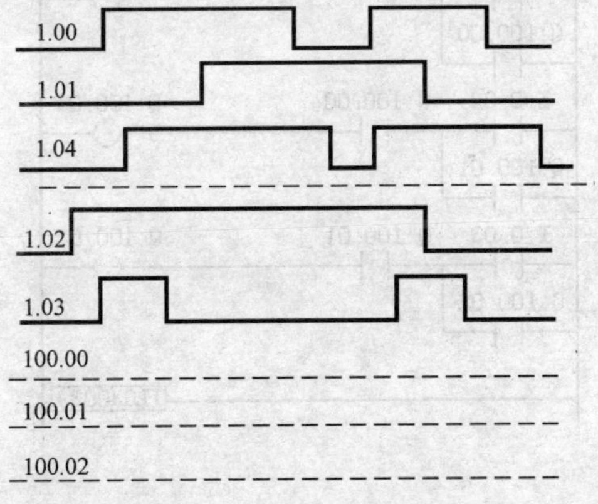

(3) 跳转/跳转结束指令训练

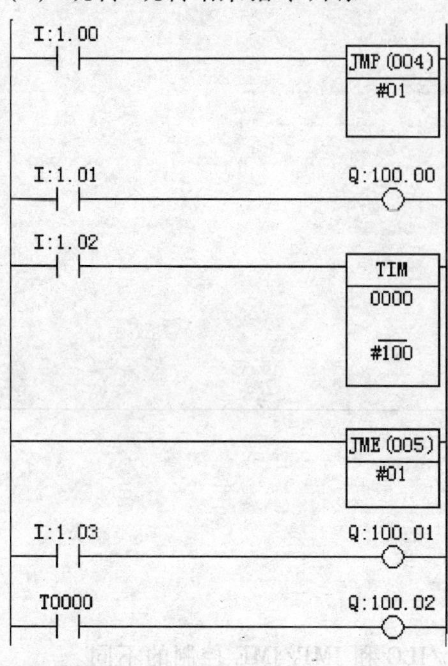

• 根据输入波形画出输出的波形图：

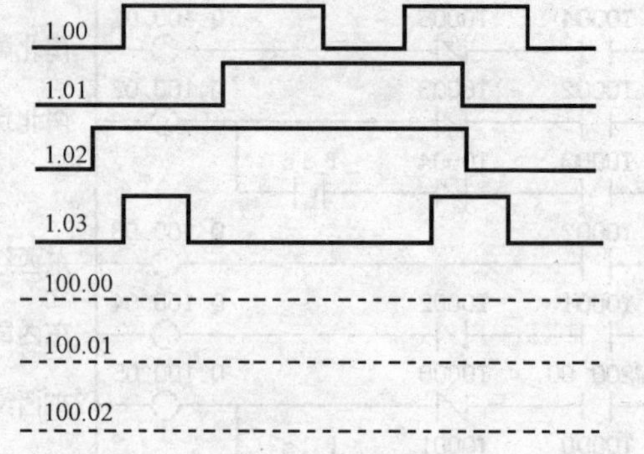

• 比较波形和（1）的不同之处，为什么？

3.4.2 实用控制程序

这里的控制程序都是为后面的顺序控制服务的，通过训练，掌握时序控制指令在实用控制中的应用。

(1) 电动机顺序起动、总停止

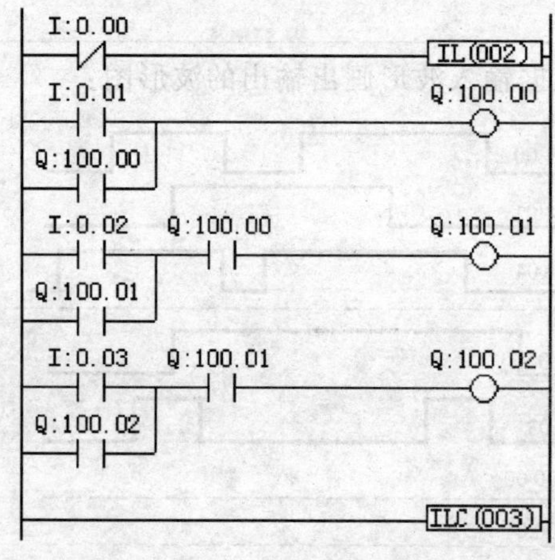

• 三个起动按钮分别接 0.01、0.02、0.03，用于三个输出的起动，总停止按钮接 0.00。试一试，这样是不是比原来更简单？

调试过程及体会：

（2）电动机顺序起动、暂停、继续起动

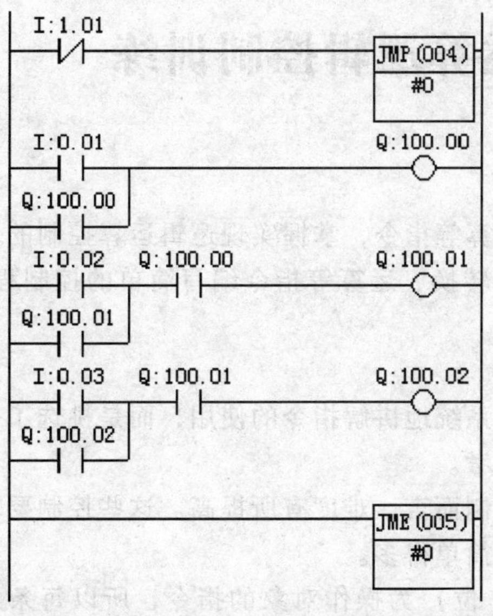

- 三个起动按钮分别接 0.01、0.02、0.03，用于三个输出的起动，开关接 1.01。
- 当开关断开（常闭触点 1.01 闭合）时，可以用于正常的顺序起动；当开关闭合（常闭触点 1.01 断开）时，原来已起动的继续保持，但新的不能起动；当开关再断开（常闭触点 1.01 闭合）后，又能继续起动。
- 想一想：怎样才能使输出停止？
- 提示：在 JMP/JME 外面再套一层 IL/ILC。

调试过程及体会：

（3）用 IL/ILC 选择两个电动机的起/停

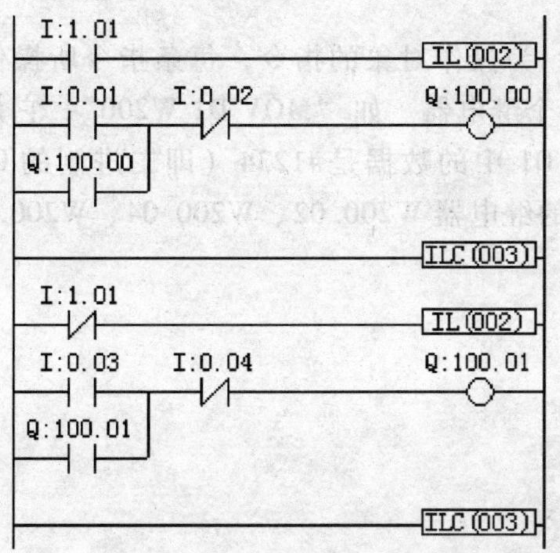

- 利用 IL/ILC 的特点，可选择 100.00 和 100.01 两个输出中的一个起动。

调试过程及体会：

项目四　应用指令与运算逻辑控制训练

训练要求：

掌握常用的数据移位、传送、比较、转换、运算等指令，掌握实现逻辑运算控制的基本方法；能合理应用常用的数据移位、传送、比较、转换、运算等指令编写简单的控制程序；能用逻辑运算指令调试逻辑控制系统程序。

训练说明：

本应用指令的训练不同于指令手册的学习，不系统地讲解指令的使用，而是挑选了一些常用的指令及它们的应用作为训练内容，供学员参考。

这里所讲的运算逻辑控制较前面的简单逻辑控制而言，难度有所提高。这些控制要求用基本指令也能完成，但较为繁琐，而用应用指令则简单得多。

基本指令、步进指令都是以位（二进制中的 1 位）为操作对象的指令，所以每条指令所操作的对象都是 1 个继电器（每个继电器就是存储单元中的一位）。如“LD 0.00”、“OUT 100.00”。

应用指令绝大多数是以字（二进制中的 16 位）为操作对象的指令，每条指令所操作的对象是 1 个字，从继电器的角度讲，1 个字含有 16 个继电器。如“MOV D1 W200”，它是将数据储存器 D1 中的数据传送到 W200 通道，如果 D1 中的数据是#1234（即二进制的 0001 0010 0011 0100），那么在数据传送后，W200 通道的继电器 W200.02、W200.04、W200.05、W200.09、W200.12 为 ON。

以上不同请在训练中注意。

4.1　数据的写入和监视

4.1.1　数据的写入

（1）工程工作区　在 CX-P 编程界面中，单击“切换工程工作区”图标，将出现如图 4-1所示的“工程工作区”界面。根据训练需要编写一个简单的程序，如“LD　1.00，MOV　D1　W200”，并将程序传送到 PLC。

（2）PLC 内存　在“工程工作区”中双击“内存”图标，将出现“PLC 内存”操作界面，如图 4-2 所示。在界面的左侧，显示可操作的内存有 CIO、A、T、C、IR、DR、D、TK、H、W 等。在界面的上侧，是工具菜单和操作图标。操作图标解释如图 4-3 所示。

1）“文件”图标从左往右依次为：打开、打开文件、保存在工程中、打印、打印预览、剪切、复制、粘贴。

2）“显示格式”图标依次为：二进制、BCD、十进制、有符号十进制、浮点、十六进制、文本、双浮点、双字、双倍长字、调整列、缩小、恢复缩放、放大。

3）“网格”图标依次为：填充数据区、清除数据区、传送到 PLC、从 PLC 传送、与

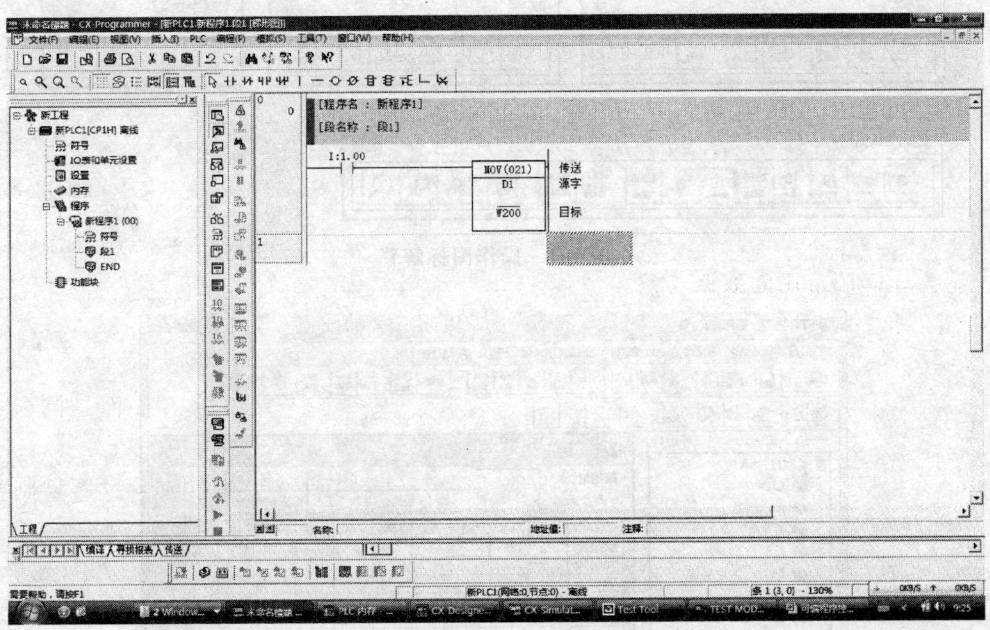

图 4-1　梯形图和“工程工作区”界面

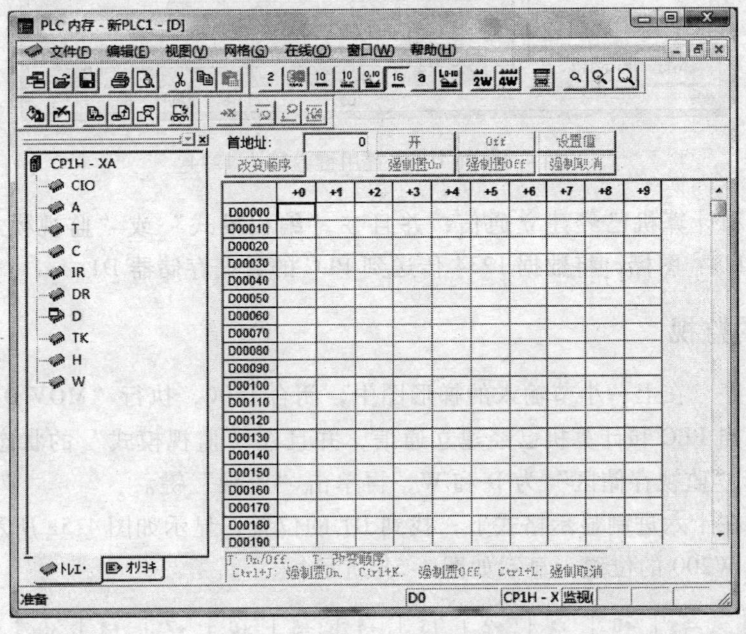

图 4-2　“PLC 内存”操作界面

PLC 比较、监视。

4）“符号监视”图标依次为：设置值、强制 ON、强制 OFF、清除强制状态。

（3）写入数据　在 D1 中写入数据 1234。

1）在数据存储器 D 单元找到 D1 的位置，在该位置用键盘输入 1234，并按回车键，如图 4-4 所示。

图 4-3 操作图标解释

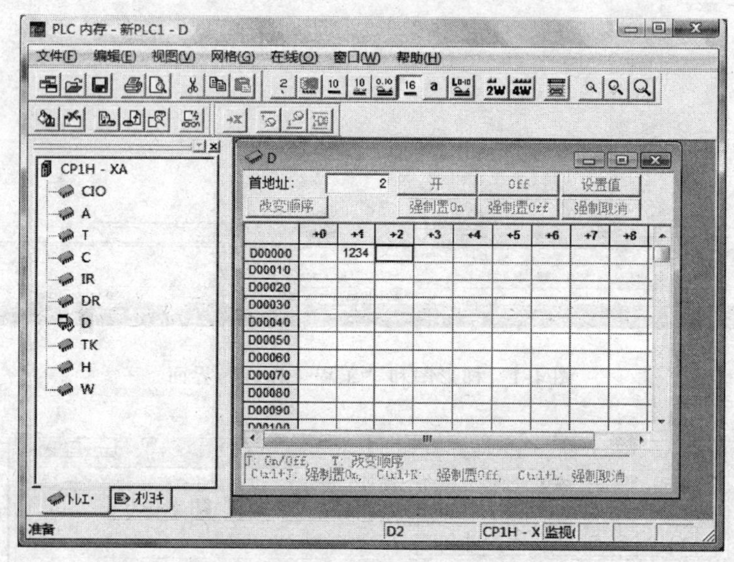

图 4-4 在 D1 位置用键盘输入 1234

2）当 PLC 和计算机已经建立通信，并且在“编程模式”或“监视模式”的状态下，单击“传送到 PLC”图标，将数据 1234 传送到 PLC 的数据存储器 D1。

4.1.2 数据的监视

（1）执行程序 在上一小节输入的梯形图中，闭合 1.00，执行“MOV D1 W200”指令。

（2）监视 当 PLC 和计算机已经建立通信，并且在“监视模式”的状态下，单击“监视”图标，选择“监视存储区”为 D 和 W，再单击“监视”键。

（3）显示 在十六进制显示格式下，找到 D1 的位置，显示如图 4-5a 所示。在二进制显示格式下，找到 W200 的位置，显示如图 4-5b 所示。

	+0	+1	+2	+3	+4	+5	+6	+7	+8	+9
D00000	0000	1234	0000	0000	0000	0000	0000	0000	0000	0000

a)

	15	14	13	12	11	10	9	8	7	6	5	4	3	2	1	0	Hex
W200	0	0	0	1	0	0	1	0	0	0	1	1	0	1	0	0	1234

b)

图 4-5 D1 和 W200 中的数据

4.2　数据比较指令与控制实例

4.2.1　基础入门训练

常用的数据比较指令有比较、符号比较和时刻比较指令。通过训练，掌握数据比较的各种方法和技巧，学会数据的写入和监控，为控制程序练习做好准备。

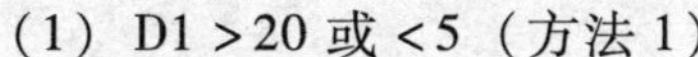

(1) D1 >20 或 <5（方法 1）

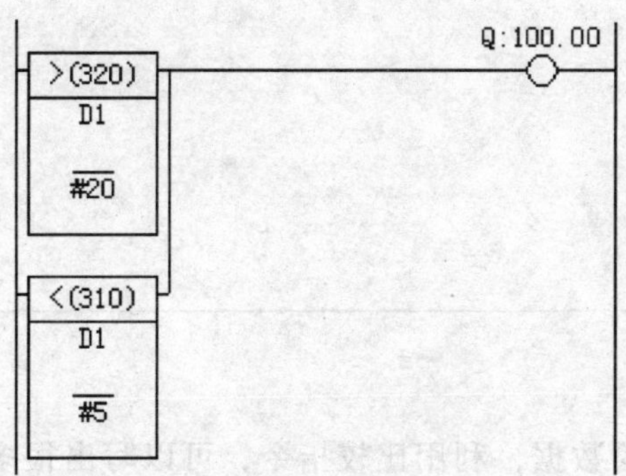

- 按数据的写入方法在 D1 中分别送入 22、15 和 3，观察程序执行的结果。

调试过程及体会：

(2) D1 >20 或 <5（方法 2）

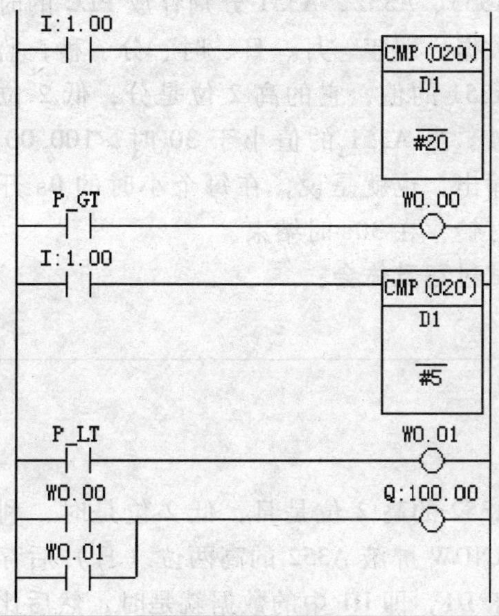

- 按数据的写入方法在 D1 中分别送入 22、15 和 3，观察程序执行的结果。
- **注意：**P_ GT 和 P_ LT 两条梯形图必须紧跟着 CMP。
- 比较与 4.2.1（1）的区别。

调试过程及体会：

(3) D1 >5 且 <20（方法 1）

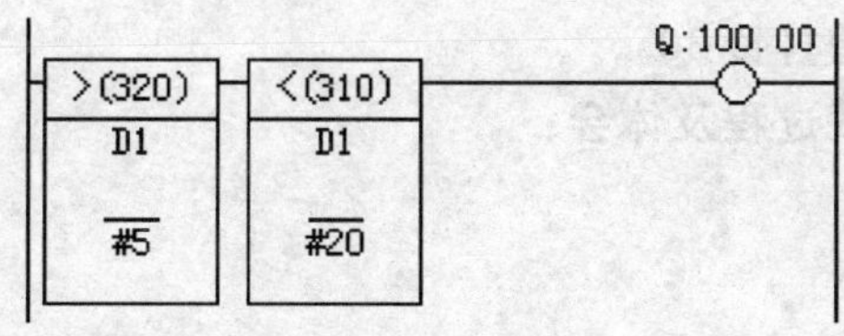

- 按数据的写入方法在 D1 中分别送入 22、15 和 3，观察程序执行的结果。
- 比较与 4.2.1（1）的区别。

调试过程及体会：

(4) D1 >5 且 <20 (方法 2)

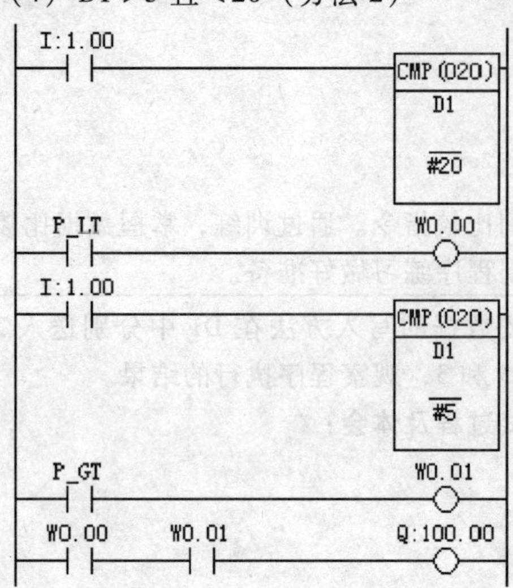

• 按数据的写入方法在 D1 中分别送入 22、15 和 3，观察程序执行的结果。

• 比较与 4.2.1 (3) 的区别。

调试过程及体会：

4.2.2 常用控制程序

将定时器、计数器、时钟和通道中的值都视为数据，利用比较指令，可以写出很多的实用程序。

(1) 整点打铃，时长 30s

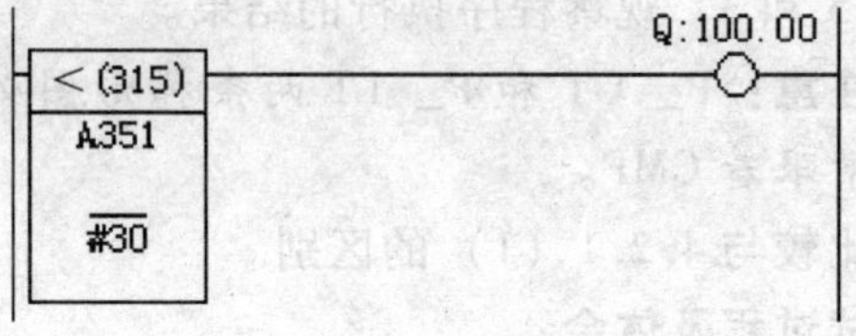

• A353、A352、A351 分别存放 PLC 的时钟数据，即年、月、日、时、分、秒，监视 A351 的值，它的高 2 位是分，低 2 位是秒。当 A351 的值小于 30 时，100.00 有输出，也就是说，在每个小时的 0s 开始打铃，在 30s 时结束。

调试过程及体会：

(2) 每天早上 8 点打铃，时长 30s

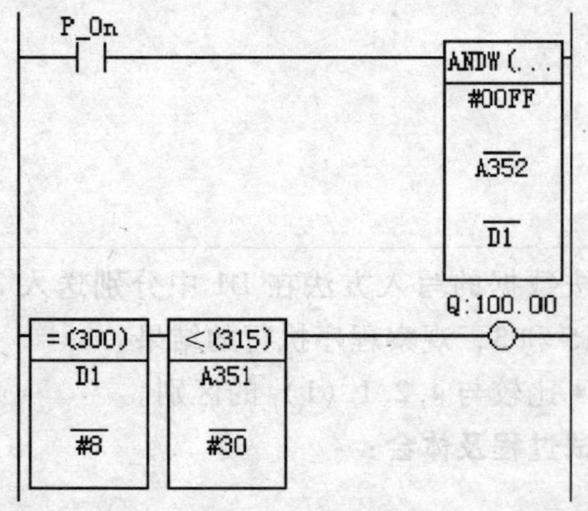

• A352 的高 2 位是日，低 2 位是时，利用 ANDW 屏蔽 A352 的高两位（日）后存放于 D1，即 D1 中的数据就是时，然后比较 D1 是否等于 8，如是，则在每小时的开始打铃 30s。

调试过程及体会：

(3) 峰谷电监测

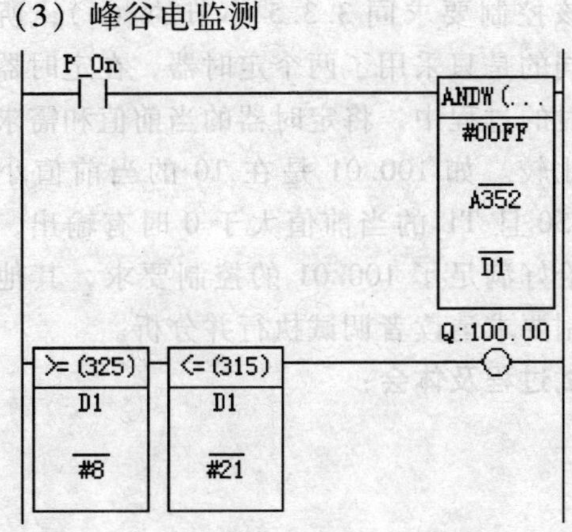

- A352 的高 2 位是日，低 2 位是时，利用 ANDW 屏蔽 A352 的高两位（日），然后比较 D1 是否在 8 ~ 21 之间，如是，则为峰电时间，输出用于其他控制。

调试过程及体会：

(4) 寻找最大数

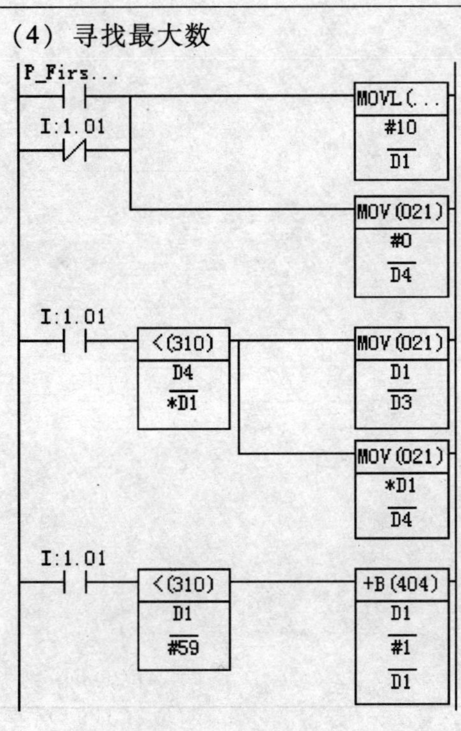

- 利用数据写入的方法，将随机数据存放于 D10 ~ D59，共 50 个数，运行程序，将寻找到的最大值放在 D4，最大值的数据地址存于 D3。
- 梯形图第一条是对 D1、D4 赋初值。D1 = 10、D4 = 0。
- 第二条中的 ＊D1 是间接寻址，即将 D1 中的数据作为数据存储器的地址，如：D1 = 10，那么 ＊D1 = D10，在这里就是将 D4 的值和 D10 中的数据比较，如果 D4 < D10，即将 D1 传送到 D3（最大值的地址），将 ＊D1（即 D10）传送到 D4（最大值），依次类推。
- 第三条是在 D1 小于 59 时，将 D1 的数据加 1，第一次运算后 D1 = 11，＊D1 = D11。
- 每个扫描循环运算一次，整个寻找用 50 个扫描时间来完成。
- 读者还可在指令手册中找一找，还有专门的指令用于寻找最大数。

调试过程及体会：

（5）顺序起动、逆序停止（用时间数据比较）

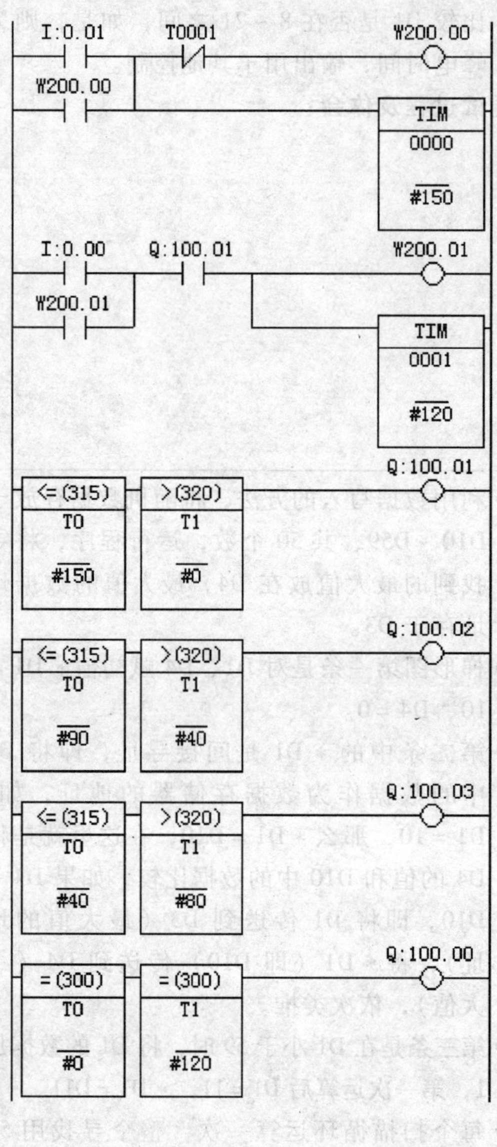

- 该控制要求同 3.3.5 小节的（6），所不同的是只采用了两个定时器，在定时器计时的过程中，将定时器的当前值和需求值比较。如 100.01 是在 T0 的当前值小于 150 且 T1 的当前值大于 0 时有输出，这恰好满足了 100.01 的控制要求，其他控制要求请读者调试执行并分析。

调试过程及体会：

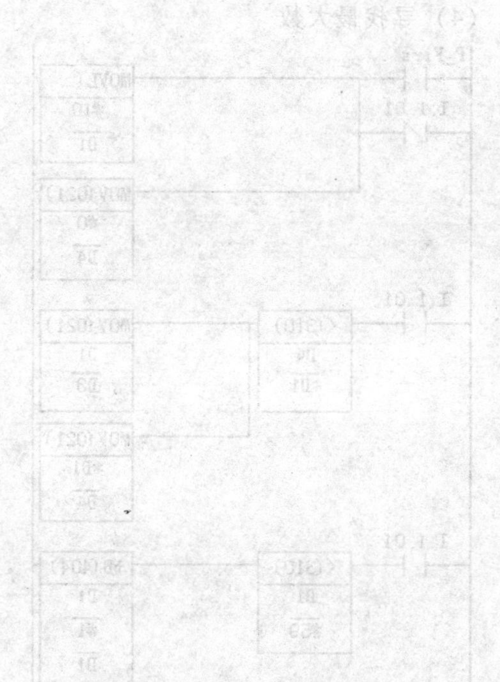

4.3 数据传送指令与控制实例

4.3.1 基础入门训练

数据传送指令是应用指令中最常用、最基本的指令，数据传送是将源（单字、双字、位、数字）数据或常数以二进制的形式输出到传送目的地。通过训练体会各种数据传送指令的特点和用途，也可以试一试在你遇到的实际问题中是否也可以用。

(1) 字传送

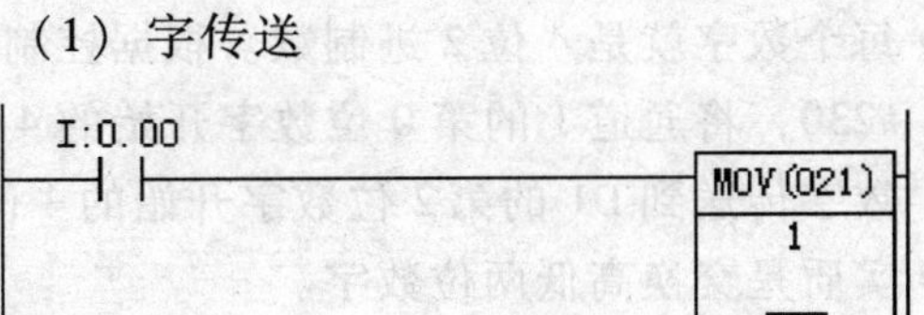

• 触点 0.00 闭合，改变通道 1 各输入点的状态，观察输出通道；触点 0.00 断开，再改变通道 1 各输入点的状态，观察输出通道。

调试过程及体会：

(2) 长字传送

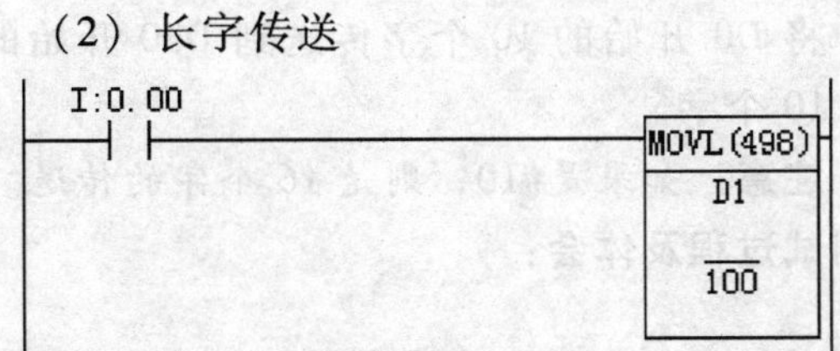

• 改变 D1、D2 的数据，观察输出通道 100、101 两个通道。

调试过程及体会：

(3) 字传送非

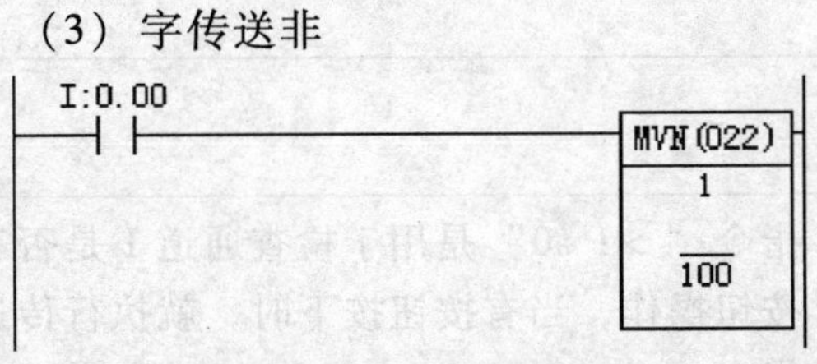

• 改变通道 1 的状态，操作 0.00，观察输出通道 100。

调试过程及体会：

(4) 长字传送非

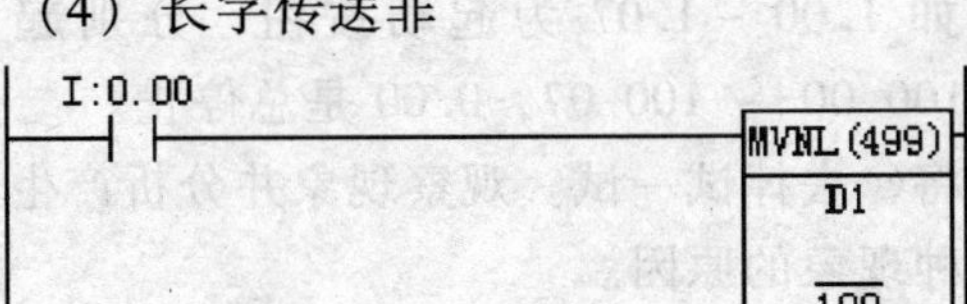

• 改变 D1、D2 的数据，观察输出通道 100、101。

调试过程及体会：

(5) 位传送

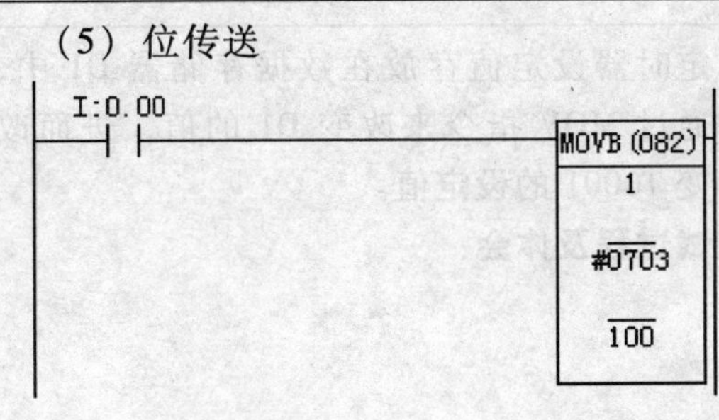

• 根据控制字#0703，将通道 1 的第 3 位传送到通道 100 的第 7 位。

调试过程及体会：

(6) 多位传送

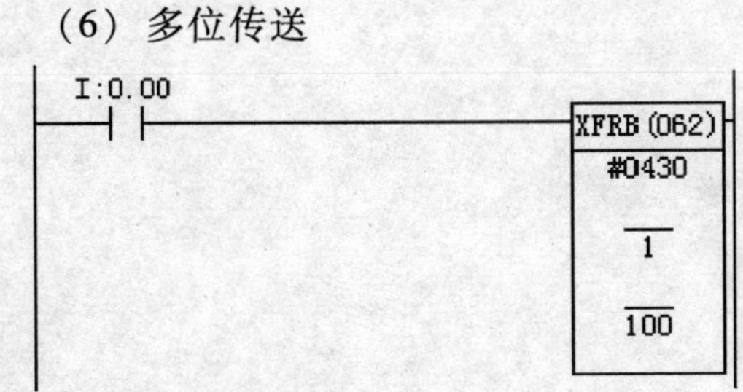

• 根据控制字#0430，将通道 1 的第 0 位开始的数据传送到通道 100 的第 3 位开始的位置，共 4 位数据。

• 实质是将通道 1 的 4 位数据向高位移 3 位存于通道 100。

调试过程及体会：

(7) 多数字传送

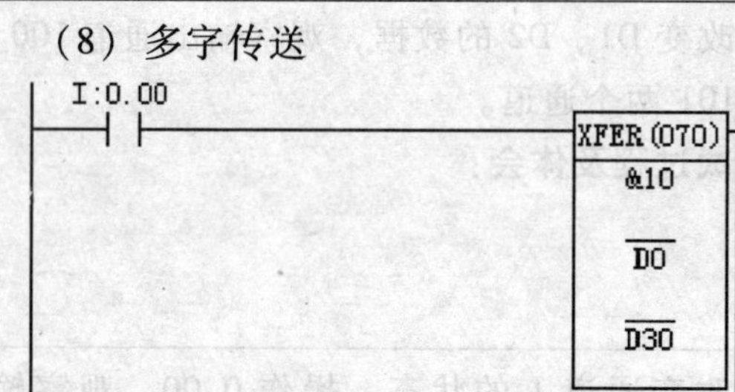

- 每个数字就是4位2进制数。根据控制字#230，将通道1的第0位数字开始的4位数字传送到D1的第2位数字开始的4位。
- 实质是交换高低两位数字。

调试过程及体会：

(8) 多字传送

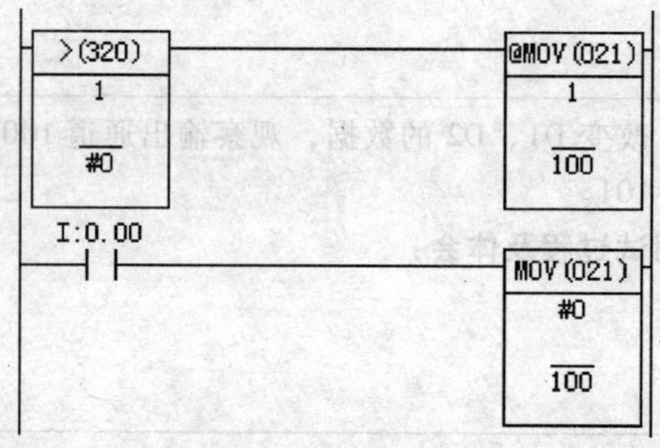

- 将D0开始的10个字传送到D30开始的10个字。
- **注意：**如果是#10，则是16个字的传送。

调试过程及体会：

4.3.2 常用控制程序

(1) 8位起动（互锁）、停止控制

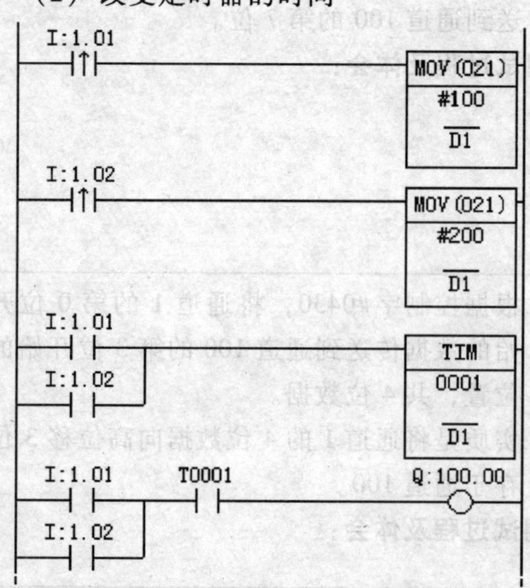

- 指令“>1 #0”是用于检查通道1是否有按钮操作，当有按钮按下时，就执行传送指令。
- 如1.00～1.07为起动按钮，分别起动100.00～100.07，0.00是总停止。
- 将@去掉试一试。观察现象并分析产生这种现象的原因。

调试过程及体会：

(2) 改变定时器的时间

- 定时器设定值存放在数据存储器D1中，通过MOV指令来改变D1的值，进而改变T0001的设定值。

调试过程及体会：

（3）在输出显示计数器的当前值

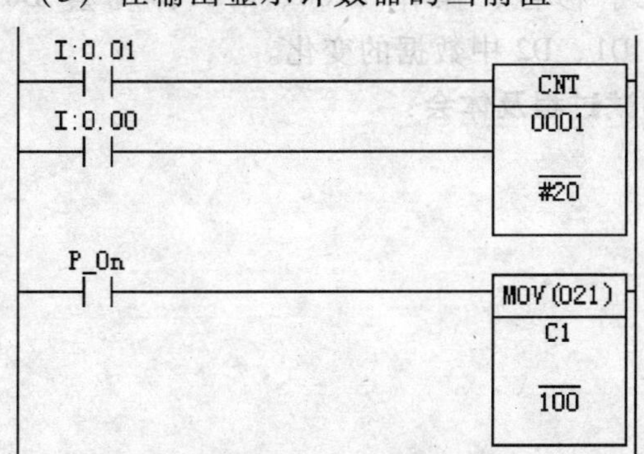

• 将计数器的当前值传送到通道100，以便于观察。

调试过程及体会：

4.4　数据移位指令与控制实例

4.4.1　基础入门训练

数据移位指令较多，常用的数据移位指令有移位（SFT）、左右移位（SFTR）和字移位（WSFT）指令。

（1）SFT指令基本练习

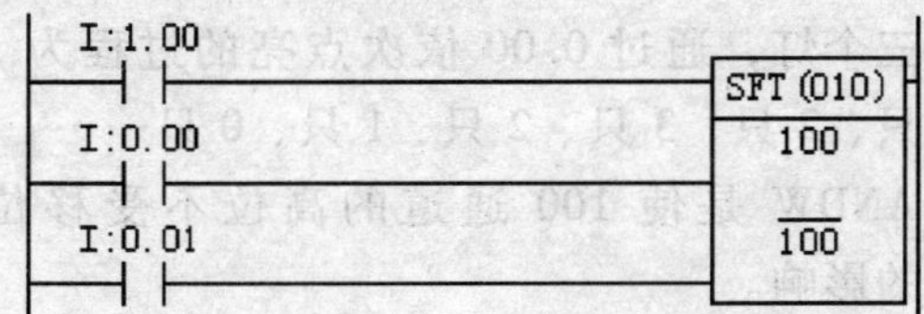

• 操作1.00（数据输入）、0.00（移位）和0.01（复位），观察通道100的状态。

调试过程及体会：

（2）SFTR指令基本练习

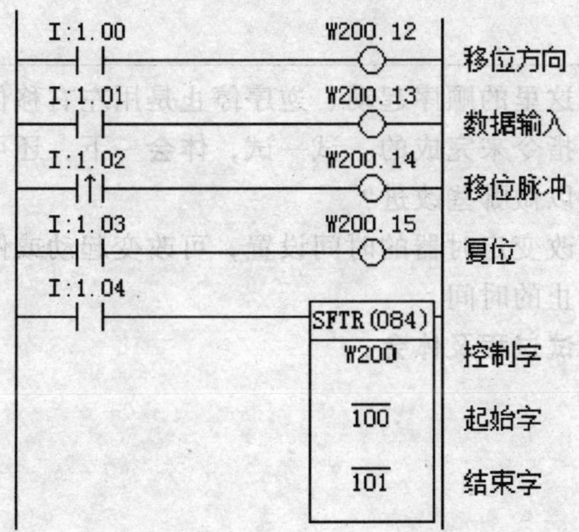

• 左右移位的操作是通过控制字W200的高4位来实现的，移位一定要用脉冲信号。

• 移位在通道100到101间进行。

调试过程及体会：

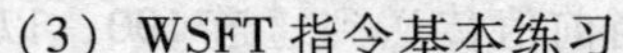

(3) WSFT 指令基本练习

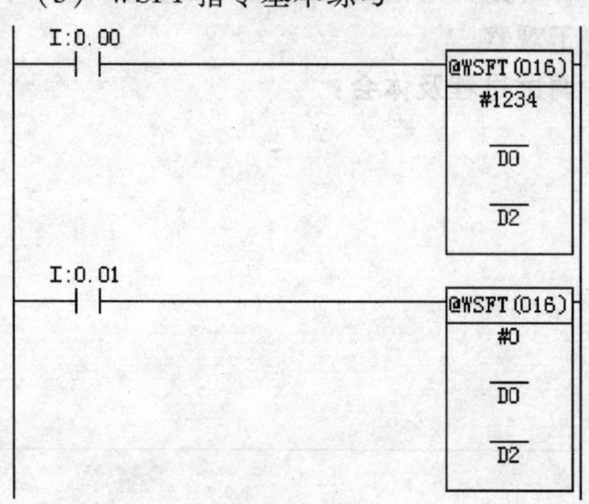

- 字移位，操作 0.00、0.01，观察 D0、D1、D2 中数据的变化。

调试过程及体会：

4.4.2 常用控制程序

移位的应用不光是下面灯位状态的移动，在顺序控制中也非常有用。

(1) 亮灯控制

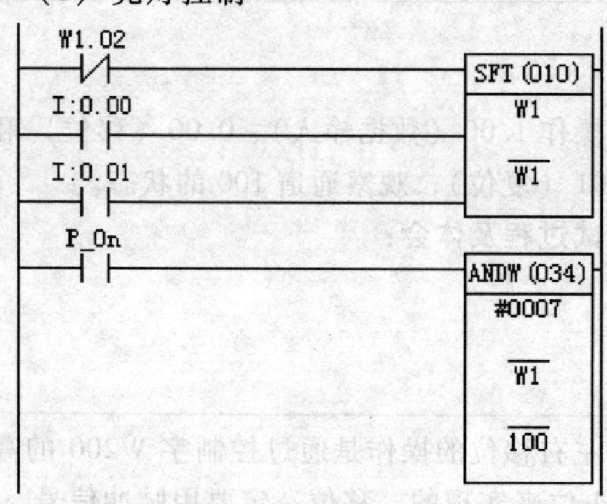

- 三个灯，通过 0.00 依次点亮的过程为 1 只、2 只、3 只、2 只、1 只、0 只……
- ANDW 是使 100 通道的高位不受移位的影响。
- 如果要控制五只灯应该做哪些修改？

调试过程及体会：

(2) 顺序起动、逆序停止

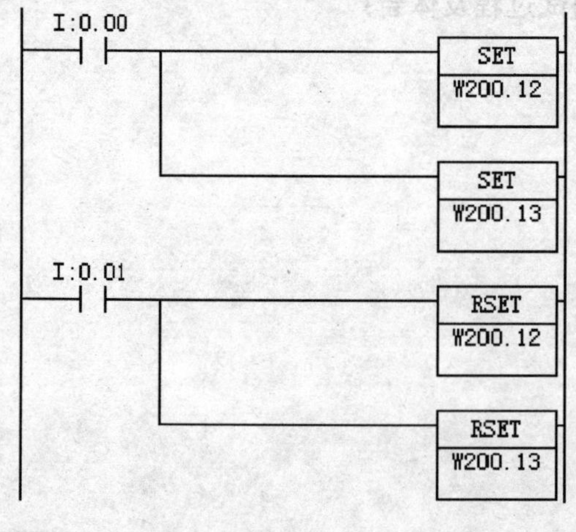

- 这里的顺序起动、逆序停止是用左右移位指令来完成的。试一试，体会一下，还可以做哪些改进？
- 改变定时器的时间设置，可改变起动或停止的时间。

调试过程及体会：

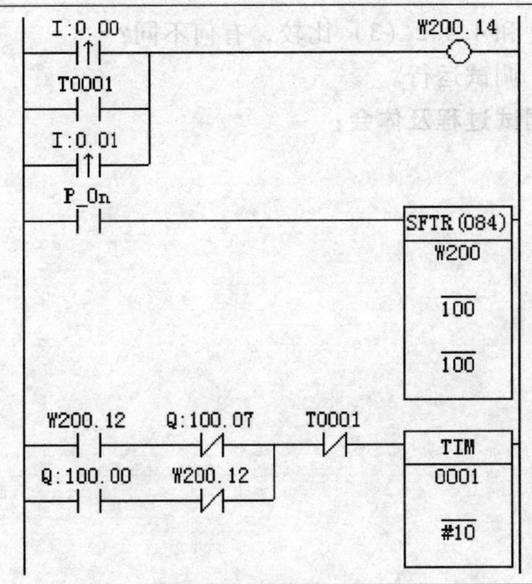

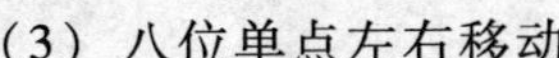
(3) 八位单点左右移动

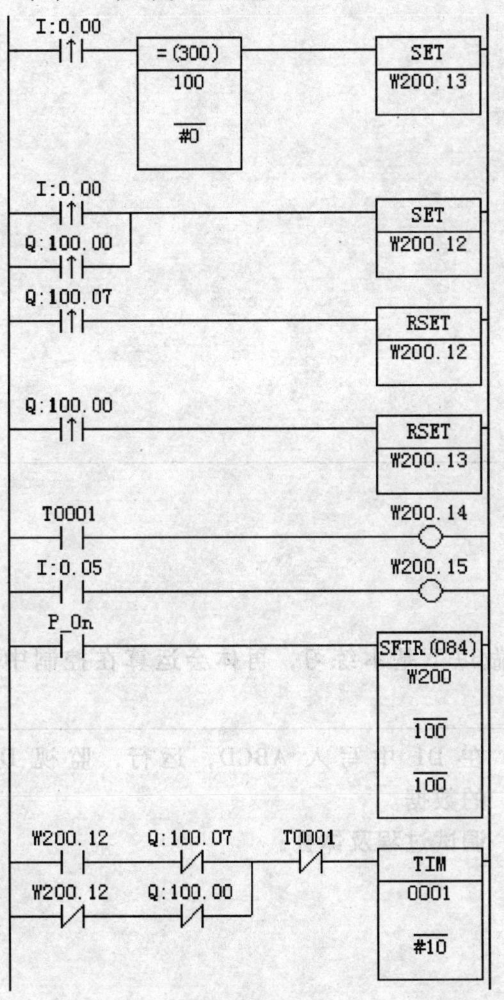

- W200.13 控制输入数据，在通道100全为0时，输入1，W200.12控制移位方向，由最后一条梯形图产生一个受控的1s脉冲。
- 在通道100为0时，闭合0.00起动，W200.12=1，通道100的状态左移；当移动到100.07=1时，W200.12=0，通道100的状态右移；当移动到100.00=1时，通道100的状态又左移，如此循环。
- 考虑一下，程序是怎样合理地控制W200.13的状态的？

调试过程及体会：

（4）八位多点左右移动

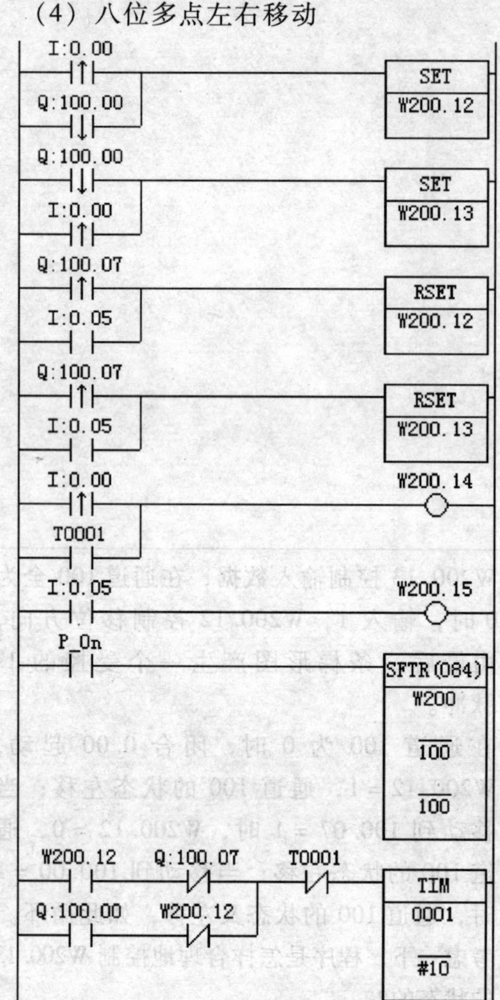

- 和4.4.2（3）比较，有何不同？
- 调试运行。

调试过程及体会：

4.5 数据运算指令与控制实例

4.5.1 基础入门训练

数据运算主要是四则运算和逻辑运算，先做以下基本练习，再体会运算在控制中的作用。

（1）二进制加法

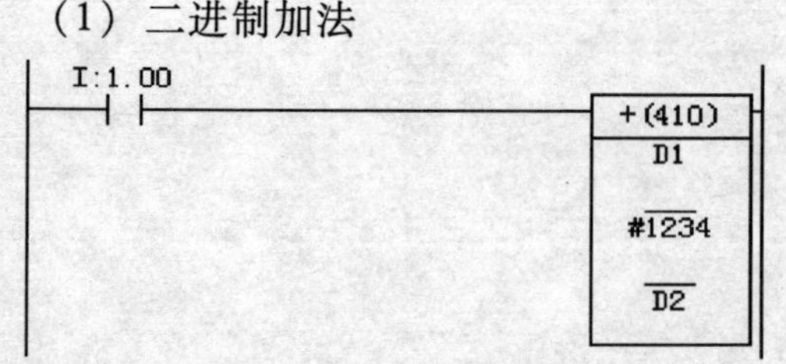

- 在D1中写入ABCD，运行，监视D2的数据。

调试过程及体会：

（2）二进制减法

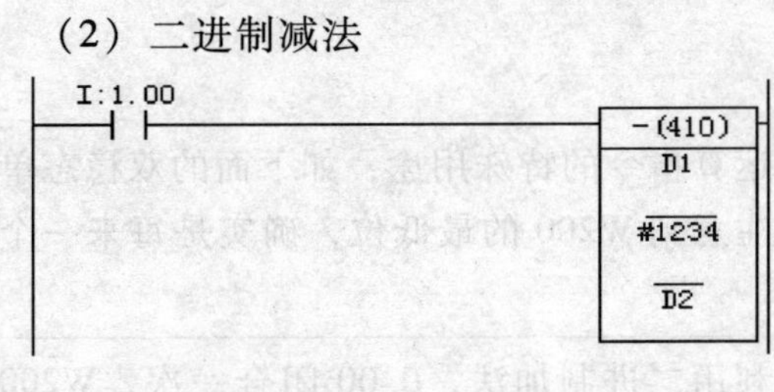

• 在 D1 中写入数据，一次大于 1234，一次小于 1234，运行，监视 D2 的数据。

调试过程及体会：

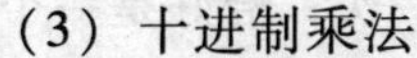

（3）十进制乘法

• 在 D1 中写入 7873，不能写入 ABCD，因为这是十进制乘法，运行，监视 D2、D3 的数据。

调试过程及体会：

（4）十进制除法

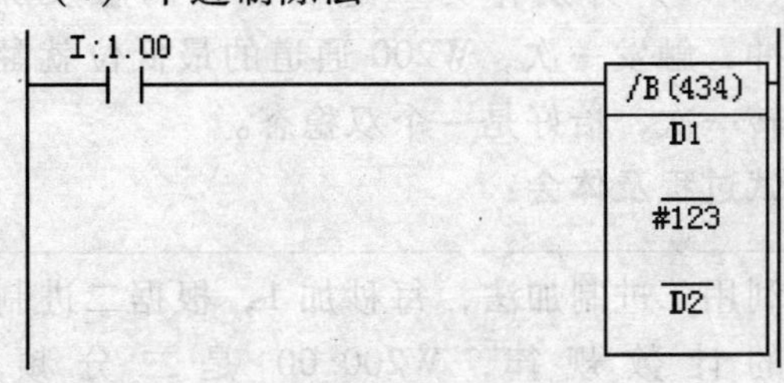

• 在 D1 中写入 7873，不能写入 ABCD，因为这是十进制除法，运行，监视 D2、D3 的数据（D2 存放商，D3 存放余数）。

调试过程及体会：

（5）字与（ANDW）

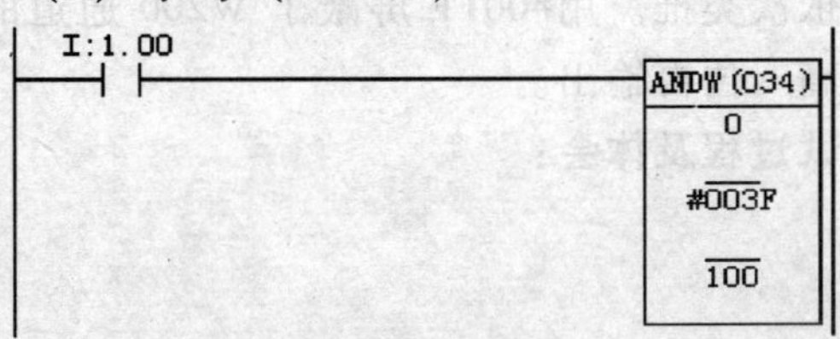

• 用这个方法可以屏蔽不需要的位，输出需要的位。这里是将通道 0 的低六位在通道 100 输出。

调试过程及体会：

（6）字或（ORW）

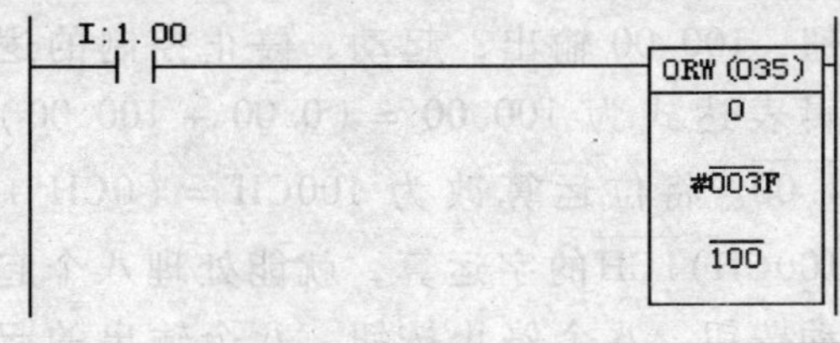

• 操作通道 0 的输入点，观察通道 100 的输出点。

调试过程及体会：

（7）字异或（XORW）

• 先在 D1 中写入一个数，然后闭合 1.00，D1 和 D1 的异或结果为 0，这种方法可用于存储器清零。

调试过程及体会：

4.5.2 常用控制程序

练习下面这些程序，不要着急，要慢慢体会运算指令的特殊用途，如下面的双稳态单元程序，看不到前面已经习惯的异或电路，但应注意到 W200 的最低位，确实是每来一个脉冲，就翻转一次，这就是运算指令的奇妙之处。

（1）双稳态单元

I:0.00 ++(590) W200
W200.00 Q:100.00

• 利用二进制加法，0.00 闭合一次，W200 通道的最低位就翻转一次，恰好是一个双稳态。

调试过程及体会：

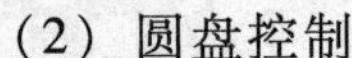
（2）圆盘控制

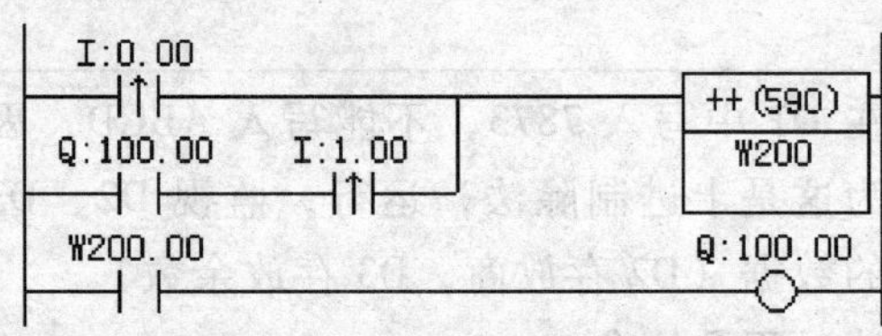

• 控制要求同 3.1.3（4），利用二进制加法，起动按钮（0.00）和行程开关（1.00）分别作为二进制加法的触发脉冲，触发一次，W200 通道的最低位就翻转一次，恰好是一个双稳态。

调试过程及体会：

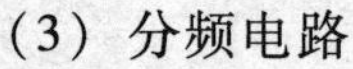
（3）分频电路

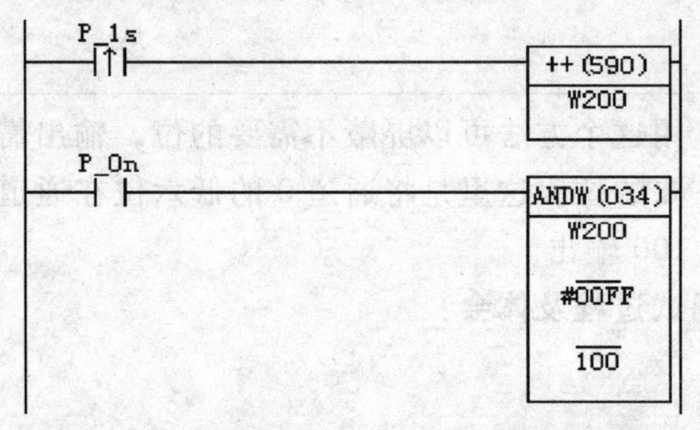

• 利用二进制加法，每秒加 1，根据二进制的计数规律，W200.00 是二分频，W200.01 是四分频，W200.02 是八分频，依次类推。用#00FF 屏蔽了 W200 通道的高八位再输出。

调试过程及体会：

（4）多位双按钮控制

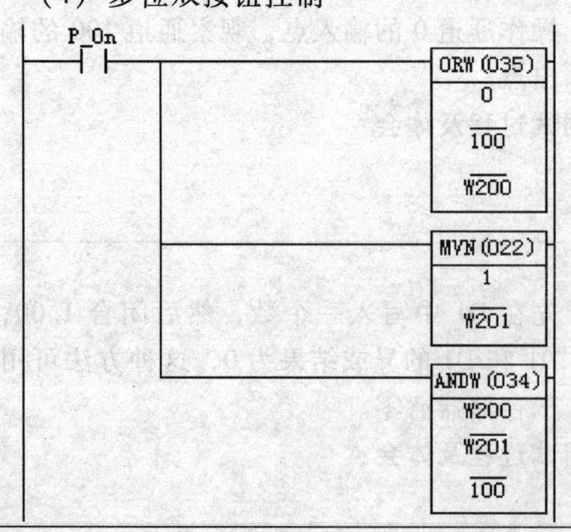

• 如果 0.00 接起动按钮，1.00 接停止按钮，100.00 输出，起动、停止控制的逻辑表达式为 $100.00 = (0.00 + 100.00)\overline{1.00}$。将位运算改为 $100CH = (0CH + 100CH)\overline{1CH}$ 的字运算，就能处理八个起动按钮、八个停止按钮、八个输出的起动、停止控制。

调试过程及体会：

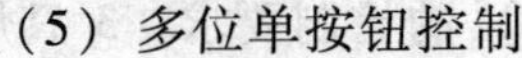
（5）多位单按钮控制

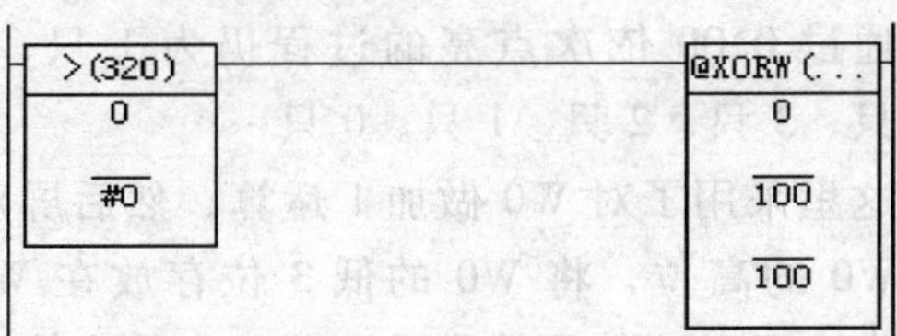

- 项目三 3.3.2 小节的（6）中的双稳态单元就是一个输入位和输出位的异或电路，那么将通道 0 和通道 100 异或再输出，就是一个八位的双稳态电路。

调试过程及体会：

（6）多开关控制一个负载

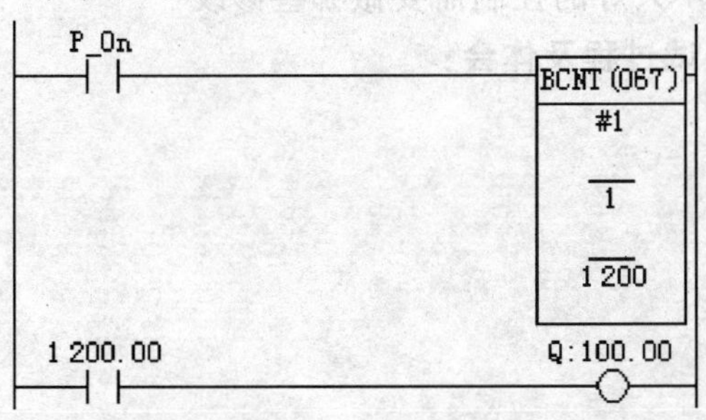

- BCNT 用于计算源通道中的位为 ON 的个数，并存放于 1 200 通道，当 1 200.00 为 ON 时即通道 1 有奇数个位为 ON，100.00 有输出。
- 3.1.2 小节的（2）中提出的四开关、五开关控制都可以这样简单的实现。

调试过程及体会：

（7）亮灯控制 1

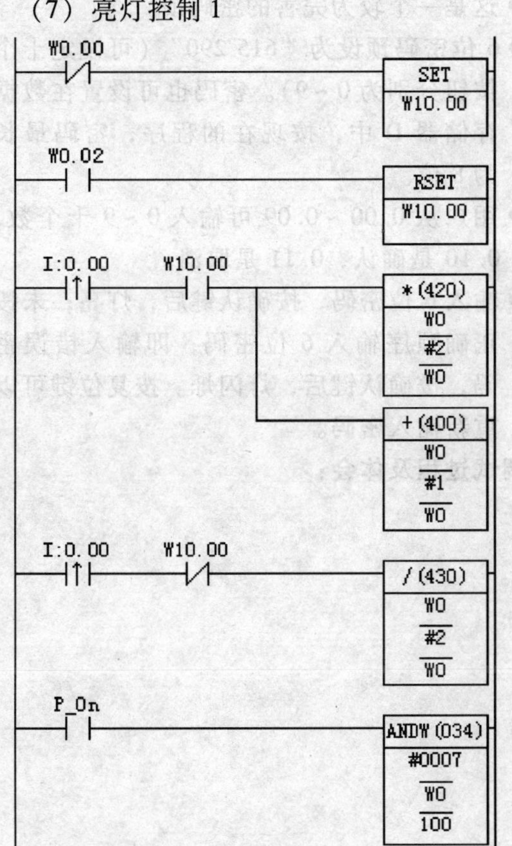

- 同 4.4.2（1）的控制要求，3 只灯，通过 0.00 依次点亮的过程为 1 只、2 只、3 只、2 只、1 只、0 只……
- 这里采用了四则运算的方法，3 只灯分别亮时，在 W0 通道里的数值分别是 1、3、7，0.00 闭合一次，逐步点亮时 W0 的值就乘 2 加 1，逐步熄灭时除 2 取整，恰好符合这个要求。
- 4 只灯的控制需要做哪些修改？

调试过程及体会：

（8）亮灯控制 2

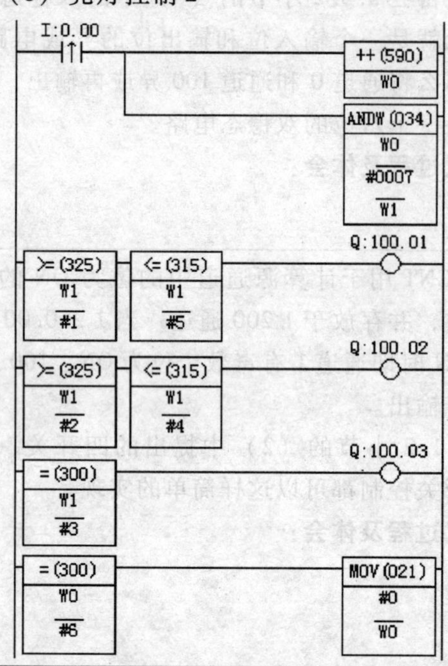

- 同 4.4.2 小节（1）的控制要求，3 只灯，通过 0.00 依次点亮的过程仍为 1 只、2 只、3 只、2 只、1 只、0 只……
- 这里采用了对 W0 做加 1 运算，然后屏蔽 W0 的高位，将 W0 的低 3 位存放在 W1 中；通过比较再输出的方法，来符合控制要求。
- 4 只灯的控制需要做哪些修改？

调试过程及体会：

（9）密码锁

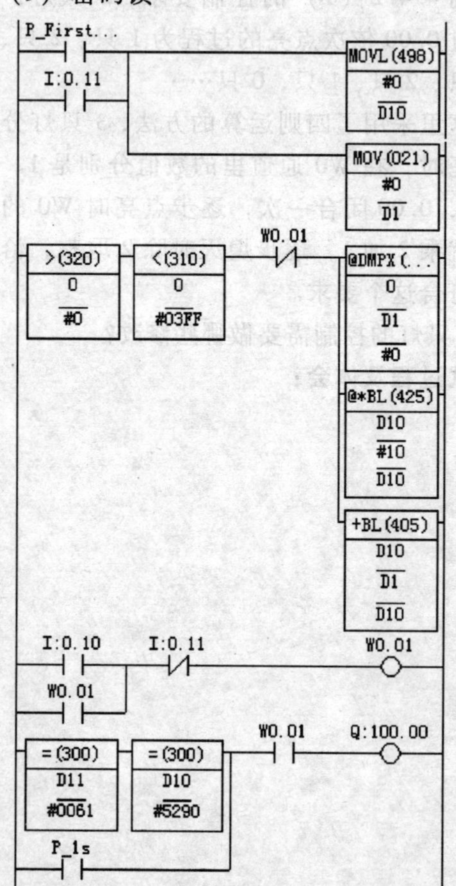

- 这是一个较为完善的密码锁。
- 6 位密码预设为“615 290”（可设定十个按钮分别为 0～9）。密码也可设置在数据存储器 D 中，按现在的程序，密码最长为 8 位。
- 用户从 0.00～0.09 可输入 0～9 十个数，0.10 是确认，0.11 是取消。
- 输入 6 位密码，按确认键后，灯亮；未按正确顺序输入 6 位密码，即输入错误密码，按确认键后，灯闪烁。按复位键可以重新输入密码。

调试过程及体会：

（10）体会循环时间

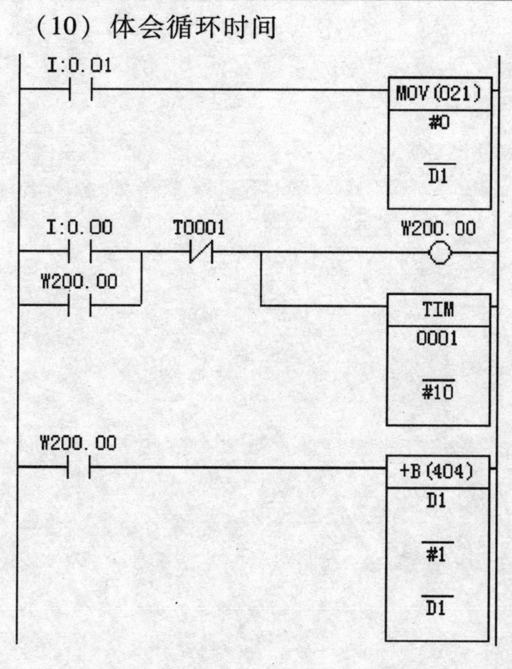

- 每循环一次，D1 就加 1，用单稳态做一个 1s 的时间窗口，看一看，1s 内能加几次，也就是有几个循环。

调试过程及体会：

4.6　常用比较、传送、移位、运算指令的比较

控制要求：四只彩灯的点亮和熄灭做如下的控制，0000、0001、0011、0111、1111、0000……依次循环（0 代表熄灭，1 代表点亮），每秒变化一次。

解决方法：用移位、运算、比较、传送等指令来分别实现，试比较各控制方法的特点。

（1）四只彩灯移位（SFT 指令）

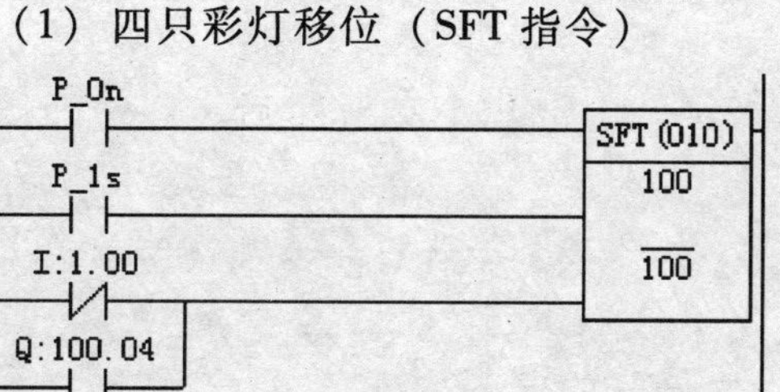

- 这是最直接和最简单的。

调试过程及体会：

（2）四只彩灯移位（四则运算指令）

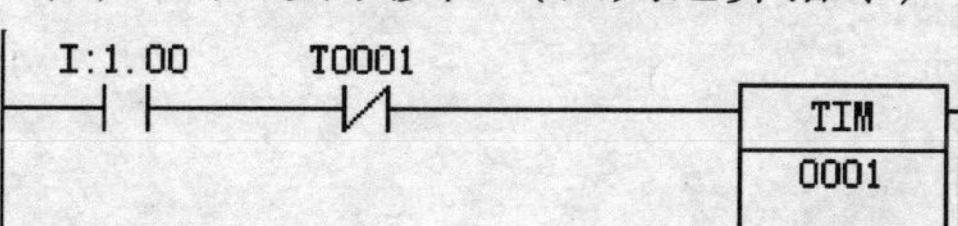

- 根据控制要求，4 只灯不同亮灭组合的数据依次为 0、1、3、7、F、0……，恰好符合乘 2 加 1 的结果，将运算结果存放在输出通道 100 即可。

调试过程及体会：

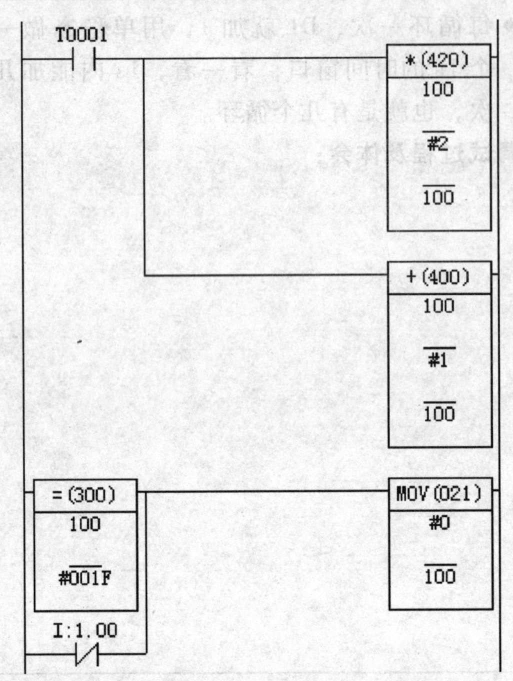

(3) 四只彩灯移位（比较指令）

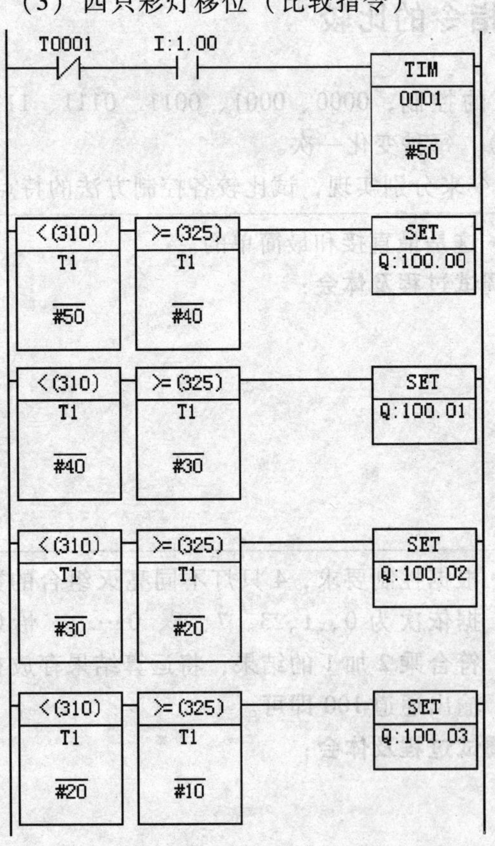

- 每秒变化一次，从 0000、0001、0011、0111 到 1111，共 5 次，即一个周期为 5s，设置一个 5s 的定时器，将定时器的当前值和需求值比较，然后输出。

调试过程及体会：

(4) 四只彩灯移位（传送和比较指令）

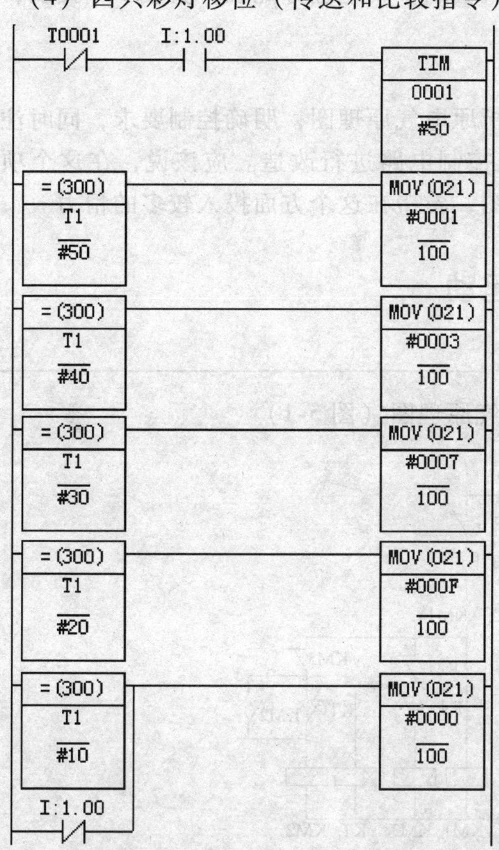

• 同4.6（3），输出用传送指令也可以。

调试过程及体会：

项目五　交流电动机运行控制训练

训练要求：

通过本项目训练，在理解交流电动机控制基本原理的基础上，掌握用可编程序控制器实现电动机控制的方法。能在原控制电路的基础上，编制 I/O 地址分配表，安装 I/O 接线，并用基本指令编写电动机控制程序。

训练说明：

顺序控制系统的训练分两步走：第一步是分析原电气原理图，明确控制要求，同时注意控制中的特殊要求；第二步是用 PLC 对原电动机控制电路进行改造。应该说，在这个项目中编程并不困难，关键是能准确分析原电气原理图，希望在这个方面投入较多的精力。

5.1　交流异步电动机星形—三角形起动

（1）交流异步电动机星形—三角形起动原电气原理图（图 5-1）

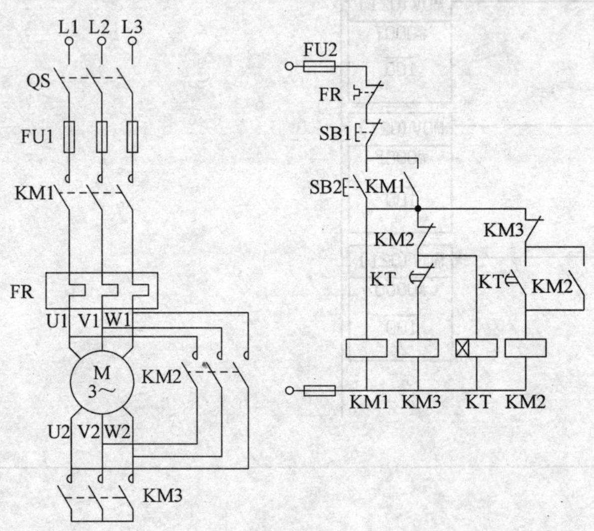

图 5-1　交流异步电动机星形—三角形起动原电气原理图

控制过程如下：

- 合上电源开关 QS，供电电源接通。
- 按下起动按钮 SB2，KM1 线圈得电并自锁，同时 KM1 主触点闭合，KM1 线圈得电的同时，KM3、KT 线圈也得电，KM3 主触点闭合，电动机 M 呈星形联结减压起动；等到 KT 延时时间到，KM3 先失电，KM2 后得电，同时自锁，电动机 M 呈三角形联结全压运行。
- 按下停止按钮 SB1，所有接触器线圈失电，电动机停止转动。

- 当电动机过载，热继电器 FR 的常闭触点断开时，所有接触器线圈失电，电动机停止转动。

（2）用 PLC 改造后的电气原理图（图 5-2）

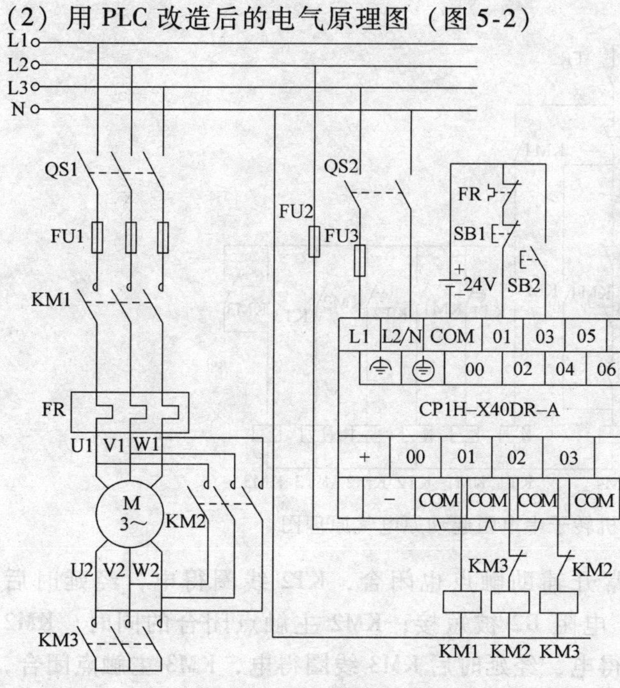

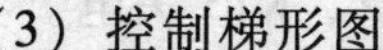
图 5-2 改造后的电气原理图

- 首先分析控制回路输入输出元件，画出 I/O 分配表：

输入			输出		
元件	地址	备注	元件	地址	备注
SB1	0.01	SB1（常闭）和 FR（常闭）串联接入	KM1	100.01	
FR	0.01		KM2	100.02	
SB2	0.03		KM3	100.03	

- 然后拆除控制回路，保留主电路，按 I/O 分配表接线，改造原电气原理图。
- 常闭触点 KM3、KM2 用于接触器 KM2 和 KM3 的互锁。

（3）控制梯形图

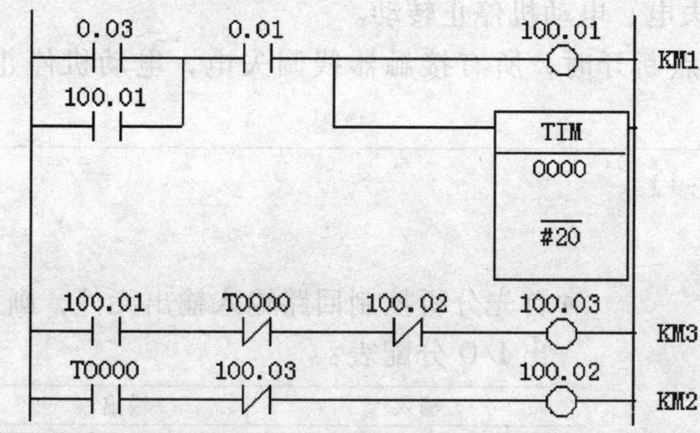

- 常闭触点 100.02、100.03 用于输出触点的软件互锁。
- 因为 FR 和 SB1 串联后以常闭触点的形式接入，所以梯形图中 0.01 为常开触点。

调试过程及体会：

5.2 交流异步电动机转子串电阻起动

（1）交流异步电动机转子串电阻起动原电气原理图（图 5-3）

控制过程如下：

- 合上电源开关 QS，供电电源接通。
- 在 KM1、KM2、KM3 未得电，其常闭触点闭合时，按下 SB2，KM4 线圈得电并自锁，KM4 主触点闭合，电动机 M 定子绕组串电阻起动；同时 KM4 另一副常开辅助触点闭合，KT1 线圈得电，经延时后 KM1 线圈得电，KM1 主触点闭合，电阻 R3 被短接；

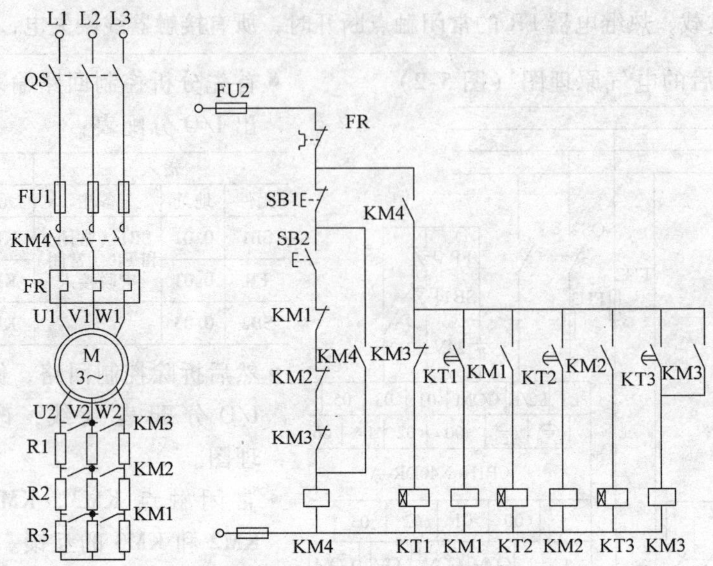

图 5-3 交流异步电动机转子串电阻起动原电气原理图

KM1 主触点闭合的同时，KM1 的常开辅助触点也闭合，KT2 线圈得电，经延时后 KM2 线圈得电，KM2 主触点闭合，电阻 R2 被短接；KM2 主触点闭合的同时，KM2 的常开辅助触点也闭合，KT3 线圈得电，经延时后 KM3 线圈得电，KM3 主触点闭合，电阻 R1 被短接，电动机 M 全压运行；KM3 主触点闭合的同时，KM3 的常开辅助触点闭合自锁，KM3 的常闭辅助触点断开，KT1、KM1、KT2、KM2、KT3 失电。

- 按下停止按钮 SB1，所有接触器线圈失电，电动机停止转动。
- 电动机过载，热继电器 FR 的常闭触点断开时，所有接触器线圈失电，电动机停止转动。

（2）用 PLC 改造后的电气原理图（图 5-4）

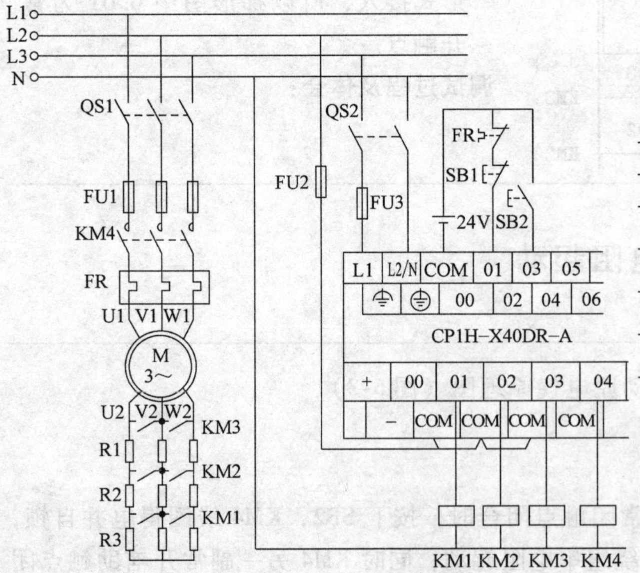

图 5-4 改造后的电气原理图

- 首先分析控制回路输入输出元件，画出 I/O 分配表：

输入			输出		
元件	地址	备注	元件	地址	备注
SB1	0.01	SB1（常闭）和 FR（常闭）串联接入	KM1	100.01	
FR	0.01		KM2	100.02	
SB2	0.03		KM3	100.03	
			KM4	100.04	

- 然后拆除控制回路，保留主电路，按 I/O 分配表接线，改造原电气原理图。

（3）控制梯形图

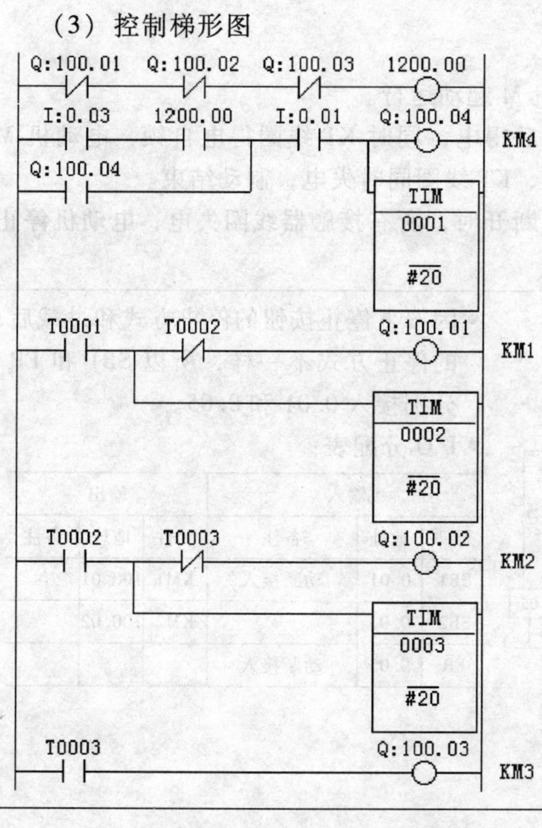

- 在 KM1、KM2、KM3 任何一个得电后，按下起动按钮无效，所以在梯形图中用辅助继电器 1200.00 来作为 100.01、100.02、100.03 三个输出的状态标志，并将其常开触点和 0.03 串联在起动回路中，以达到起动要求。
- 另外因为三个定时器都是由软件构成的，在起动完成后，没有必要像原图那样，将输出触点自锁，并将 TIM1、TIM2、TM3 线圈失电。

调试过程及体会：

5.3　交流异步电动机能耗制动

（1）交流异步电动机能耗制动原电气原理图（图 5-5）

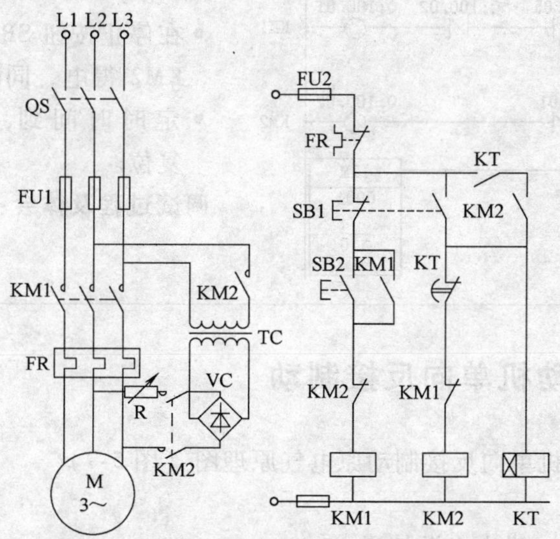

图 5-5　交流异步电动机能耗制动原电气原理图

控制过程如下：

- 合上电源开关 QS，供电电源接通。
- 按下 SB2，KM1 线圈得电并自锁，电动机 M 起动运行。
- 按下 SB1，KM1 线圈先失电，KM2 线圈后得电，同时 KT 线圈得电自锁，电动机 M 实现能耗制动，等 KT 延时时间到，KM2、KT 线圈同时失电，制动结束。
- 当电动机过载，热继电器 FR 的常闭触点断开时，所有接触器线圈失电，电动机停止转动。

（2）用 PLC 改造后的电气原理图（图 5-6）

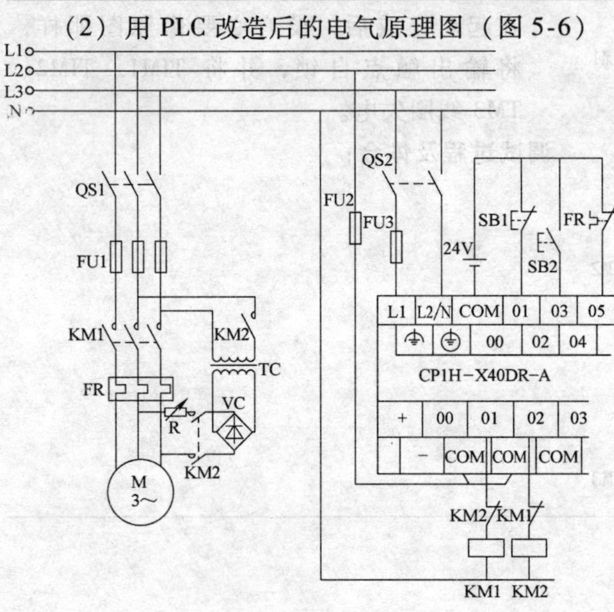

图 5-6 改造后的电气原理图

- 因按下停止按钮的停止方式和过载后的停止方式不一样，所以 SB1 和 FR 分别接入 0.01 和 0.05。
- I/O 分配表：

输入			输出		
元件	地址	备注	元件	地址	备注
SB1	0.01	动断接入	KM1	100.01	
SB2	0.03		KM2	100.02	
FR	0.05	动断接入			

（3）控制梯形图

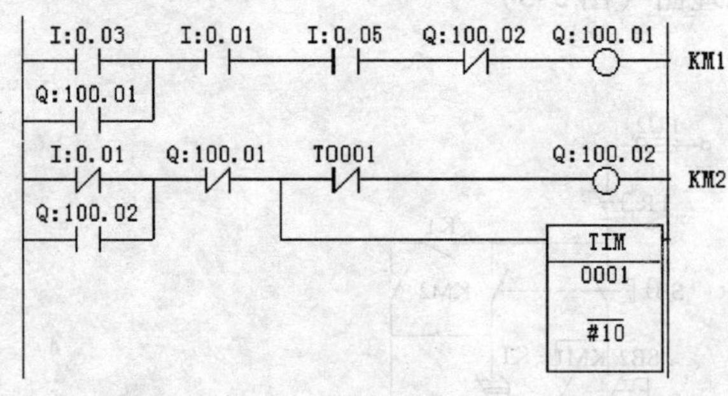

- 在停止按钮 SB1 按下时，KM1 失电，KM2 得电，同时开始定时。
- 定时时间到，KM2 失电，定时器复位。

调试过程及体会：

5.4 交流异步电动机单向反接制动

（1）交流异步电动机单向反接制动原电气原理图（图 5-7）

控制过程如下：

- 合上电源开关 QS，供电电源接通。
- 按下 SB2，KM1 线圈得电并自锁，电动机 M 起动运行，当电动机转速达到每分钟 120

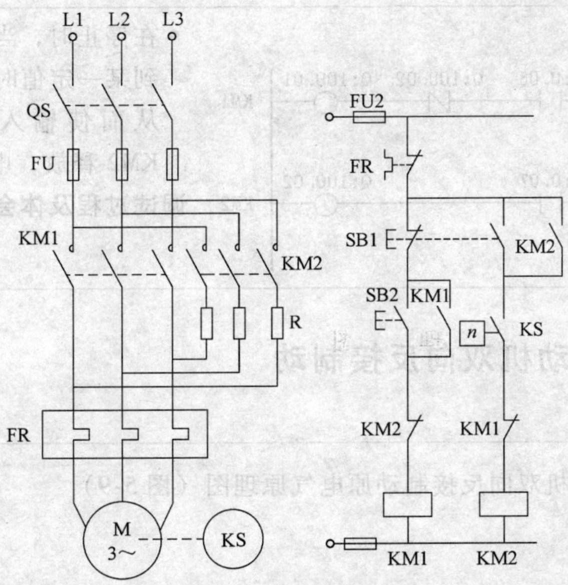

图 5-7　交流异步电动机单向反接制动原电气原理图

转以上，速度继电器 KS 触点闭合。

- 按下 SB1，KM1 线圈先失电，KM2 线圈后得电并自锁，电动机 M 串电阻实现反接制动，当电动机转速达到每分钟 100 转以下，速度继电器 KS 触点恢复断开，KM2 线圈失电，制动结束。
- 当电动机过载，热继电器 FR 的常闭触点断开时，所有接触器线圈失电，电动机停止转动。

（2）用 PLC 改造后的电气原理图（图 5-8）

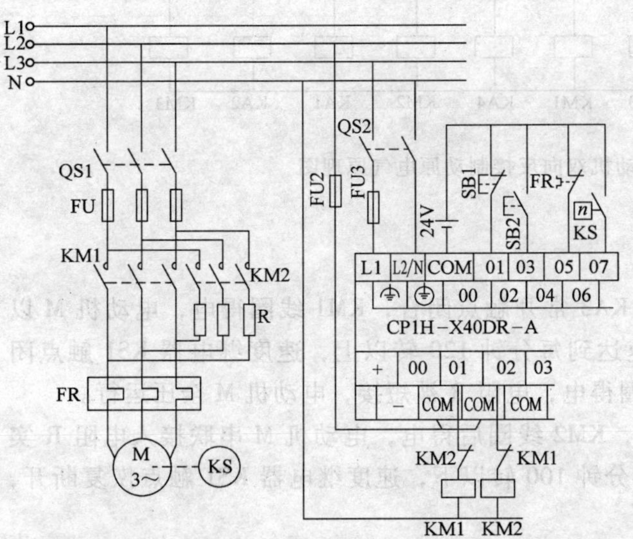

图 5-8　改造后的电气原理图

- 因按下停止按钮的停止方式和过载后的停止方式不一样，所以 SB1 和 FR 分别接入 0.01 和 0.05。
- 速度继电器常开触点 KS 接入 0.07。
- I/O 分配表：

输入			输出		
元件	地址	备注	元件	地址	备注
SB1	0.01	常闭接入	KM1	100.01	
SB2	0.03		KM2	100.02	
FR	0.05	常闭接入			
KS	0.07	常开接入			

（3）控制梯形图

I:0.03 I:0.01 I:0.05 Q:100.02 Q:100.01 KM1

Q:100.01

I:0.01 Q:100.01 I:0.07 Q:100.02 KM2

Q:100.02

● 在停止时，当电动机转速快速下降到某一定值时，KS 常开触点断开，从而使输入继电器 0.07 失电，KM2 释放，电动机进入自由停车。

调试过程及体会：

5.5 交流异步电动机双向反接制动

（1）交流异步电动机双向反接制动原电气原理图（图 5-9）

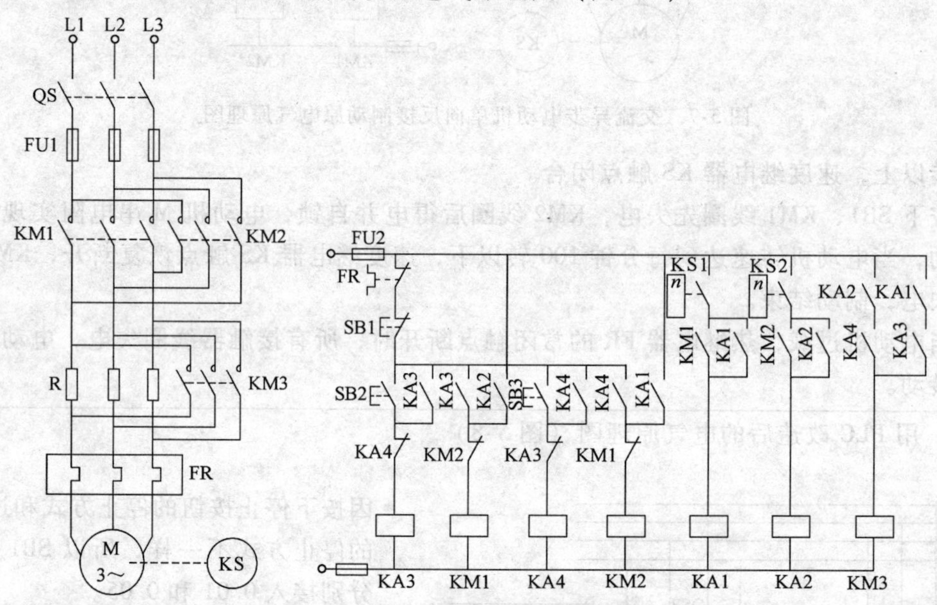

图 5-9 交流异步电动机双向反接制动原电气原理图

控制过程如下：

- 合上电源开关 QS，供电电源接通。
- 按下 SB2，KA3 线圈得电并自锁，KA3 常开触点闭合，KM1 线圈得电，电动机 M 以串电阻 R 方式起动；当电动机转速达到每分钟 120 转以上，速度继电器 KS1 触点闭合，KA1 线圈得电，同时 KM3 线圈得电，电阻 R 被短接，电动机 M 全压运行。
- 按下 SB1，KM1、KA3 线圈先失电，KM2 线圈后得电，电动机 M 串联接入电阻 R 实现反接制动；当电动机转速低于每分钟 100 转以下，速度继电器 KS1 触点恢复断开，KM2 线圈失电，制动结束。
- 按下 SB3，KA4 线圈得电并自锁，KA4 常开触点闭合，KM2 线圈得电，电动机 M 以串电阻 R 方式起动，当电动机转速达到每分钟 120 转以上，速度继电器 KS2 触点闭合，KA2 线圈得电，同时 KM3 线圈得电，电阻 R 被短接，电动机 M 全压运行。

- 按下 SB1，KM2、KA4 线圈先失电，KM1 线圈后得电，电动机 M 串联接入电阻 R 实现反接制动，当电动机转速低于每分钟 100 转以下，速度继电器 KS2 触点恢复断开，KM1 线圈失电，制动结束。

（2）用 PLC 改造后的电气原理图（图 5-10）

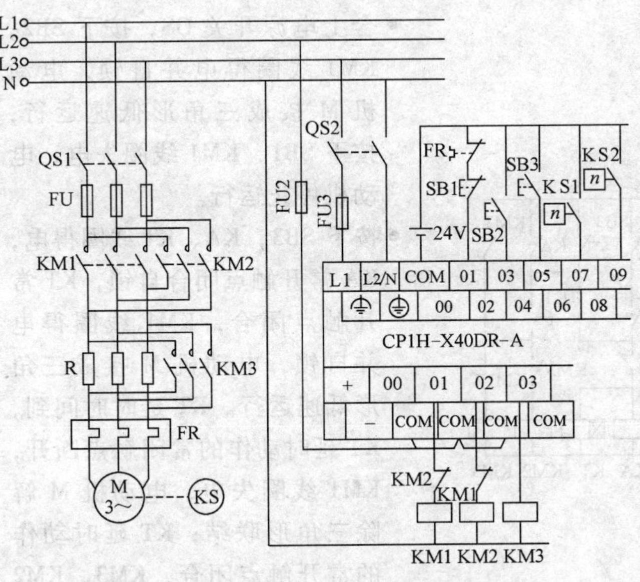

图 5-10　改造后的电气原理图

- 停止按钮的停止方式和过载后的停止方式一致，所以 SB1 和 FR 串联后接入 0.01。
- 两个起动按钮分别接入 0.03、0.05，两个速度继电器常开触点分别接入 0.07、0.09。
- I/O 分配表：

输入			输出		
元件	地址	备注	元件	地址	备注
SB1	0.01	停止按钮和热继电器，常闭接入	KM1	100.01	
FR	0.01				
SB2	0.03	正转起动	KM2	100.02	
SB3	0.05	反转起动	KM3	100.03	
KV1	0.07	速度继电器触点 1			
KV2	0.09	速度继电器触点 2			

（3）控制梯形图

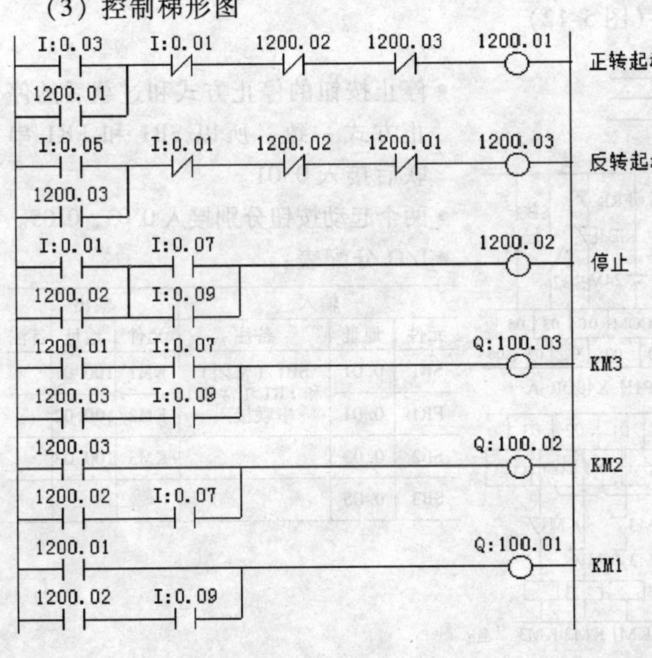

- 前三条用辅助继电器 1200.01、1200.03、1200.02 分别表示正转起动、反转起动和停止状态的标志，并加入了互锁保护。
- 后三条，利用状态标志和 KS1、KS2 的触点状态的组合，来驱动输出继电器 100.01、100.02、100.03。

调试过程及体会：

5.6 交流异步电动机双速运行

(1) 交流异步电动机双速运行原电气原理图（图 5-11）

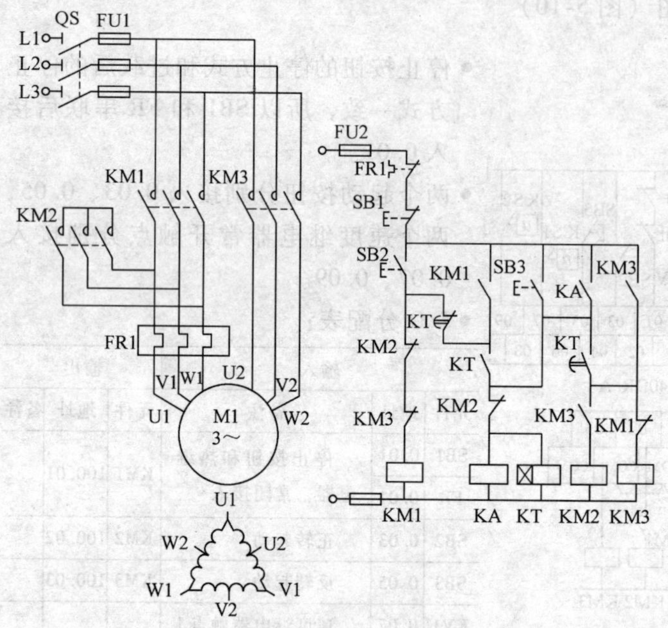

图 5-11 交流异步电动机双速运行原电气原理图

控制过程如下：

- 合上电源开关 QS，按下 SB2，KM1 线圈得电并自锁，电动机 M 接成三角形低速运行，按下 SB1，KM1 线圈失电，电动机停止运行。
- 按下 SB3，KA、KT 线圈得电，KA 常开触点闭合自锁，KT 常开触点闭合，KM1 线圈得电并自锁，电动机 M 接成三角形低速运行。KT 延时时间到，KT 延时动作的常闭触点断开，KM1 线圈失电，电动机 M 解除三角形联结；KT 延时动作的常开触点闭合，KM3、KM2 线圈先后得电，电动机 M 接成双星形高速运行。
- 按下 SB1 或电动机过载时，KM2、KM3 线圈失电，电动机停止运行。

(2) 用 PLC 改造后的电气原理图（图 5-12）

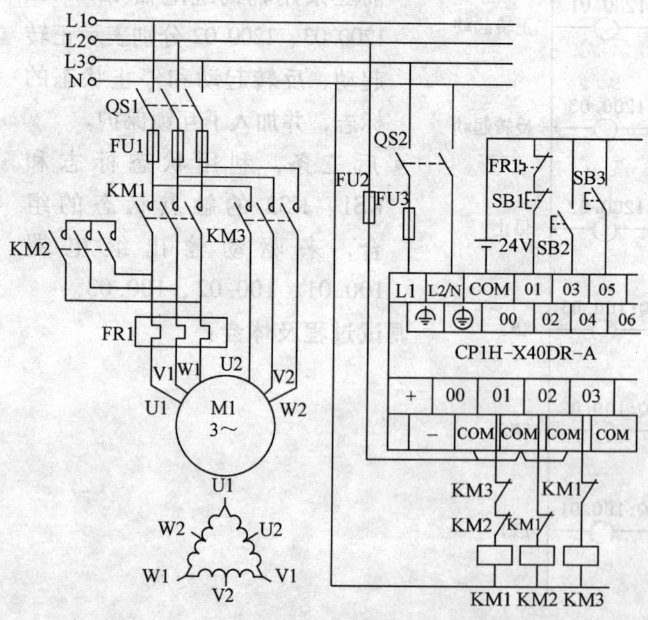

图 5-12 改造后的电气原理图

- 停止按钮的停止方式和过载后的停止方式一致，所以 SB1 和 FR1 串联后接入 0.01。
- 两个起动按钮分别接入 0.03、0.05。
- I/O 分配表：

输入			输出		
元件	地址	备注	元件	地址	备注
SB1	0.01	SB1（常闭）和 FR1（常闭）串联接入	KM1	100.01	
FR1	0.01		KM2	100.02	
SB2	0.03		KM3	100.03	
SB3	0.05				

（3）控制梯形图

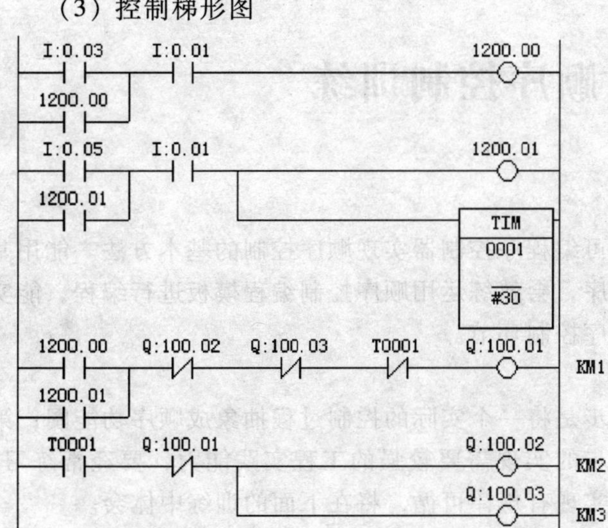

- 用辅助继电器 1200.00、1200.01 来表示两种不同的起动状态。
- 1200.00 表示只使 KM1 得电，电动机低速运转。
- 1200.01 表示 KM1 得电，电动机低速运转的同时开启定时器，定时时间到，再使 KM1 失电，KM2、KM3 得电，电动机高速运转。

调试过程及体会：

项目六　顺序控制训练

训练要求：

理解顺序控制编程的基本思想，掌握可编程序控制器实现顺序控制的基本方法。能用基本指令或步进指令编制基本的顺序控制程序，会熟练运用顺序控制编程模板进行编程，能实现自动/手动、多循环/单循环等常用的顺序控制环节。

训练说明：

顺序控制系统的训练分两步走：第一步是将一个实际的控制过程抽象成顺序功能图；第二步是将顺序功能图转化成梯形图。第一步的实现需要较强的工程实践能力，要经常练习，在实践中提高抽象问题的能力。第二步的实现有规律可循，将在下面的训练中体会。

6.1　顺序控制基本训练

顺序控制可以用基本指令、步进指令来实现，还可以用移位指令来实现，本训练主要采用基本指令来实现，读者也可以使用其他指令来完成。

(1) 循环结构

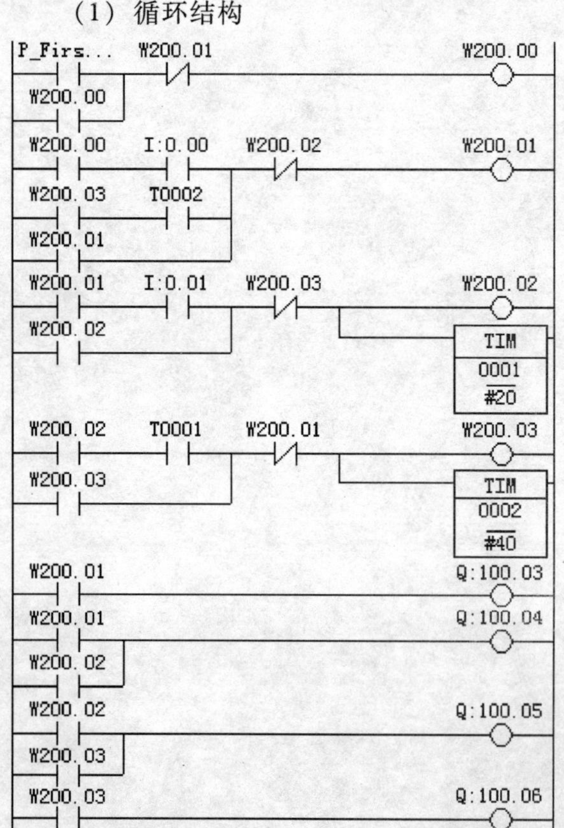

- 循环结构的顺序功能图如图 6-1 所示。

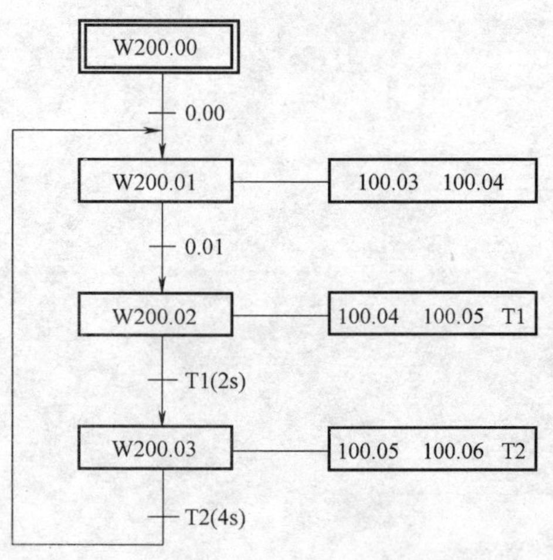

图 6-1　循环结构的顺序功能图

- 在梯形图中 W200.00 是初始状态，表示该系统开始起动前的状态，如：初始位置、起动条件等，也可以在一开始运行时就置位，如本次训练。

调试过程及体会：

（2）选择结构

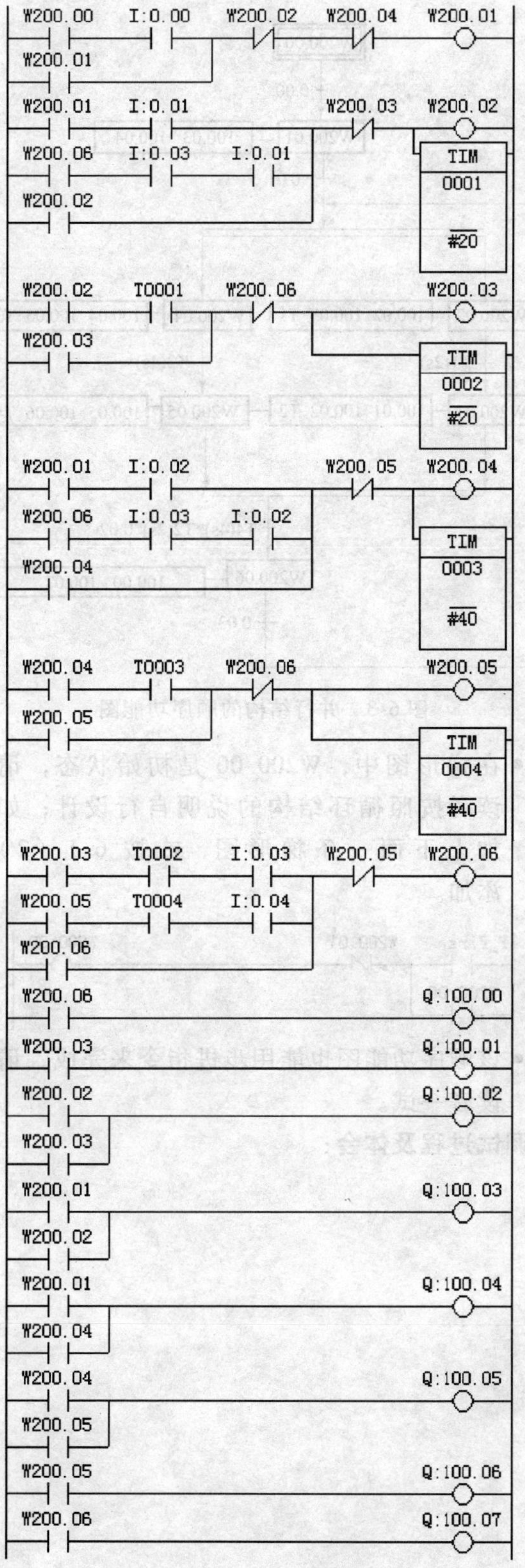

- 选择结构的顺序功能图如图 6-2 所示。

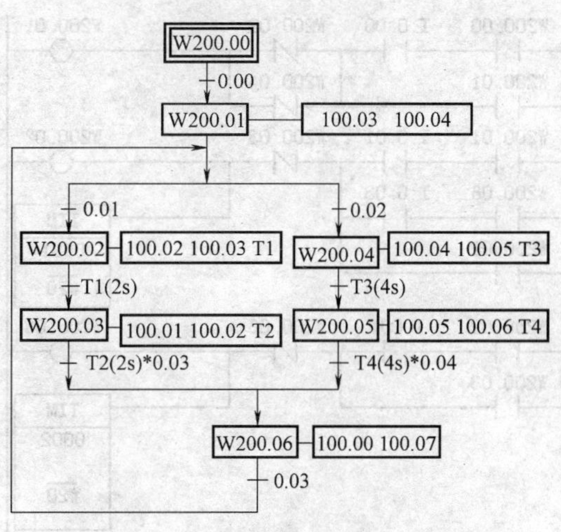

图 6-2 选择结构的顺序功能图

- 在梯形图中，W200.00 是初始状态，请读者按照被控对象的情况自行设计；如在梯形图最前面加上如下一条梯形图，其中 1.00 表示起动条件，它也可以是各起动条件的组合，当条件满足时，W200.00 为 ON。

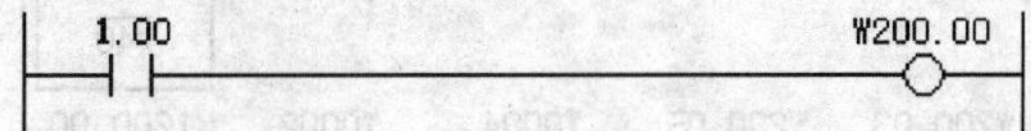

- 该顺序功能图也能用步进指令来完成，请读者一试。

调试过程及体会：

（3）并行结构

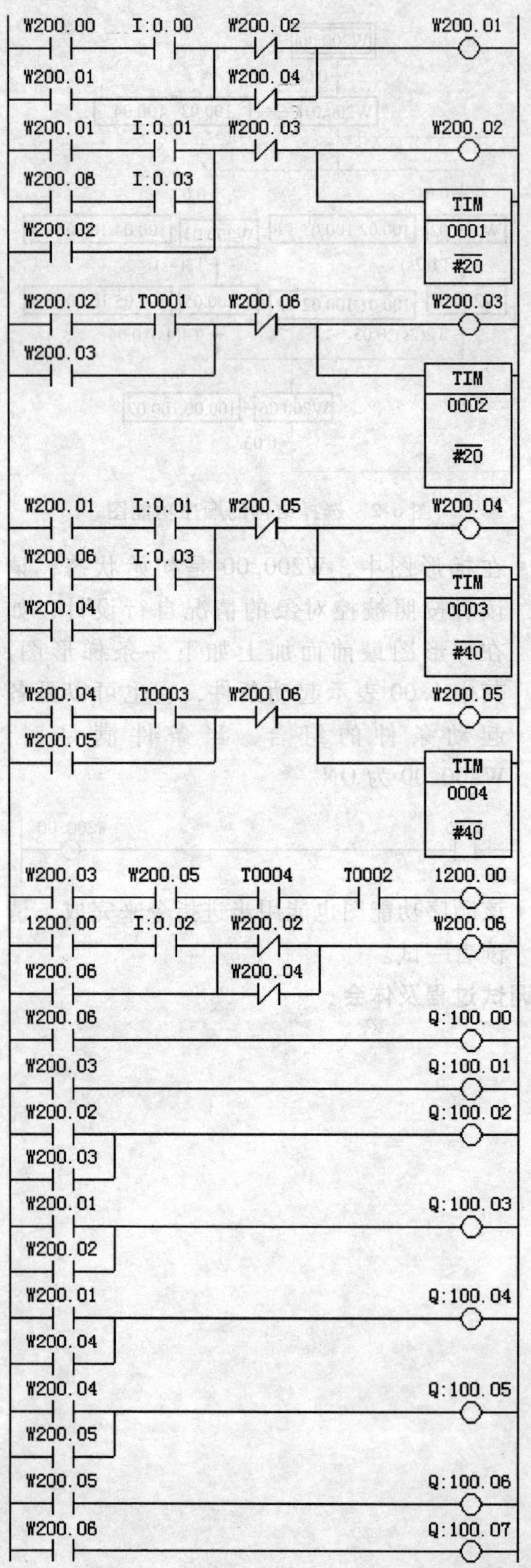

- 并行结构的顺序功能图如图 6-3 所示。

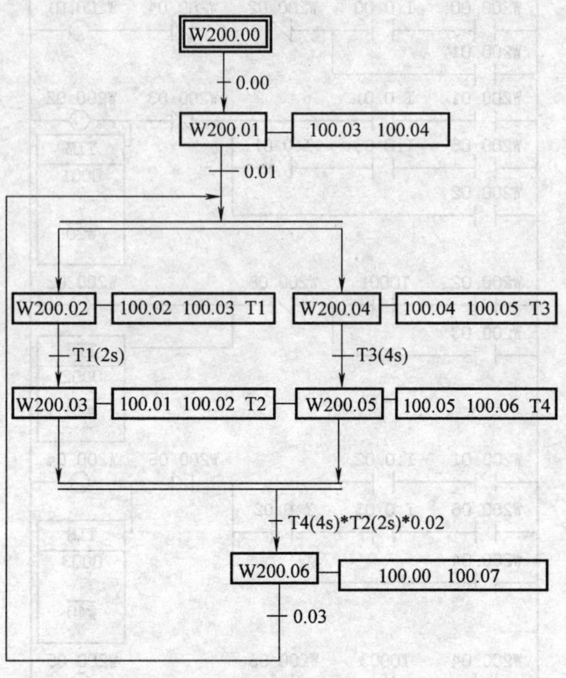

图 6-3 并行结构的顺序功能图

- 在梯形图中，W200.00 是初始状态，请读者按照循环结构的说明自行设计；如加上下面一条梯形图，或按 6.1（2）添加。

- 该顺序功能图也能用步进指令来完成，请读者一试。

调试过程及体会：

(4) 循环结构（用步进指令完成）

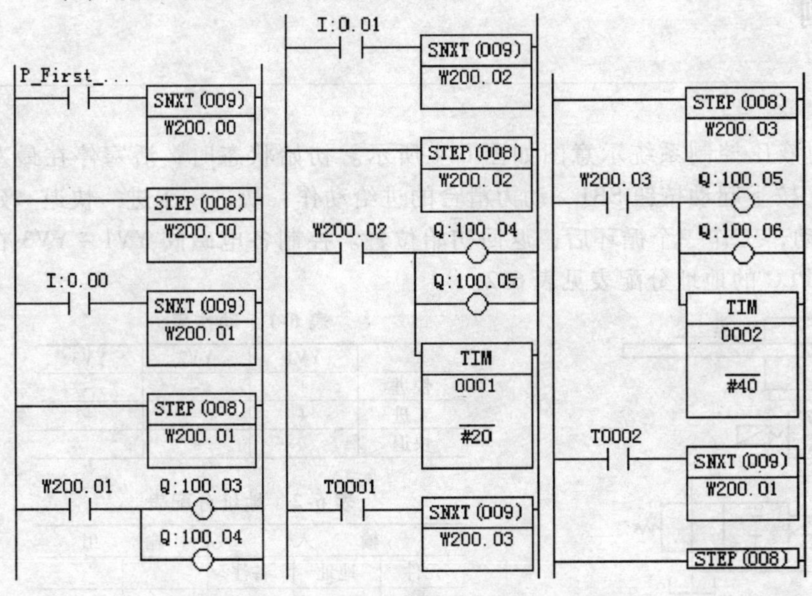

- 6.1（1）中的顺序功能图也能用步进指令来完成，请读者一试。

调试过程及体会：

(5) 循环结构（用移位指令完成）

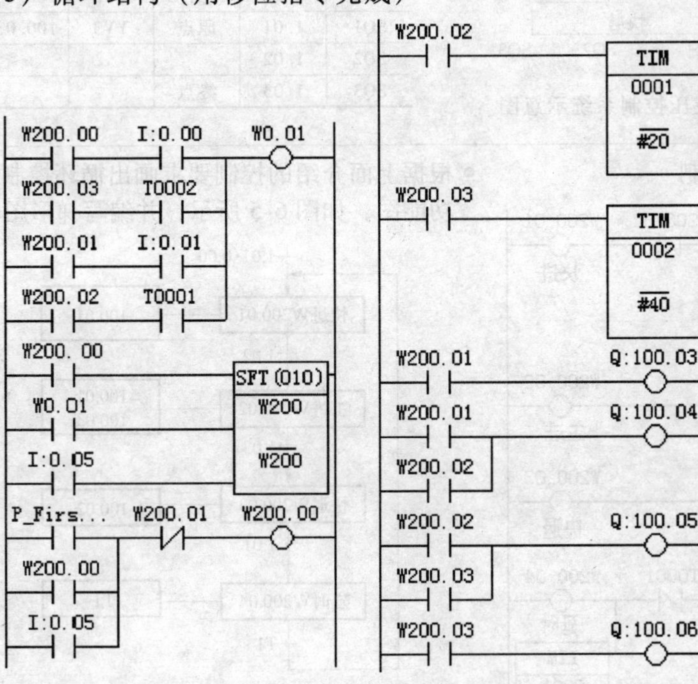

- 6.1（1）中的顺序功能图也能用移位指令来完成，请读者一试。

调试过程及体会：

6.2 顺序控制实例

（1）循环控制

• 某液压动力滑台的液压控制系统示意图如图 6-4 所示。初始状态时，活塞停在最左边，行程开关 SQ1 接通，按下起动按钮 SB1，动力滑台的进给动作：快进→工进→快退→延时→快进…… 循环运动，工作一个循环后，返回初始位置。控制各电磁阀 YV1 ~ YV3 在各工步的状态见表 6-1，PLC 的地址分配表见表 6-2。

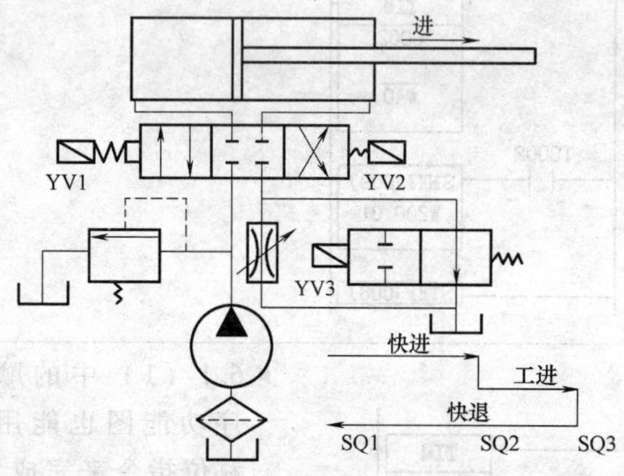

图 6-4 某液压动力滑台的液压控制系统示意图

表 6-1 动作表

	YV1	YV2	YV3
快进	+	−	−
工进	+	−	+
快退		+	

表 6-2 地址分配表

输入			输出	
元件	地址	备注		
SB1	0.00	起动	YV1	100.01
SB2	0.01	急停	YV2	100.02
SQ1	1.01	原点	YV3	100.03
SQ2	1.02			
SQ3	1.03	终点		

（2）多循环和单循环控制

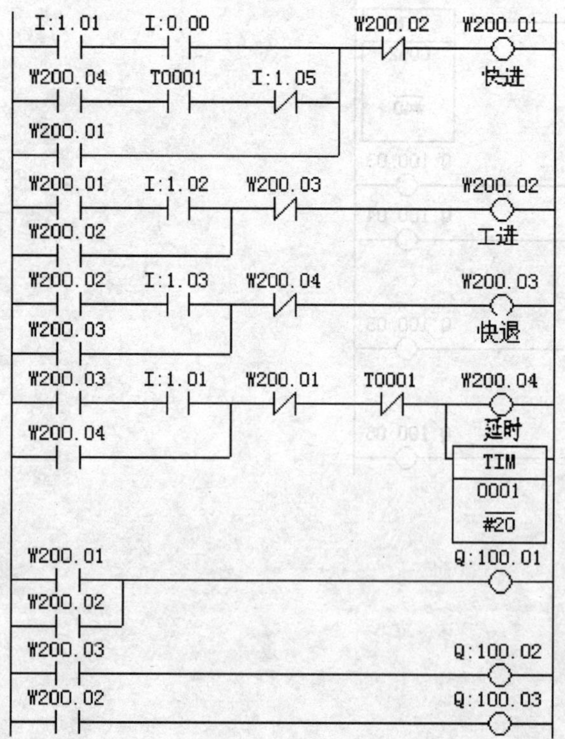

• 根据上面介绍的控制要求画出循环控制顺序功能图，如图 6-5 所示，并编写梯形图。

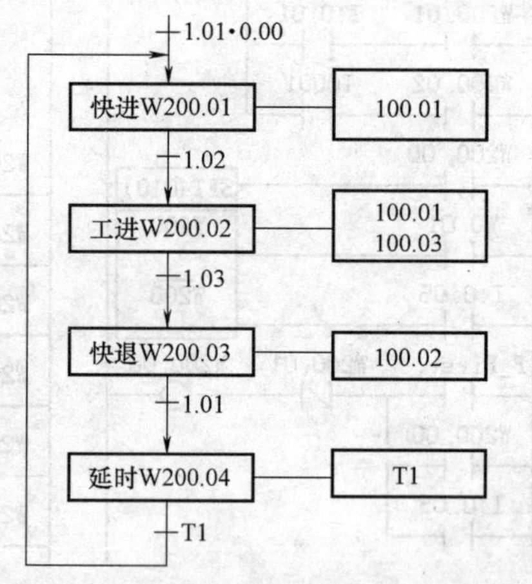

图 6-5 符合控制要求的顺序功能图

• 在梯形图中，前四条称为自动循环程序段，后三条称为组合输出程序段。

• 请读者自行设置多循环/单循环选择开关（1.05），用于控制多/单循环。

调试过程及体会：

● 根据下面不同的控制要求，预先设置表 6-3 中的输入和状态标志：

表 6-3 输入和状态标志

起动按钮	0.00	循环停按钮	0.04	多/单循环选择开关	1.05	暂停标志	W0.02
急停按钮	0.01	手动快进按钮	0.05			循环停止标志	W0.03
急返按钮	0.02	手动快退按钮	0.06	急返标志	W0.00	手动快进标志	W0.04
暂停按钮	0.03	手/自动选择开关	1.04	全停标志	W0.01	手动快退标志	W0.05

（3）急停、急返与循环停止

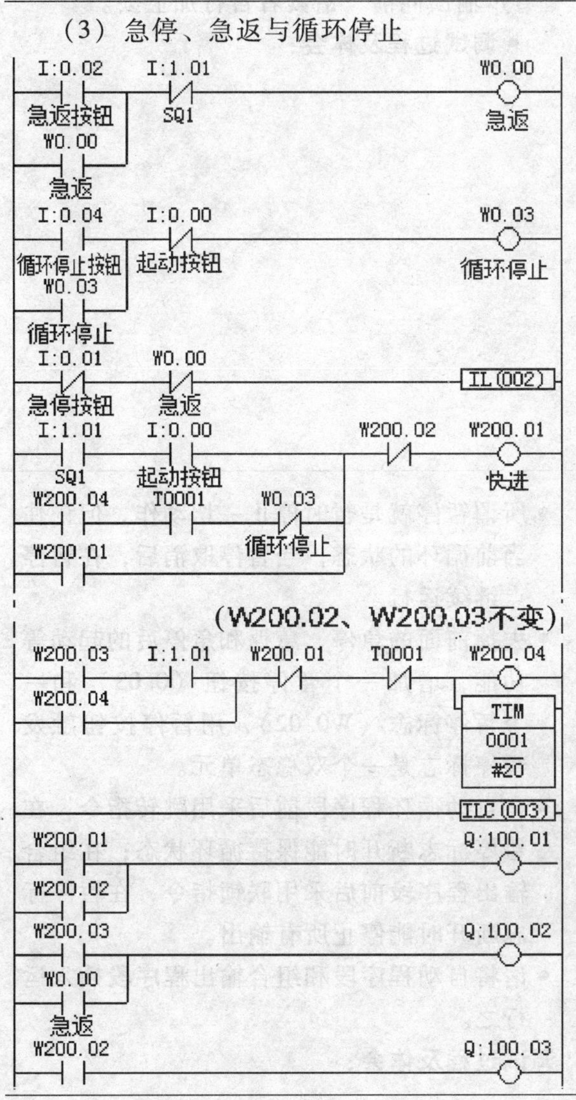

● 所谓急停就是按下急停按钮，停止所有动作。

● 所谓急返就是按下急返按钮，滑台返回原点。

● 所谓循环停止就是按下循环停止按钮，滑台做完所有动作，返回原点后停止。

● 增加急停按钮（0.01），急返按钮（0.02），循环停止按钮（0.04），设置一个急返状态（W0.00），一个循环停止状态标志（W0.03）。

● 梯形图中增加了：

1）IL/ILC 指令，用于控制急停和急返时对循环状态的停止；

2）第一条梯形图，用于急返，滑台返回到原点，碰到 SQ1，撤销急返。

3）将急返状态常开触点并联到 100.02 的驱动端。

4）第二条梯形图，用于循环停止，并将循环停止状态标志安放在“快进”状态的驱动处。

5）在多循环时，“延时”（W200.04）状态的复位，可用下一个循环的第一步（W200.01）的常闭触点的断开来完成；而在单循环时，“延时”（W200.04）状态的复位，只能由 T1 的常闭触点的断开来实现。

调试过程及体会：

（4）急停后的起动

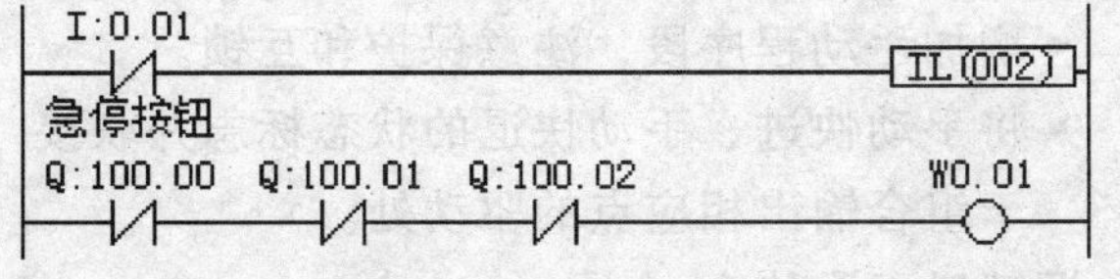

● 所谓急停后的起动，就是在无急返的情况下，急停后滑台停在半路，不在原点的起动。方法有两个：一是用手动的方法将滑台移到原点；二是增加一个返回的动作。第二个方法可以这样：

1）增加第二条梯形图用作全停状态标志（W0.01）；

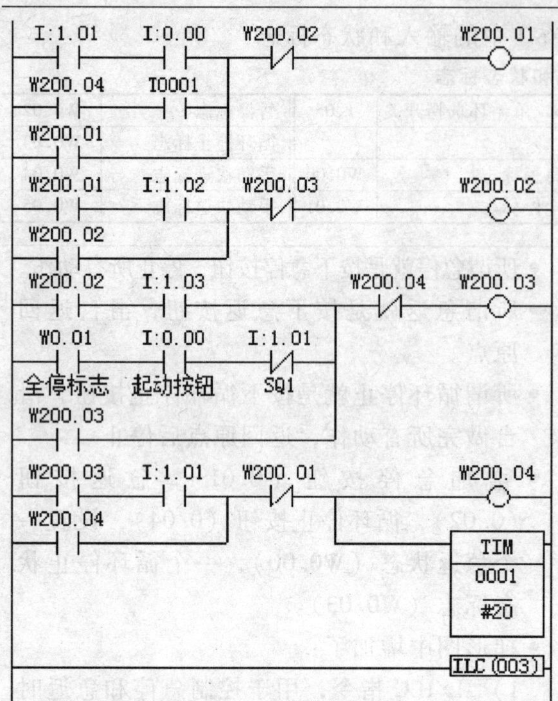

2）在返回状态 W200.03（第五条梯形图）增加了一个在全停状态且不在原点的起动，首先起动快退，然后退到位再延时，再快进……进入到正常循环。

3）输出同前，请读者自行加上去。

● **调试过程及体会：**

（5）暂停与暂停后的运行

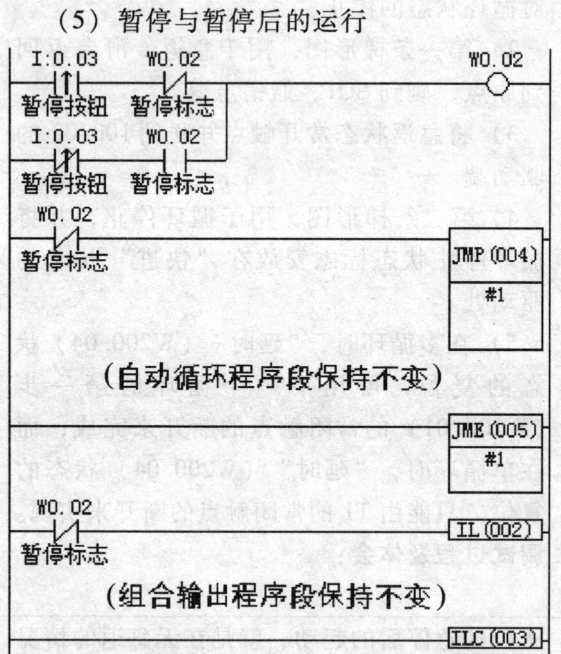

● 所谓暂停就是暂时停止一切动作，但记住当前循环的状态，当暂停取消后，在暂停点继续运行。

● 去掉前面的急停、急返和急停后的起动等功能，增加一个暂停按钮（0.03）和一个暂停标志（W0.02），用暂停按钮触发暂停标志是一个双稳态单元。

● 在自动循环程序段前后采用跳转指令，在暂停标志断开时能保持循环状态；在组合输出程序段前后采用联锁指令，在暂停标志断开时能停止所有输出。

● 请将自动程序段和组合输出程序段插入运行之。

调试过程及体会：

（6）自动与手动控制

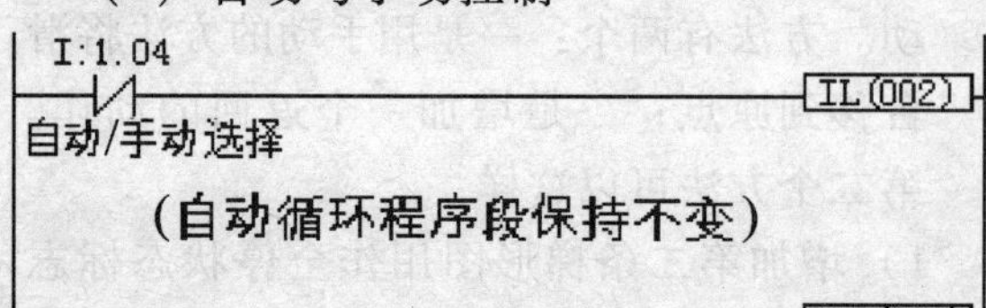

● 增设自动/手动选择开关（1.04）。

● 自动循环程序段保持不变。

● 增加手动程序段，注意保护和互锁。

● 将手动快进、手动快退的状态标志并联接于组合输出相应点的驱动处。

调试过程及体会：

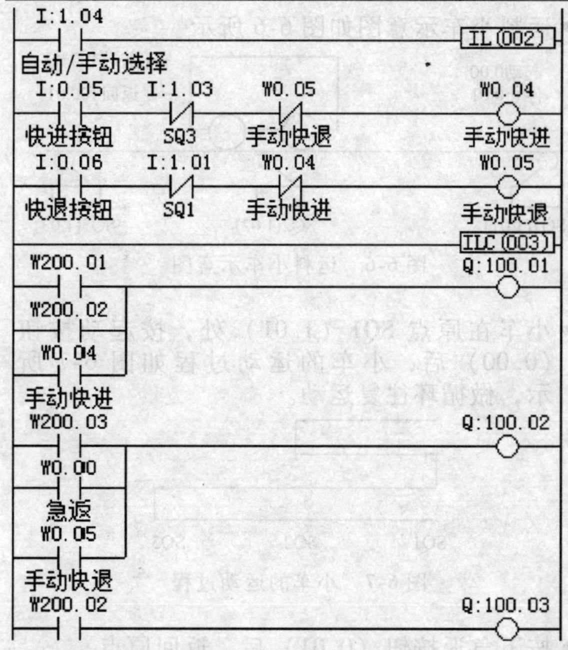

（7）综合训练

试综合以上训练，设计具有自动/手动、多循环/单循环选择，并具有自动起动、循环停止、紧急返回、暂停和手动控制等操作功能的梯形图，要求条理清楚，可读性好。

6.3　顺序控制拓展

（1）控制延时时间

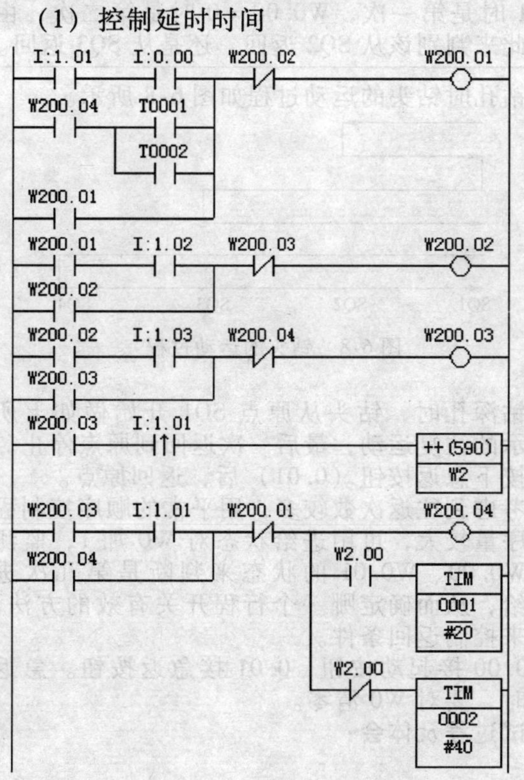

- 这里所讲的控制延时时间，是指在6.2小节中所介绍的滑台返回到原点延时时间的控制，要求第一次返回时延时2s，第二次返回时延时4s，第三次延时2s，第四次延时4s，依次类推。
- 这里巧妙地采用了一个在回到原点时对W2的加1运算，由此判别是第一次返回，还是第二次返回，当W2.00=1时延时2s，当W2.00=0时延时4s。

调试过程及体会：

（2）运料小车控制

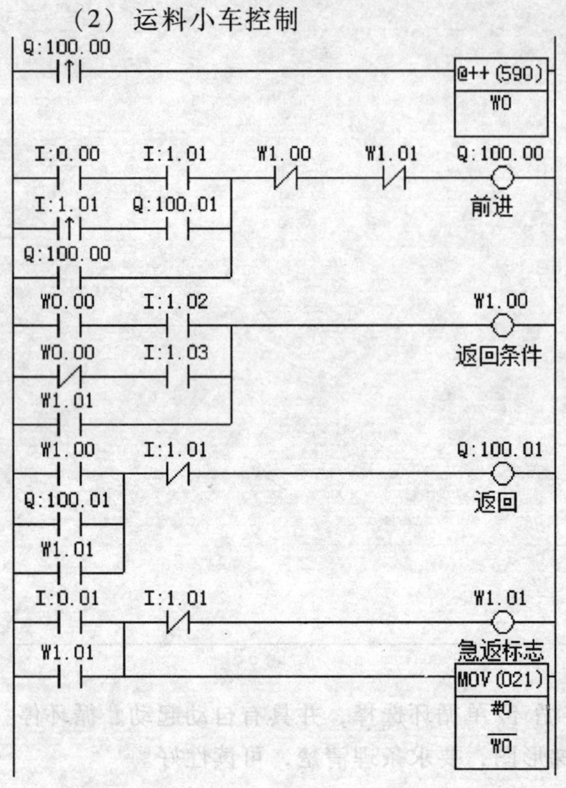

- 运料小车示意图如图6-6所示

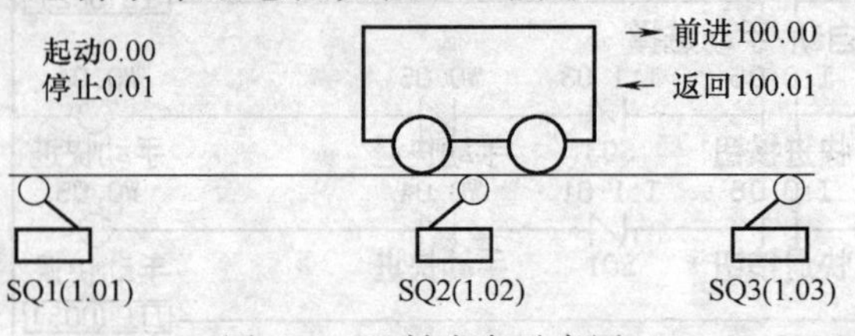

图 6-6 运料小车示意图

- 小车在原点 SQ1（1.01）处，按起动按钮（0.00）后，小车的运动过程如图 6-7 所示，做循环往复运动。

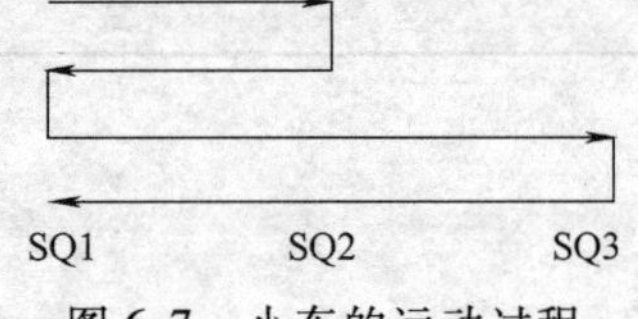

图 6-7 小车的运动过程

- 按下急返按钮（0.01）后，返回原点。
- 按正常的循环控制分析有四步，过程较长。分析控制要求的特点：在第一次前进时碰到 SQ2 返回，在第二次前进时碰到 SQ2 不返回碰到 SQ3 才返回。
- 灵活解决的方法是用前进的信号对 W0 做加 1 运算，然后判断 W0.00 的状态，W0.00 = 1 时是第一次，W0.00 = 0 时是第二次，由此来判别该从 SQ2 返回，还是从 SQ3 返回。

（3）钻深孔

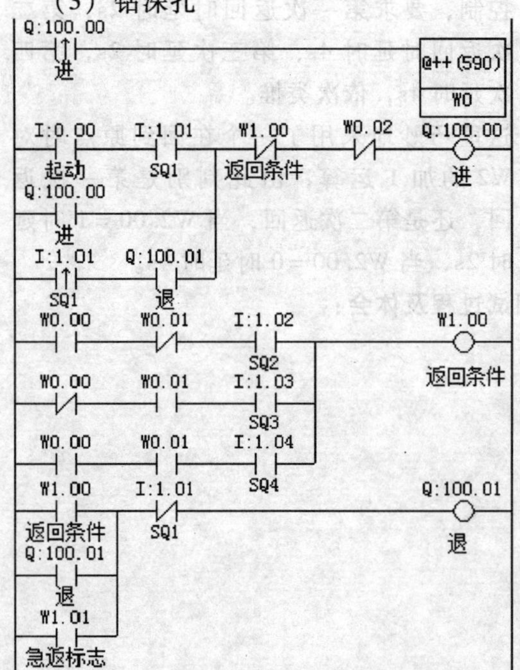

- 钻孔时钻头的运动过程如图6-8所示。

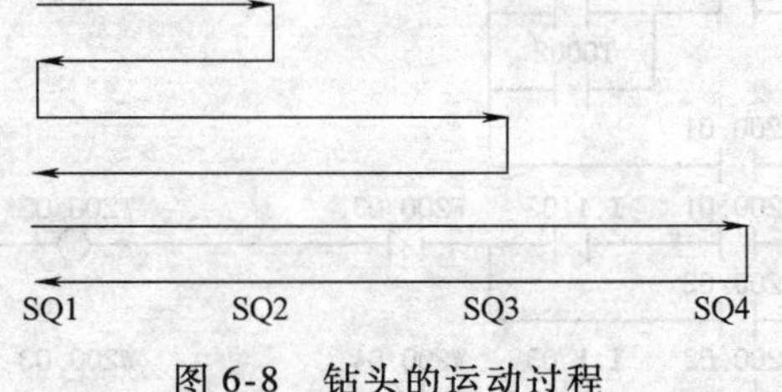

图 6-8 钻头的运动过程

- 钻深孔时，钻头从原点 SQ1 开始做如上所示的往复运动，最后一次返回到原点停止。
- 按下急返按钮（0.01）后，返回原点。
- 考虑到往返次数较多，用平常的顺序控制程序量较大，可用进给状态对 W0 加 1，监测 W0.00、W0.01 的状态来判断是第几次进给，从而确定哪一个行程开关有效的方法，来控制返回条件。
- 0.00 接起动按钮，0.01 接急返按钮。急返时，要对 W0 清零。

调试过程及体会：

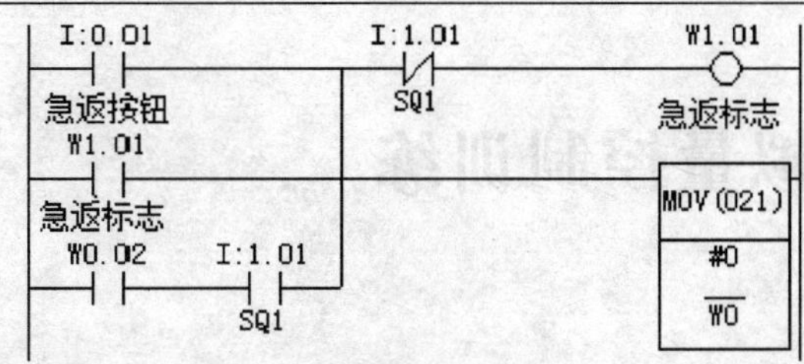

（4）成型加工控制系统设计

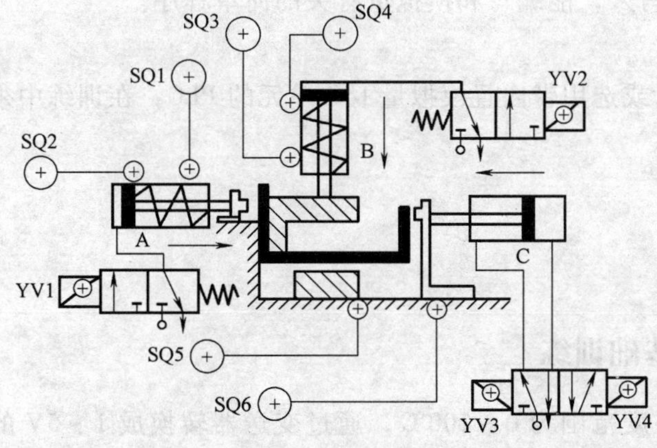

a) 成型加工开始时

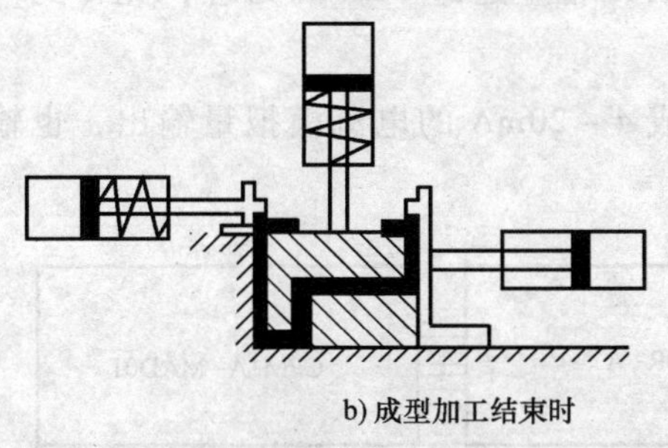

b) 成型加工结束时

图 6-9　成型加工示意图

- 成型加工开始和结束后，液压杆的位置如图 6-9 所示。
- 初始状态：

在原料放入成型机时：行程开关 SQ1、SQ3、SQ5 为 “OFF”，SQ2、SQ4、SQ6 为 “ON”。

- 起动运行：

1）系统在初始状态时，按下起动按钮 SB1，YV2（ON）→液压缸 B 的活塞向下运动→SQ3（ON）→YV1、YV4 为（ON），YV3（OFF）→液压缸 A 的活塞向右运动，液压缸 C 的活塞向左运动→SQ1（ON），SQ5（ON）→YV1、YV4（OFF）、YV3（ON）→液压缸 A、C 返回→SQ2、SQ6（ON）→YV2（OFF）→液压缸 B 返回→SQ4（ON）。

2）系统回到初始状态，取出成品，手工放入原料后，按动起动按钮重新起动，开始下一个工件加工。

- 控制要求：

工作方式设置为单周期自动控制/手动控制。请：

1）确定输入/输出点。
2）分配输入/输出地址。
3）画出顺序功能图。
4）画出梯形图并调试。

项目七　模拟量控制训练

训练要求：

通过模拟量 I/O 单元的学习训练，掌握 PLC 与模拟量 I/O 单元的连接，掌握模拟量输入/输出地址的确定，学会参数的选择和写入，能编写和模拟量有关的简单程序。

训练说明：

本训练需配置模拟量 I/O 扩展单元，或选用带内置模拟量 I/O 单元的 PLC，在训练中须确保模拟量输入/输出不要短路。

7.1　模拟量 I/O 单元

7.1.1　外置模拟量单元输入/输出基础训练

（1）控制要求　某温度传感器监测温度范围为 0～100℃，通过变送器转换成 1～5V 的电压模拟量输出，该模拟量输入模拟量 I/O 扩展单元后，希望通过 PLC 的处理，能得到一个 0～10V 的输出，能直观地显示 0～100℃的温度值。

另有一路压力传感器检测压力，通过变送器转换成 4～20mA 的电流模拟量输出，也输入模拟量 I/O 扩展单元待用，在程序中暂不作处理。

（2）安装模拟量 I/O 扩展单元　在型号为 CP1H-X40DR-A 的 PLC 右侧的扩展口，连接 CPM1A-MAD01 型模拟量 I/O 扩展单元，如图 7-1 所示。

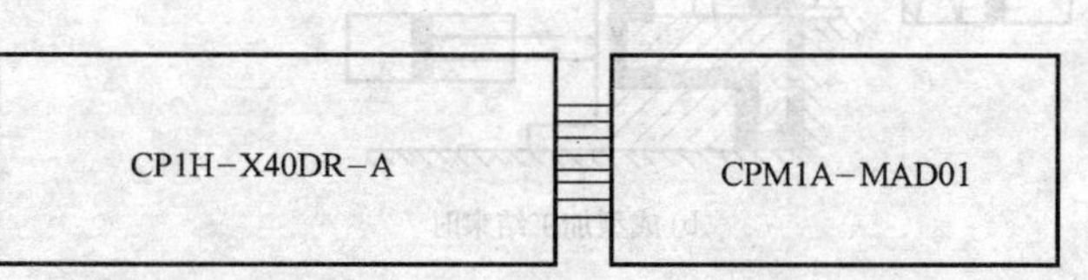

图 7-1　PLC 主机和模拟量扩展单元连接示意图

（3）模拟量 I/O 接线　本实训拟接入两路输入，即第一路模拟量电压输入，第二路模拟量电流输入；接入一路模拟量电压输出，其外形及接线如图 7-2 所示。

（4）模拟量 I/O 地址分配　40 点 PLC 为 24 点输入，16 点输出，分别占用通道 000、001 和通道 010、011。因为除 CPM1A-MAD01 单元外没有其他单元，所以，第一路模拟量输入分配给通道 002 的低 8 位，第二路模拟量输入分配给通道 002 的高 8 位，输出分配给通道 012 的低 8 位，只有当使用 ±10V 量程时，通道 012 的最高位才用于符号位；通道 013 分配控制字。

（5）输入/输出要求和控制字确定　要求第一路电压输入为 1～5V，第二路电流输入为 4～20mA，使用平均值，电压输出为 0～10V。根据表 7-1、表 7-2，确定设置控制字为：1100、1110、0000、1111，即十六进制 CE0F。

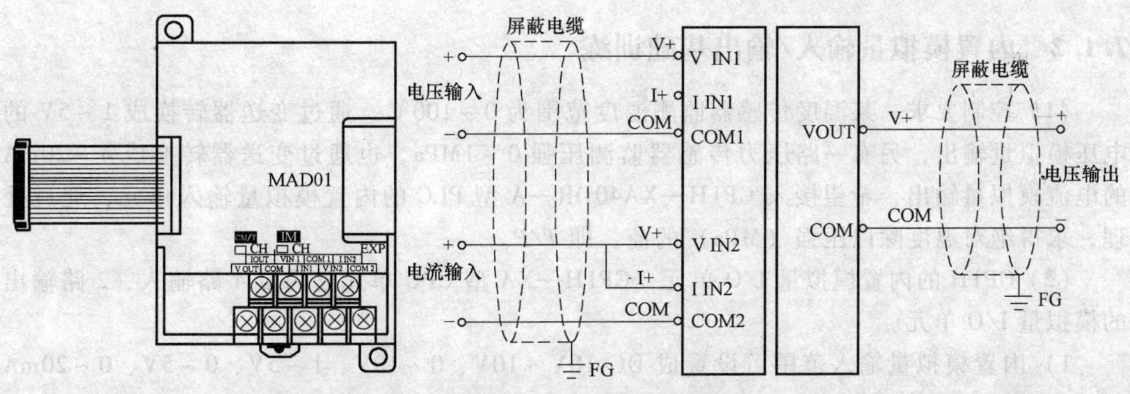

图 7-2　模拟量 I/O 单元外形及接线图

表 7-1　通道控制字设置

模拟量输出通道低 8 位	07	06	05	04	03	02	01	00
	输入 4		输入 3		输入 2		输入 1	
	起动	量程	起动	量程	起动	量程	起动	量程
模拟量输出通道高 8 位	15	14	13	12	11	10	09	08
	不使用		输入 4	输入 3	输入 2	输入 1	输出 1	
	1	1	平均值				起动	量程

表 7-2　I/O 信号范围设定

项目		内容
输入	量程	0:0 ~ 10V;1:1 ~ 5V/4 ~ 20mA
	起动	0:不使用;1:使用
	平均值	0:不使用;1:使用
输出	量程	0:0 ~ 10V/4 ~ 20mA;1: - 10 ~ + 10V/4 ~ 20mA
	起动	0:不使用;1:使用

(6) 程序编写

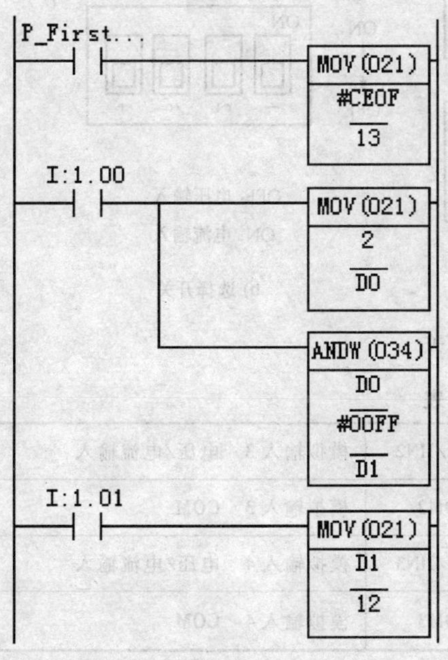

梯形图解释：

- 第一条梯形图用于在程序开始运行时，向通道 013 输入控制字。
- 第二条梯形图用于将模拟量转换后存放在通道 002 的数字量传送到数据存储器 D0；D0 的高 8 位是和压力信号相关的数字量，D0 的低 8 位是和温度信号相关的数字量。然后屏蔽高 8 位，将与温度相关的数字量存放于 D1。
- 考虑到和 0 ~ 100℃ 相关的模拟量 1 ~ 5V，转换成数字量为 00 ~ FF，而输出模拟量 0 ~ 10V 对应的数字量也是 00 ~ FF。0°C（1V）对应 00，输出 0V，100°C（5V）对应 FF，输出 10V。所以直接将 D1 传送到通道 012 即可。
- 请读者考虑如何处理压力信号。

调试过程及体会：

7.1.2 内置模拟量输入/输出基础训练

(1) 控制要求　某温度传感器监测温度范围为0～100℃，通过变送器转换成1～5V的电压模拟量输出，另有一路压力传感器监测压强0～1MPa，也通过变送器转换成4～20mA的电流模拟量输出，希望接入CP1H—XA40DR—A型PLC的内置模拟量输入单元，通过处理，求得绝对温度除以压强（MPa）的商，即T/P。

(2) CP1H的内置模拟量I/O单元　CP1H—XA型CPU单元已内置4路输入、2路输出的模拟量I/O单元。

1）内置模拟量输入范围可设置成DC-10V～10V、0～10V、1～5V、0～5V、0～20mA和4～20mA六种，分辨率有1/6000和1/12000两种。

2）内置模拟量输出范围也可设置成DC-10V～10V、0～10V、1～5V、0～5V、0～20mA和4～20mA六种，分辨率也有1/6000和1/12000两种。

按控制要求，模拟量1（温度）设置成1～5V，模拟量2（压力）设置成4～20mA，分辨率选1/6000。

(3) 内置模拟量I/O单元的地址　CP1H—XA型的内置模拟量I/O单元的地址分配是固定的，4个模拟量输入分别对应通道200、201、202和203；2个模拟量输出分别对应通道210和211。

按控制要求，模拟量1（温度）对应通道200，模拟量2（压力）对应通道201。

(4) 模拟量I/O接线　模拟量I/O接线端子如图7-3a所示，输入电压或电流的选取通过选择开关选择，如图7-3b所示。接线端子的定义见表7-3、表7-4。

按控制要求，电压信号接入1、2端子，电流信号接入3、4端子，5和6、7和8短接，选择开关2置ON。

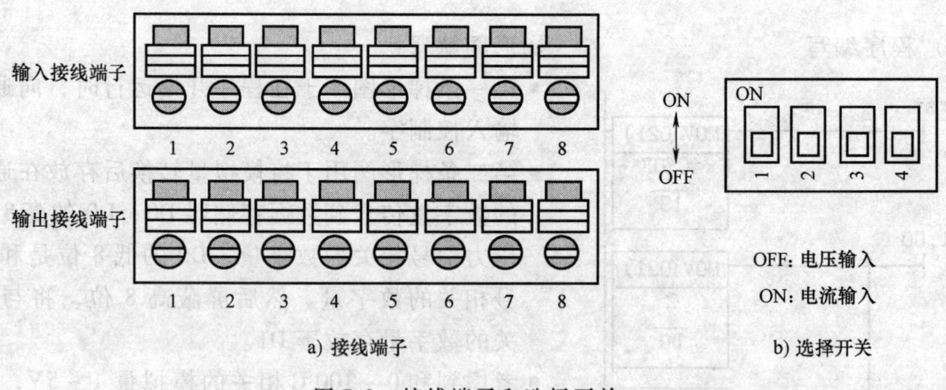

图7-3　接线端子和选择开关

表7-3　输入接线端子分配表

1	VIN0/IIN0	模拟输入1　电压/电流输入	5	VIN2/IIN2	模拟输入3　电压/电流输入
2	COM0	模拟输入1　COM	6	COM2	模拟输入3　COM
3	VIN1/IIN1	模拟输入2　电压/电流输入	7	VIN3/IIN3	模拟输入4　电压/电流输入
4	COM1	模拟输入2　COM	8	COM3	模拟输入4　COM

表 7-4　输出接线端子分配表

1	VOUT1	模拟输出 1　电压输出	5	IOUT2	模拟输出 2　电流输出
2	IOUT1	模拟输出 1　电流输出	6	COM2	模拟输出 2　COM
3	COM1	模拟输出 1　COM	7	AG	模拟 0V
4	VOUT2	模拟输出 2　电压输出			

(5) 内置模拟量 I/O 单元的参数设定　内置模拟量 I/O 单元的设置可使用 CX-P 编程软件在“设置”/“内建 AD/DA”中设置，设置的项目有：分辨率、使用、使用平均化、范围，将要使用的打“√”即可，比外置模拟量单元的设置简单多了。请注意，设置后，应将该设置传送到 PLC，并关闭 PLC 的电源后再开启，使设置生效。

按控制要求的设置如图 7-4 所示。内建模拟量方式 = 6000，即分辨率为 1/6000，选用 AD0CH 为 1～5V，选用 AD1CH 为 4～20mA。

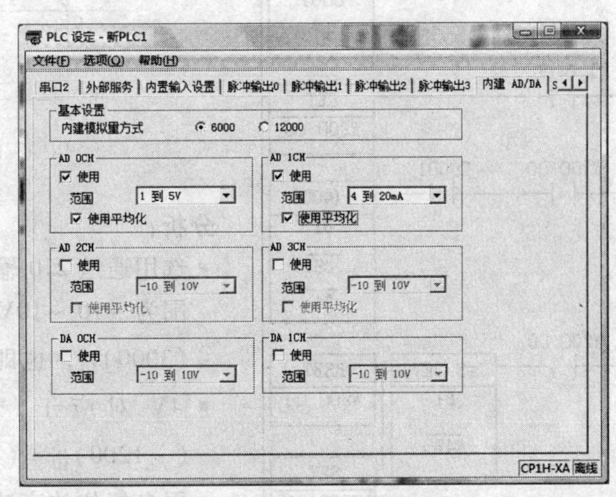

图 7-4　内置模拟量 I/O 单元的设置

(6) 编写程序

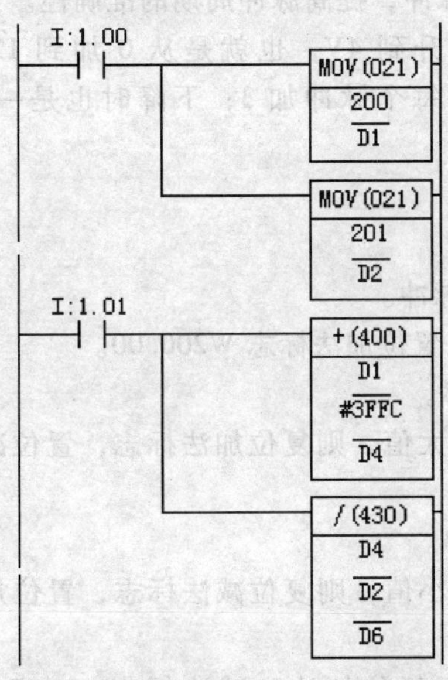

梯形图解释：

- 首先由 1.00 控制读入模拟量 1 和模拟量 2 转换成数字量的值（二进制），存放在 D1、D2 中。
- 然后将摄氏温标转换成绝对温标，即 $T = t + 273$，由于分辨率选用 1/6000，即 0℃～100℃ 对应 $(0000)_{10}$～$(6000)_{10}$，十六进制为 $(0000)_{16}$～$(1770)_{16}$；273 对应 $(16380)_{10}$，十六进制为 $(3FFC)_{16}$，相加后的和存放于 D4，再除以压强，商存放于 D6。

调试过程及体会：

7.2　模拟量控制实例

(1) 三角波输出

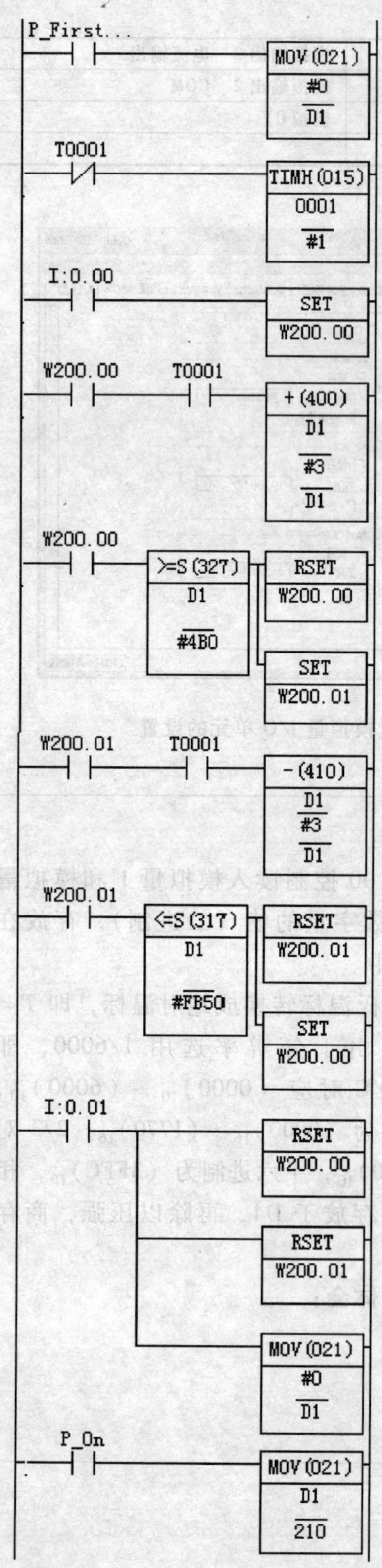

三角波输出波形如图 7-5 所示。

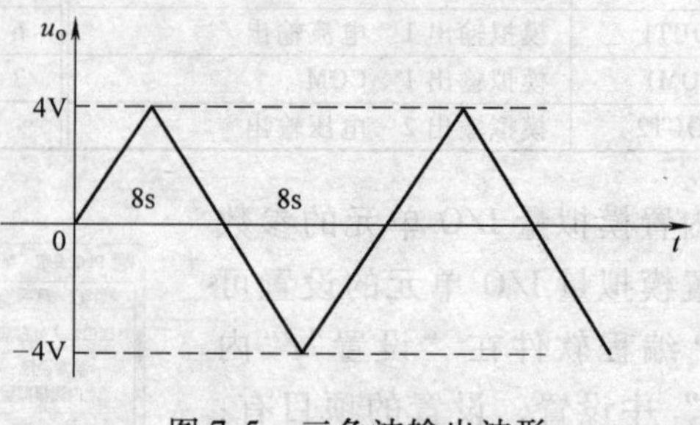

图 7-5 三角波输出波形

分析：

- 选用通道 210 输出模拟量，分辨率为 1/6000，输出范围为 -10 ~ 10V，与此相当的数字量为 $(-3000)_{10}$ ~ $(3000)_{10}$，也即 $(F448)_{16}$ ~ $(BB8)_{16}$。
- 4V 对应于 $(1200)_{10} = (4B0)_{16}$，-4V 对应于 $(-1200)_{10} = (FB50)_{16}$。
- 用自复位的高速定时器产生 10ms 脉冲，在上升的 4s 内共产生 400 个脉冲。
- 用自复位的高速定时器产生 10ms 脉冲的方法受循环扫描周期的影响，脉冲周期并不很准确，可采用定时时间中断来产生脉冲，提高脉冲周期的准确性。
- 在 4s 内从 0V 上升到 4V，也就是从 0 加到 1200，1200/400 = 3，即每个脉冲加 3；下降时也是一样，每个脉冲减 3。

梯形图解释：

1）设置初值。

2）产生 10ms 脉冲。

3）0.00 起动，置位加法标志 W200.00。

4）每 10ms 加 3。

5）大于等于最大值，则复位加法标志，置位减法标志 W200.01。

6）每 10ms 减 3。

7）小于等于最小值，则复位减法标志，置位加法标志。

8）0.01 停止，复位加法和减法标志，对 D1 赋 0 值。

9）模拟量输出。

调试过程及体会：

（2）锯齿波输出

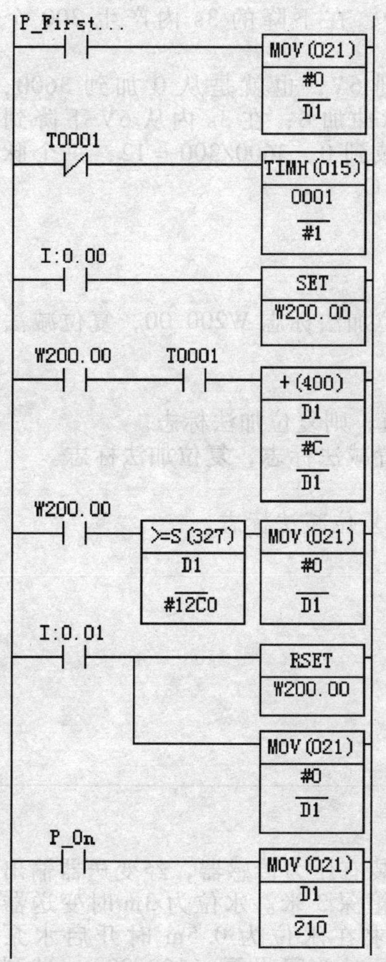

锯齿波输出波形如图 7-6 所示。

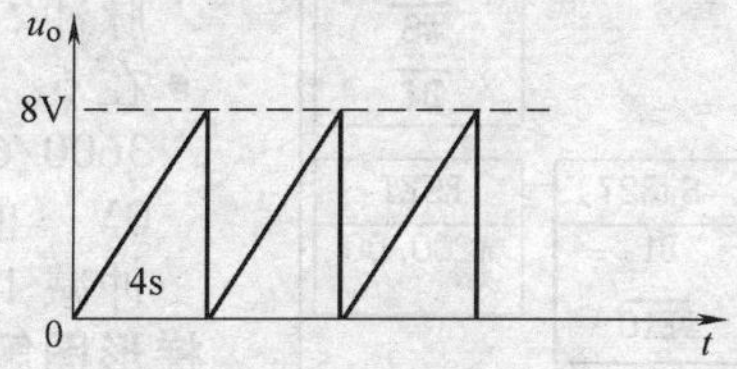

图 7-6　锯齿波输出波形

分析：

- 选用通道 210 输出模拟量，分辨率为 1/6000，输出范围为 0 ~ 10V，与此相当的数字量为 $(0000)_{10}$ ~ $(6000)_{10}$，也即 $(0000)_{16}$ ~ $(1770)_{16}$。
- 8V 对应于 $(4800)_{10} = (12C0)_{16}$。
- 用自复位的高速定时器产生 10ms 脉冲，在上升的 4s 内共产生 400 个脉冲。
- 在 4s 内从 0V 上升到 8V，也就是从 0 加到 4800，4800/400 = 12，每个脉冲加 12，即十六进制 C。

梯形图解释：

1）设置初值。
2）产生 10ms 脉冲。
3）0.00 起动，设置加法标志 W200.00。
4）每 10ms 加 $(C)_{16}$。
5）大于等于最大值，对 D1 清零。
6）0.01 停止，复位加法标志，对 D1 赋 0 值。
7）模拟量输出。

调试过程及体会：

（3）软起动和软停止

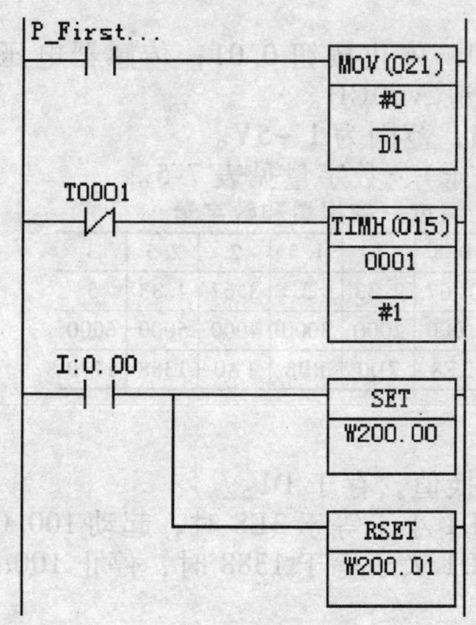

软起动和软停止的输出波形如图 7-7 所示。

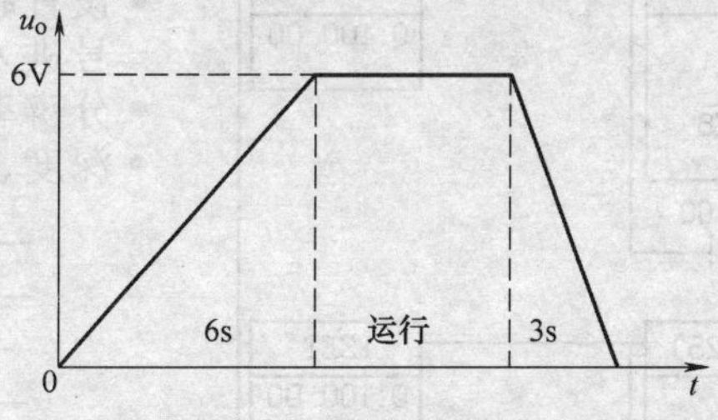

图 7-7　软起动和软停止的输出波形图

分析：

- 选用通道 210 输出模拟量，分辨率为 1/6000，输出范围为 0 ~ 10V，与此相当的数字量为 $(0000)_{10}$ ~ $(6000)_{10}$，也即 $(0000)_{16}$ ~ $(1770)_{16}$。
- 6V 对应于 $(3600)_{10} = (E10)_{16}$。

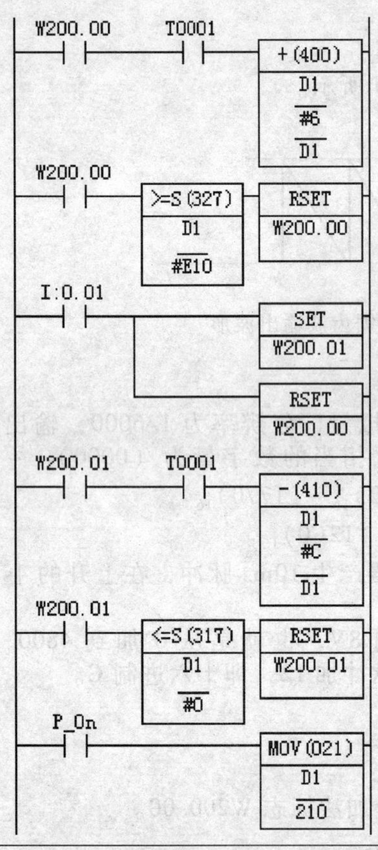

- 用自复位的高速定时器产生 10ms 脉冲，在上升的 6s 内共产生 600 个脉冲，在下降的 3s 内产生 300 个脉冲。
- 在 6s 内从 0V 上升到 6V，也就是从 0 加到 3600，3600/600 = 6，每个脉冲加 6；在 3s 内从 6V 下降到 0V，也就是从 3600 减到 0，3600/300 = 12，每个脉冲减 12，即十六进制 C。

梯形图解释：

1）设置初值。

2）产生 10ms 脉冲。

3）0.00 起动，置位加法标志 W200.00，复位减法标志 W200.01。

4）每 10ms 加 6。

5）大于等于最大值，则复位加法标志。

6）0.01 停止，设置减法标志，复位加法标志。

7）每 10ms 减 12。

8）小于等于 0，则复位减法标志。

9）模拟量输出。

调试过程及体会：

（4）液位控制

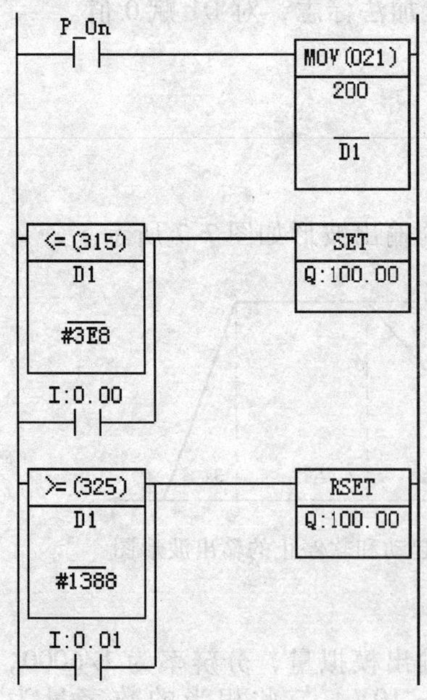

控制要求：某水箱底部装有压力传感器，经变送器输出 1～5V 的直流电压，水箱深 3 米。水位为 3m 时变送器输出电压恰为 5V，要求在水位为 0.5m 时开启水泵（100.00），水位为 2.5m 时关闭水泵（100.00），试利用 CP1H 的内置 A/D 单元完成控制要求。

分析：

- 设置起动按钮 0.00，停止按钮 0.01；传感器电压信号进入模拟量 1 通道 AD0CH。
- 分辨率选用 1/6000，范围为 1～5V。
- 深度、模拟量（电压）、数字量见表 7-5。

表 7-5 深度、模拟量和数字量

深度/m	0	0.5	1	1.5	2	2.5	3
电压/V	1	1.67	2.33	3	3.67	4.33	5
10 进制	0000	1000	2000	3000	4000	5000	6000
16 进制	0000	3E8	7D0	BB8	FA0	1388	1770

梯形图解释：

1）输入 A/D 转换值，存于 D1。

2）当起动时或 D1 小于等于 3E8 时，起动 100.00。

3）当停止时或 D1 大于等于 1388 时，停止 100.00。

调试过程及体会：

修改参数，实现在无水时起动，水满时停止。

第二部分 拓展训练

项目八 PLC 与旋转编码器

根据测量原理，旋转编码器可分为光学式、磁式、感应式和电容式等类型。使用最多的是光学式中的光电编码器，它是一种通过光电转换将输出轴上的机械几何位移量转换成脉冲或数字量的传感器。由于普通 PLC 计数器对外部事件计数的频率受扫描周期及输入滤波器时间常数的限制，其计数最高频率小于 50Hz。因此高速脉冲的输入计数必须利用 PLC 的高速计数器功能，它的计数频率不受两者的影响，CP1H 型单相最高计数频率高达 1MHz。通过训练应掌握旋转编码器与 PLC 的连接，以及高速计数器的使用方法。

8.1 训练准备

8.1.1 器材配置

OMRON PLC（CP1H）一台，计算机一台，旋转编码器一台，USB 电缆一根，导线若干（电动机一台、小型继电器可选）。

8.1.2 入门引导

1. 旋转编码器

旋转编码器是用来测量转速的装置，光电式旋转编码器通过光电转换，可将输出轴的角位移、角速度等机械量转换成相应的电脉冲以数字量输出。旋转编码器由光栅盘和光电检测装置组成。光栅盘是在一定直径的圆板上等分地开通若干个长方形孔。由于光电码盘与电动机同轴，电动机旋转时，光栅盘与电动机同速旋转，经发光二极管等电子元器件组成的检测装置检测输出若干脉冲信号，它分为单路输出和双路输出两种。技术参数主要有每转脉冲数（几十个到几千个都有）和供电电压等。单路输出是指旋转编码器的输出是一组脉冲，而双路输出是指旋转编码器输出两组 A/B 相位差 90°的脉冲，通过这两组脉冲不仅可以测量转速，还可以判断旋转的方向。根据其刻度方法及信号输出形式，旋转编码器可分为增量式、绝对式以及混合式三种，其外形如图 8-1 所示。

图 8-1 旋转编码器外形图

旋转编码器由精密器件构成，当受到较大的冲击时，可能会损坏内部功能，使用时应充分注意以下事项：

（1）安装 安装时不要给轴施加直接的冲击。旋转编码器轴与机器的连接，应使用柔性连接器。在轴上装连接器时，不要硬压入。即使使用连接器，因安装不良，也有可能给轴加上比允许负荷还大的负荷，要特别注意。

（2）振动 加在旋转编码器上的振动，往往会成为误脉冲发生的原因。

（3）配线和连接 配线应在电源 OFF 状态下进行，电源接通时，若输出线直接接电源，则有时会损坏输出回路，配线时应充分注意电源的极性等。若和高压线、动力线并行配线，则有时会受到感应而造成误动作或损坏，所以要分离开另行配线。延长电线时，应在 10m 以下。并且由于电线的分布容量，波形的上升、下降时间会较长，可采用施密特回路等对波形进行整形。

2. 旋转编码器与 PLC 的连接

旋转编码器的输出信号由 PLC 相关输入端子接收，编码器典型的脉冲输出为集电极开路（DC24V）情况下的脉冲信号，在使用高速计数器 0 时，A、B、Z 相与 PLC 的连接如图 8-2 所示。在图中，A 相信号接 0.08，B 相信号接 0.09，Z 相信号接 0.03，为什么这样连接可见后面高速计数器的相关内容。

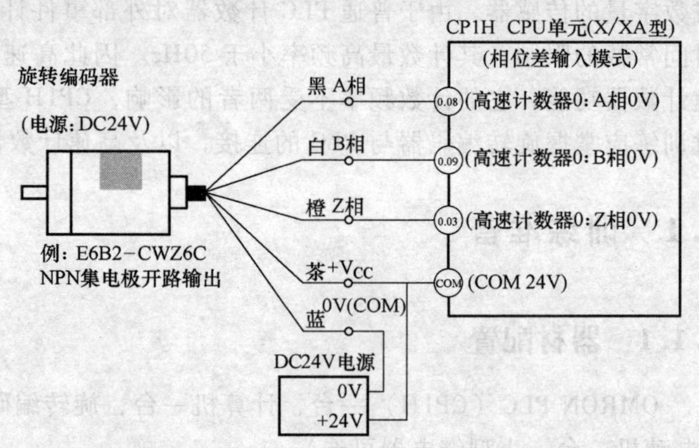

图 8-2 带有 A、B、Z 相的编码器的连接

3. 高速计数器简述

CP1H X/XA 型 PLC 的高速计数器有相位差输入（50kHz）、脉冲＋方向输入（100kHz）、加减法脉冲输入（100kHz）和加法脉冲输入（100kHz）四种计数模式；有线性模式和环形模式两种计数数值范围；有 Z 相信号＋软件复位和软件复位两种复位方式；有目标比较中断和区域比较中断两种中断功能，与中断功能一起使用，可实现不受扫描周期影响的目标比较控制和区域比较控制。

4. 高速计数器的地址分配

CP1H 高速计数器使用的外接端子见表 8-1。

表 8-1 CP1H 高速计数器的外接端子

输入端子	通用输入	高速计数器输入
0.00	通用输入 0	
0.01	通用输入 1	高速计数器 2（Z 相/复位）
0.02	通用输入 2	高速计数器 1（Z 相/复位）
0.03	通用输入 3	高速计数器 0（Z 相/复位）
0.04	通用输入 4	高速计数器 2（A 相/加法/计数输入）
0.05	通用输入 5	高速计数器 2（B 相/减法/方向输入）
0.06	通用输入 6	高速计数器 1（A 相/加法/计数输入）
0.07	通用输入 7	高速计数器 1（B 相/减法/方向输入）
0.08	通用输入 8	高速计数器 0（A 相/加法/计数输入）

（续）

输入端子	通用输入	高速计数器输入
0.09	通用输入9	高速计数器0(B相/减法/方向输入)
0.10	通用输入10	高速计数器3(A相/加法/计数输入)
0.11	通用输入11	高速计数器3(B相/减法/方向输入)
1.00	通用输入12	高速计数器3(Z相/复位)

CP1H提供了从高速计数器0到高速计数器3共4组不同模式的高速计数输入，从表8-1中看出，图8-2是选择了高速计数器0以后的接线图。CP1H X/XA型PLC高速计数器的区域分配见表8-2。

表8-2 高速计数器的区域分配表

内容		高速计数器0	高速计数器1	高速计数器2	高速计数器3
当前值保存区域	保存高位4位	A271 CH	A273 CH	A317 CH	A319 CH
	保存低位4位	A270 CH	A272 CH	A316 CH	A318 CH
区域比较一致标志	与比较条件1相符时为ON	A274.00	A275.00	A320.00	A321.00
	与比较条件2相符时为ON	A274.01	A275.01	A320.01	A321.01
	与比较条件3相符时为ON	A274.02	A275.02	A320.02	A321.02
	与比较条件4相符时为ON	A274.03	A275.03	A320.03	A321.03
	与比较条件5相符时为ON	A274.04	A275.04	A320.04	A321.04
	与比较条件6相符时为ON	A274.05	A275.05	A320.05	A321.05
	与比较条件7相符时为ON	A274.06	A275.06	A320.06	A321.06
	与比较条件8相符时为ON	A274.07	A275.07	A320.07	A321.07
比较动作中标志	与比较条件实行中为ON	A274.08	A275.08	A320.08	A321.08
溢出/下溢标志	线性模式,当前值溢出或下溢时为ON	A274.09	A275.09	A320.09	A321.09
计数方向标志	0:减法计数时 1:加法计数时	A274.10	A275.10	A320.10	A321.10
复位标志	用于当前值的软复位	A531.00	A531.01	A531.02	A531.03
高速计数器选通标志	选通标志为1(ON),禁止脉冲输入计数	A531.08	A531.09	A531.10	A531.11

5. 高速计数器的计数模式

（1）相位差输入　将两相（A相、B相）的相位差信号用于输入，并根据两相信号的相位差方式，将计数值相加或相减。相位差输入与数据的加减过程如图 8-3 所示。从图中可以看出，在 A 相、B 相的上升沿和下降沿数据都有变化，数据的加减是根据 A、B 两相信号的相位差来决定的，当 A 相超前于 B 相 90°时数据增加，当 A 相滞后于 B 相 90°时数据减少。

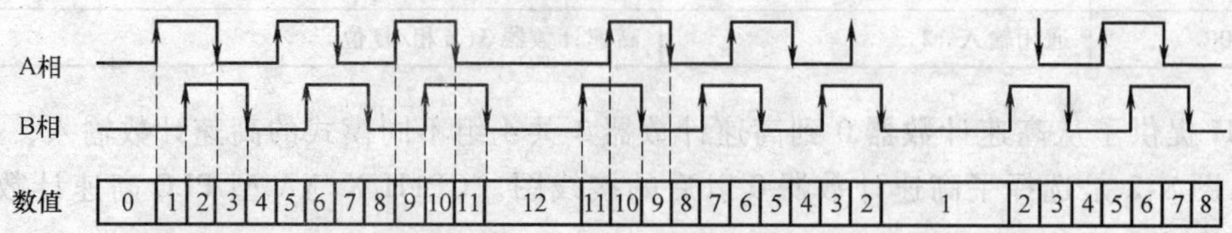

图 8-3 相位差输入波形图

（2）脉冲 + 方向　使用方向信号输入及脉冲信号输入，根据方向信号的状态（OFF 或 ON）将计数值相加或相减。脉冲 + 方向信号输入与数据的加减过程如图 8-4 所示。从图中可以看出，方向信号为 ON 时相加，为 OFF 时相减；数据仅对脉冲的上升沿计数。

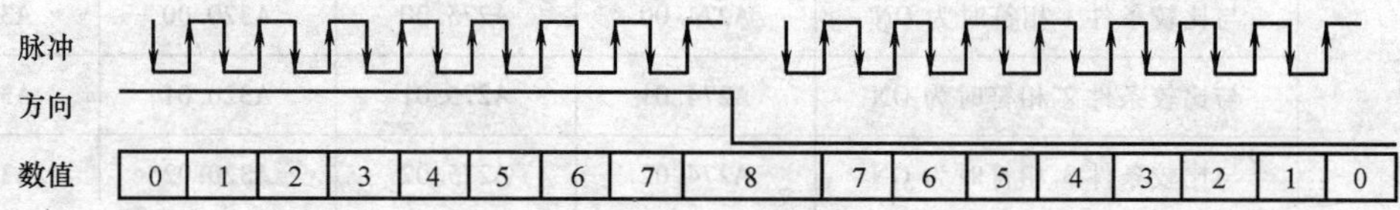

图 8-4 脉冲 + 方向输入波形图

（3）加减法脉冲　使用减法脉冲输入及加法脉冲输入两种信号，进行计数。信号输入和数据的加减过程如图 8-5 所示。从图中可以看出，加法脉冲信号输入时，数据增加；减法脉冲信号输入时，数据减少；仅对脉冲的上升沿计数。

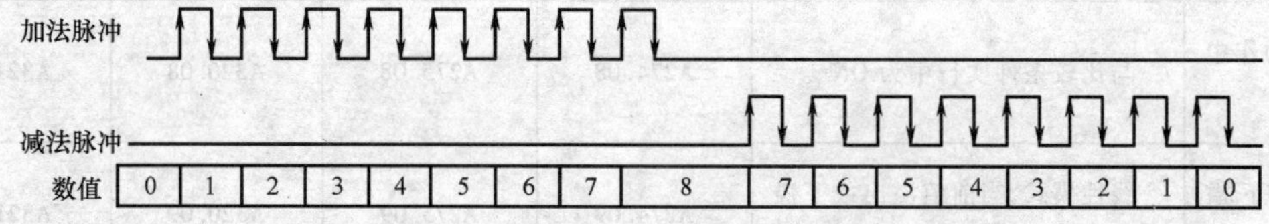

图 8-5 加减法脉冲输入波形图

（4）加法脉冲　对单相的脉冲信号输入进行计数，仅限加法，信号输入和数据的增加过程如图 8-6 所示。

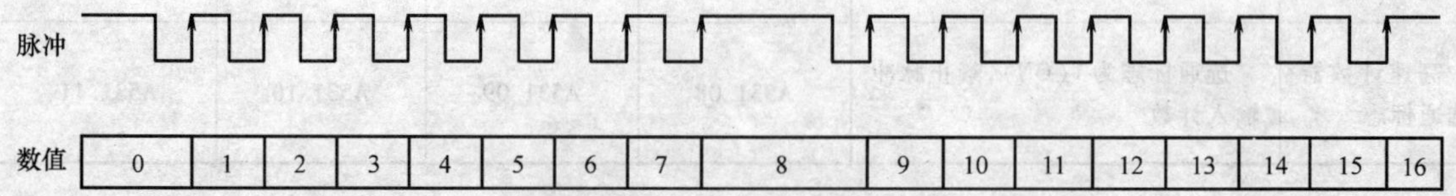

图 8-6 加法脉冲输入波形图

6. 高速计数器的数值范围

(1) 线性模式 在加法模式时对从下限值0到上限值4294967295 (FFFFFFFF H) 范围内的输入脉冲进行计数；在加减法模式时对从下限值-2147483648 (80000000 H) 到上限值+2147483647范围内的输入脉冲进行计数。如输入脉冲超过此上下限，则发生溢出/下溢，停止计数动作。

(2) 环形模式 在设定范围内对输入脉冲进行循环计数。如果计数值从计数最大值开始相加，则归0后再继续加法计数；如计数值从0开始相减，则先变为最大值再继续减法计数。

7. 高速计数器的复位方式

(1) Z相信号+软复位 高速计数器复位标志为ON的状态下，Z相信号（复位输入）从OFF→ON时，将高速计数器当前值复位。此外，由于复位标志为ON，1周期1次，仅可在公共处理中判别（即复位标志必须在一个扫描周期的公共处理阶段时为ON），因此在梯形图程序内发生OFF→ON的情况下，从下一周期开始Z相信号转为有效，如图8-7所示。

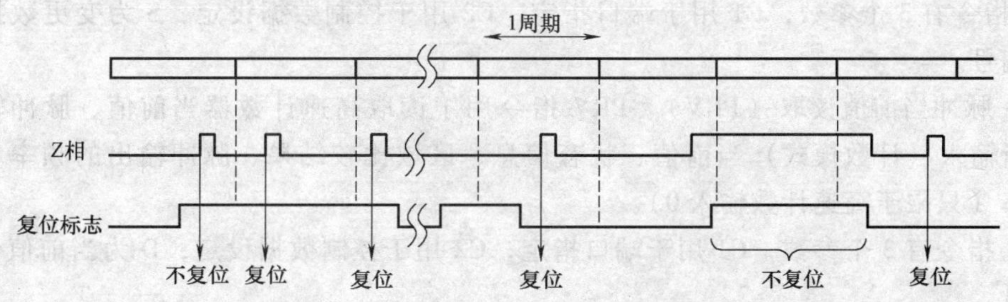

图8-7 复位标志、Z相信号和扫描周期的关系

(2) 软复位 高速计数器复位标志OFF→ON时，将高速计数器当前位置复位。此外，复位标志OFF→ON的判定1周期1次，在公共处理中进行，复位处理也在该时间进行。在1周期的中途变化中，无法追踪，如图8-8所示。

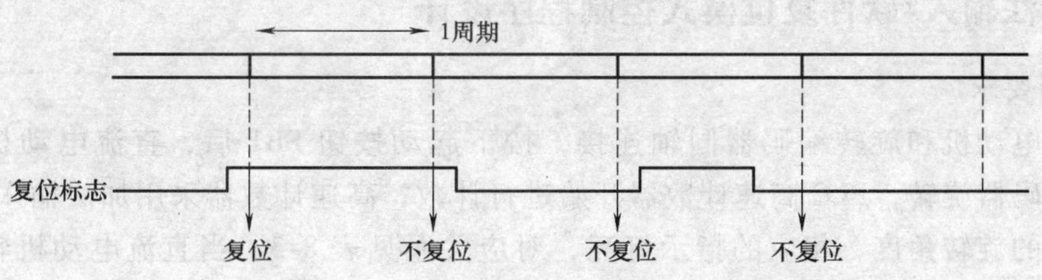

图8-8 复位标志和扫描周期的关系

8. 高速计数器的使用步骤

(1) 使用哪一个高速计数器 确定了使用哪一个高速计数器，就同时确定了接线端子和相应的参数地址。

(2) 确定脉冲输入方式、复位方式和数值范围模式 可根据前面的叙述确定。

(3) 使用/不使用中断 如使用中断，还需确定是使用目标值一致中断还是区域比较中断。

(4) 输入布线 根据选择的高速计数器号连接输入线。

(5) PLC 系统设定 包括使用不使用高速计数器、高速计数器号、脉冲输入方式、复位方式、数值范围等。

(6) 编写梯形图 使用中断时，需要用到比较表登录。

9. 和高速计数器有关的常用指令

(1) 比较表登录 (CTBL) CTBL 指令用于对高速计数器当前值进行目标值一致比较或区域比较，条件成立时执行中断任务。可以登录比较表，同时立即开始比较；也可以只进行登录，由 INI 指令开始比较或停止比较。

CTBL 指令有 3 个参数，C1 用于端口指定，C2 用于控制数据设定，S 为比较表低位通道编号。

(2) 动作模式控制 (INI) INI 指令用于对内置输入输出执行以下的动作：开始与高速计数器比较表的比较；停止与高速计数器比较表的比较；变更高速计数器当前值；变更中断输入（计数模式）的当前值；变更脉冲输出当前值；停止脉冲输出。

INI 指令有 3 个参数，C1 用于端口指定，C2 用于控制数据设定，S 为变更数据保存低位通道编号。

(3) 脉冲当前值读取 (PRV) PRV 指令用于读取高速计数器当前值、脉冲输出当前值、中断输入（计数模式）当前值、状态信息、区域比较结果、脉冲输出的频率和高速计数的频率（只限于高速计数输入 0）。

PRV 指令有 3 个参数，C1 用于端口指定，C2 用于控制数据设定，D 为当前值保存低位通道编号。

这些指令的使用在具体项目中再详细介绍。

8.2 操作训练

8.2.1 加法输入/软件复位模式控制程序设计

1. 控制要求

将直流电动机和旋转编码器同轴连接，按下起动按钮 SB1 后，直流电动机开始运行，带动旋转编码器旋转，PLC 高速计数器开始进行计数，高速计数器采用加法输入模式。根据直流电动机的旋转角度，相应的指示灯亮，对应关系见表 8-3。当直流电动机转过三圈时，直流电动机停止运行，高速计数器复位。按下 SB2，高速计数器复位。

表 8-3 旋转角度与指示灯的对应关系

旋转角度	HL1	HL2	HL3
0~360°	+	–	–
360°~720°	–	+	–
720°~1080°	–	–	+

注：“+”表示指示灯亮，“–”表示指示灯灭。

2. 外围接线

旋转编码器的输出信号由PLC相关输入端子接收，旋转编码器典型的脉冲输出为集电极开路（DC 24V）情况下的脉冲信号，根据表8-1，在使用高速计数器0时，A、B、Z相与PLC的连接如图8-9所示。在图中，A相信号接0.08。100.00、100.01分别接中间继电器KA1、KA2，用以控制一个直流电动机正转运行或者反转运行，100.02～100.04分别接指示灯HL1～HL3。输入按钮SB1为起动按钮，SB3为复位按钮。

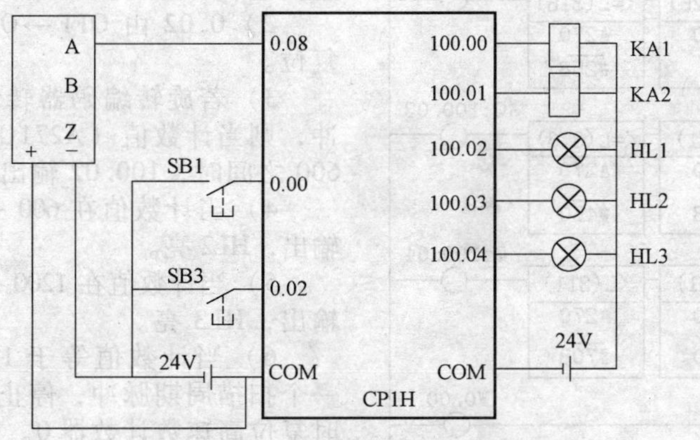

图8-9 操作训练接线图

3. PLC系统设定

如图8-10所示，采用高速计数器0，计数模式为线性模式，输入模式采用加法模式，复位方式为软件复位。设定下载到PLC后，需要重新上电使设置生效。

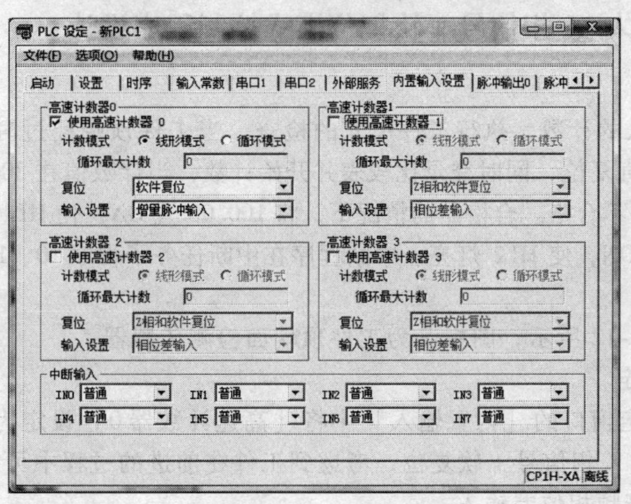

图8-10 PLC系统设定窗口

4. 控制程序设计

利用PLC比较指令来定位是初学者最常用和最容易理解、掌握的方法，其缺点是，由于脉冲输入的频率较高，PLC循环扫描的速度跟不上脉冲的变化，使控制达不到要求，但上述指示灯输出显示这种低速要求还是能胜任的。严格意义上讲，高速脉冲输入的处理都要用到中断处理。加法输入模式控制程序如图8-11所示。

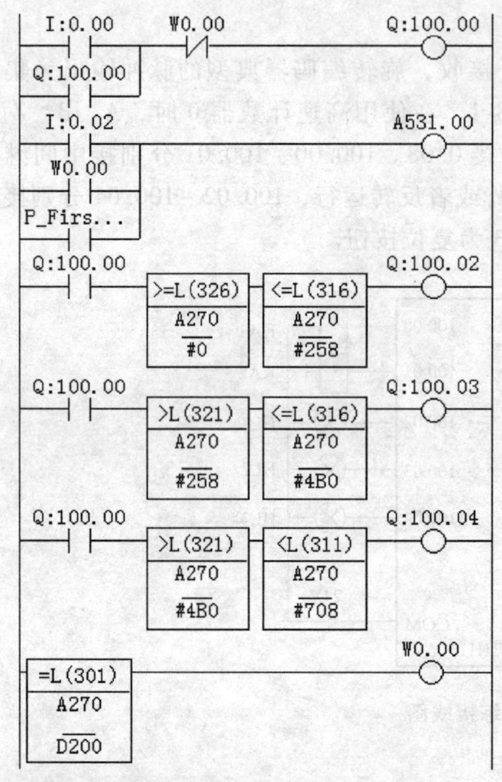

图 8-11 加法输入模式控制程序

● 内存设定：

D200	0708	比较值 1800 的 16 进制
D201	0000	

● 梯形图功能说明：

1）0.00 由 OFF→ON 时，100.00 输出，直流电动机起动。

2）0.02 由 OFF→ON 时，高数计数器 0 复位。

3）若旋转编码器转动一周输出 600 个脉冲，则当计数值（A271CH、A270CH）在 0～600 之间时，100.02 输出，HL1 亮。

4）当计数值在 600～1200 之间时，100.03 输出，HL2 亮。

5）当计数值在 1200～1800 之间时，100.03 输出，HL3 亮。

6）当计数值等于 1800 时，W0.00 输出一个扫描周期脉冲，停止直流电动机运行，同时复位高速数计数器 0。

7）A531.00：高速计数器 0 的复位标志，当采用软件复位时，A531.00 接通，高速计数器 0 复位。

● 调试过程及体会：

8.2.2 相位差输入/Z 相信号＋软复位模式控制程序设计

1. 控制要求

通过对脉冲输入的计数，执行工件尺寸的检查。当工件顶端经过时，通过传感器检测，触发 0.03，使当前值复位，同时登录比较表并开始计数，当计数值在 30000～30300 范围内时为合格，除此以外为不合格。合格品的情况下，将 100.00 置 ON，使 HL1 灯亮；不合格品的情况下，将 100.01 置 ON，使 HL2 灯亮。中断程序在中断任务子程序 10、11、12 中编制。

2. 外围接线

外围接线如图 8-12 所示，图中 S 为工件顶端面检测传感器。

3. PLC 系统设定

在 PLC 系统设定窗口的［内置输入］中将［高速计数器 0］设定为［使用］。项目设定内容为：线性模式，Z 相信号＋软复位，考虑到工件在前进的过程中可能回走或抖动和提高测量精度，采用 4 倍频相位差输入。

4. 比较表设计

本控制程序采用区域比较一致中断处理的方法编写。区域比较时的比较表设计见表 8-4，指定区域比较表时必须指定 8 个区域，为 40 CH 的固定长度，设定值不满 8 个时，将 FFFF 指定为中断任务号。

5. 程序设计

程序设计如图 8-13 所示。

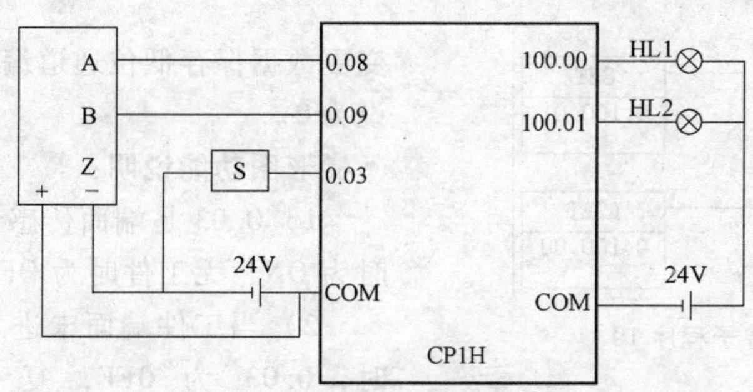

图 8-12　工件测量外围接线图

表 8-4　区域比较表

地　址	数　据	内　容	地　址	数　据	内　容
D100	#0001	区域 1 下限值 1(BCD)	D110	#754F	区域 3 下限值 30 031(BCD)
D101	#0000		D111	#0000	
D102	#752F	区域 1 上限值 29 999(BCD)	D112	#754E	区域 3 上限值 40 000(BCD)
D103	#0000		D113	#9C40	
D104	#000A	中断任务 No. 10	D114	#000C	中断任务 No. 12
D105	#7530	区域 2 下限值 30 000(BCD)	D115 ~ D118 D120 ~ D123 D125 ~ D128 D130 ~ D133 D135 ~ D138	全部#0000	区域 4 ~ 8 的上限/下限数据(因不使用,无需设定)
D106	#0000				
D107	#754E	区域 2 上限值 30 030(BCD)			
D108	#0000				
D109	#000B	中断任务 No. 11	D119、D124、D129、D134、D139	#FFFF	区域 4 ~ 8 的第 5 个字的数据一定要设定为#FFFF

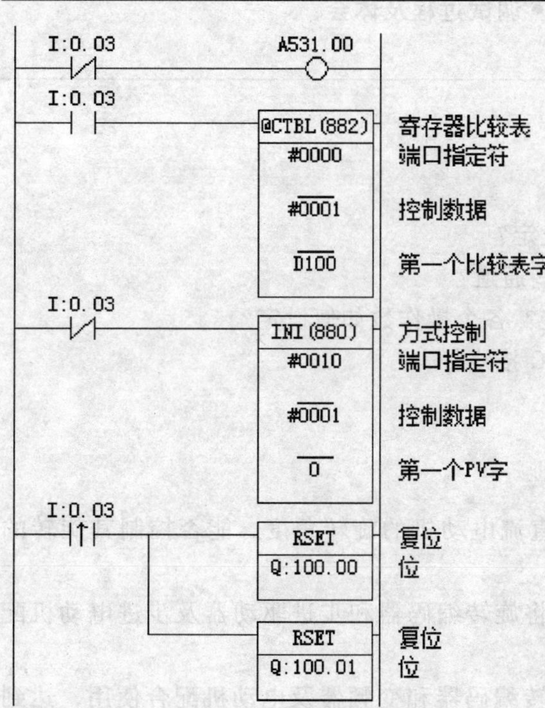

a）主程序

图 8-13　梯形图

● **参数说明**

1）CTBL 指令参数介绍：

端口指定：

#0000 ~ #0003 分别为高速计数器输入 0 ~ 3。

控制数据：

#0000：登录目标值一致比较表并开始比较。

#0001：登录区域比较表并开始比较。

#0002：只登录目标值一致比较表。

#0003：只登录区域比较表。

第一个比较表字：比较表低位 CH 编号。

2）INI 指令参数介绍：

端口指定：

#0010 ~ #0013 分别为高速计数器输入 0 ~ 3。

控制数据：

#0000：比较开始。

#0001：比较停止。

#0002：变更当前值。

#0003：停止脉冲输出。

第一个 PV 字：

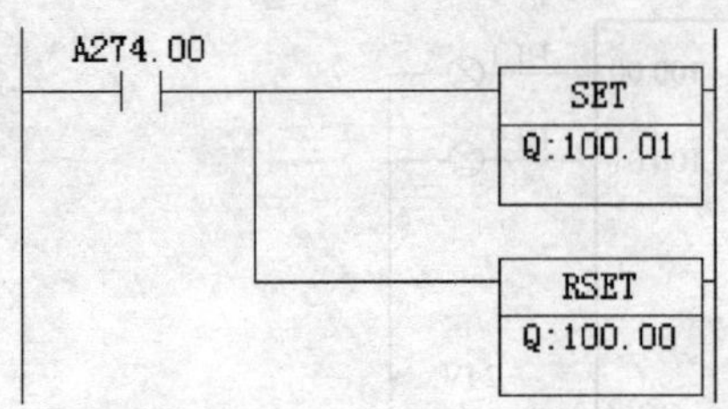

b）中断服务子程序 10

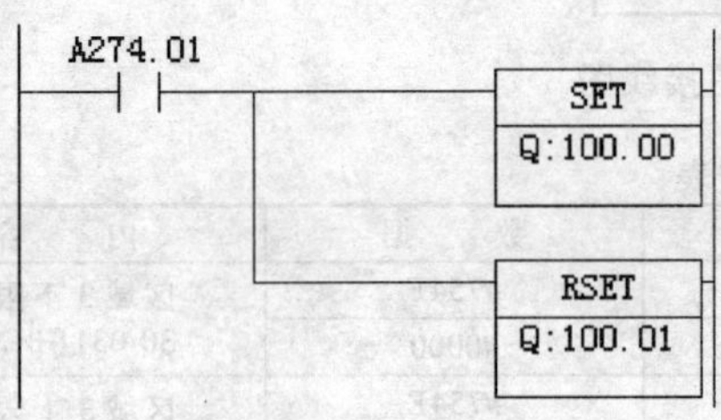

c）中断服务子程序 11

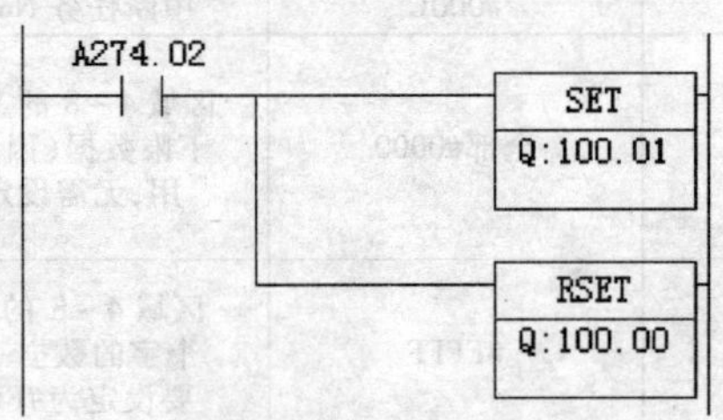

d）中断服务子程序 12

图 8-13 梯形图（续）

变更数据保存低位通道编号，在比较停止时设为 0。

● **梯形图功能说明：**

1）0.03 是端面传感器输入，当有工件时为 ON，无工件时为 OFF。

2）当工件端面未进入传感器检测范围时，0.03 为 OFF，复位标志 A531.00 为 ON。

3）当工件端面进入传感器检测范围时，首先以 Z 相复位 + 软件复位的方式复位计数器 0，使 100.00、100.01 为 OFF；然后登录比较表并开始比较，比较结果由中断服务子程序 10、11、12 处理。

4）区域 1、2、3 比较一致的标志为 A274.00、A274.01、A274.02。比较结果在区域 1、3 时置位 100.01；比较结果在区域 2 时置位 100.00。

5）当工件端面离开传感器检测范围时，由 INI 指令停止比较。

● **调试过程及体会：**

8.3 回忆思考

1. CP1H 高速计数器有几种模式？应怎样设定？
2. 各个高速计数器的计数值分别保存在哪些通道？
3. CP1H 高速计数器输入相关的指令有哪些？各个操作数如何设定？
4. 集电极开路输出的旋转编码器如何与 PLC 接线？

8.4 拓展创新

1. 8.2.1 小节中用加法输入模式控制显示直流电动机的旋转角度，能否控制其旋转的角度？

2. 阅读 PLC 与步进电动机项目，考虑怎样将旋转编码器和步进驱动器及步进电动机配合使用，达到定位控制的要求。

3. 阅读 PLC 与变频器项目，考虑怎样将旋转编码器和变频器及电动机配合使用，达到定位控制的要求。

项目九 PLC与步进电动机

步进电动机是一种将电脉冲转化为角位移的执行机构。当步进驱动器接收到一个脉冲信号，它就驱动步进电动机按设定的方向转动一个固定的角度（步距角），因此，步进电动机的旋转是以固定的角度一步一步运行的。PLC通过输出脉冲的个数来控制角位移量，从而达到准确定位的目的；同时可以通过控制脉冲频率来控制电动机转动的速度和加速度，从而达到调速的目的。通过本项目训练，了解步进电动机的工作原理和控制方法，掌握利用PLC输出脉冲及信号来控制步进电动机的步骤和方法。

9.1 训练准备

9.1.1 器材配置

OMRON PLC（CP1H）一台，计算机一台，步进驱动器一台，步进电动机一台，USB电缆一根，导线若干（小型继电器可选）。

9.1.2 入门引导

1. 步进电动机

常用的步进电动机包括反应式步进电动机（VR）、永磁式步进电动机（PM）、混合式步进电动机（HB）和单相式步进电动机等。

永磁式步进电动机一般为两相，转矩和体积较小，步距角一般为7.5°；反应式步进电动机一般为三相，可实现大转矩输出，步距角一般为1.5°，但噪声和振动都很大，反应式步进电动机的转子磁路由软磁材料制成，定子上有多相励磁绕组，利用磁导的变化产生转矩；混合式步进电动机是指混合了永磁式和反应式的优点，它又分为两相和五相，两相步距角一般为1.8°，而五相步距角一般为0.72°，这种步进电动机的应用最为广泛。步进电动机的基本参数有：

（1）电动机固有步距角　表示控制系统每发一个步进脉冲信号，电动机所转动的角度。电动机出厂时给出了一个步距角的值，这个步距角可以称为“电动机固有步距角”，它不一定是电动机实际工作时的真正步距角，真正的步距角和驱动器有关。

（2）步进电动机的相数　指电动机内部的绕组组数，目前常用的有两相、三相、四相、五相步进电动机。电动机相数不同，其步距角也不同，一般两相电动机的步距角为0.9°/1.8°、三相的为0.75°/1.5°、五相的为0.36°/0.72°。在没有细分驱动器时，用户主要靠选择不同相数的步进电动机来满足对步距角的要求。如果使用细分驱动器，则“相数”将变得没有意义，用户只需在驱动器上改变细分数，就可以改变步距角。

（3）保持转矩　指步进电动机通电但没有转动时，定子锁住转子的力矩。它是步进电动机最重要的参数之一，通常步进电动机在低速时的转矩接近保持转矩。由于步进电动机的输出转矩随速度的增大而不断衰减，输出功率也随速度的增大而变化，所以保持转矩就成为了衡量步进电动机最重要的参数之一。

其他还有：步距准确度、矩角特性、静态温升、动态温升、转矩特性、起动矩频特性、运行矩频特性/惯频特性、升降频时间等，因篇幅有限，不再详述，读者可参考相关资料。

2. 步进驱动器

步进电动机不能直接接到工频交流或直流电源上工作，必须使用专用的步进驱动器。它由环形脉冲发生控制单元、功率驱动单元、反馈与保护单元等组成，驱动单元与步进电动机直接耦合。它主要完成以下几个工作：

(1) 控制换相顺序　如三相步进电动机的三相六拍相序，正转时为 A→AB→B→BC→C→CA→A ……

(2) 控制步进电动机的转向　如给定正序换相通电，电动机正转；给定反序换相通电，电动机则反转。

(3) 控制步进电动机的速度　调整脉冲发生控制单元发出的脉冲频率，可使步进电动机的转速随之变化。

(4) 脱机功能　输入脱机信号时，驱动器将切断电动机各相绕组电流使电动机轴处于自由状态，此时步进脉冲将不能被响应。此状态可有效降低驱动器和电动机的功耗和温升。脱机控制信号撤销后驱动器自动恢复到脱机前的相序并恢复电动机电流。当不需用此功能时，脱机端可悬空。

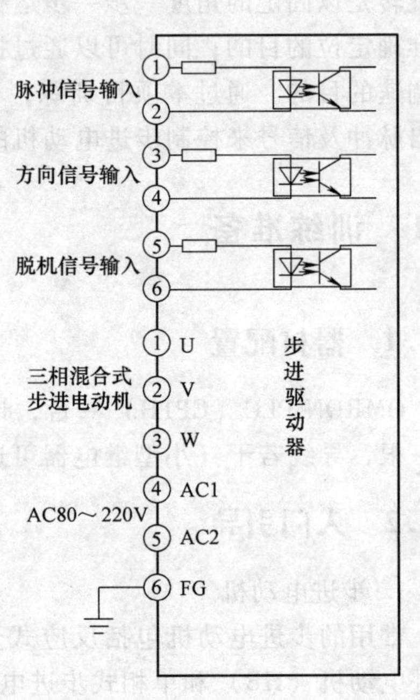

图 9-1　步进驱动器典型接线图

(5) 单/双脉冲选择　通过驱动器选择开关可选择单脉冲（脉冲+方向）模式或双脉冲（CW/CCW）模式。单脉冲模式下步进脉冲由脉冲端口接入，由方向端口的电平高低决定电动机的运转方向；双脉冲模式下，驱动器从脉冲端口接收正转脉冲，从方向端口接收反转脉冲。无论是单脉冲还是双脉冲都请注意实际接线的有效电平。

步进驱动器的典型接线如图 9-1 所示。

9.2 操作训练

9.2.1 外围接线

步进驱动器的控制信号由 PLC 提供，CP1H 脉冲输出的分配端子见表 9-1。

从表中看出，为适应单脉冲（脉冲+方向）模式和双脉冲（CW/CCW）模式两种不同的控制模式，CP1H 提供了从脉冲输出 0 到脉冲输出 3，共 4 组不同模式的输出。如对于脉冲输出 0，在单脉冲模式时，100.00 输出脉冲信号，100.02 输出方向信号；在双脉冲模式时，100.00 输出 CW 信号，100.01 输出 CCW 信号。

表 9-1　CP1H 脉冲输出的分配端子

输出端子	通用输出	脉冲输出(脉冲 + 方向)	脉冲输出(CW/CCW)
100.00	通用输出 0	脉冲输出 0(脉冲)	脉冲输出 0(CW)
100.01	通用输出 1	脉冲输出 1(脉冲)	脉冲输出 0(CCW)
100.02	通用输出 2	脉冲输出 0(方向)	脉冲输出 1(CW)
100.03	通用输出 3	脉冲输出 1(方向)	脉冲输出 1(CCW)
100.04	通用输出 4	脉冲输出 2(脉冲)	脉冲输出 2(CW)
100.05	通用输出 5	脉冲输出 2(方向)	脉冲输出 2(CCW)
100.06	通用输出 6	脉冲输出 3(脉冲)	脉冲输出 3(CW)
100.07	通用输出 7	脉冲输出 3(方向)	脉冲输出 3(CCW)

SH-30806N 型步进驱动器和 CP1H 型 PLC 的接线如图 9-2 所示。图中 PLC 从 100.00 和 100.02 输出的是单脉冲（脉冲 + 方向）模式信号，如需输出双脉冲（CW/CCW）模式信号，应将图中的 100.02 改为 100.01。SB1 ~ SB6 分别赋予不同的功能，将在后面详细说明。

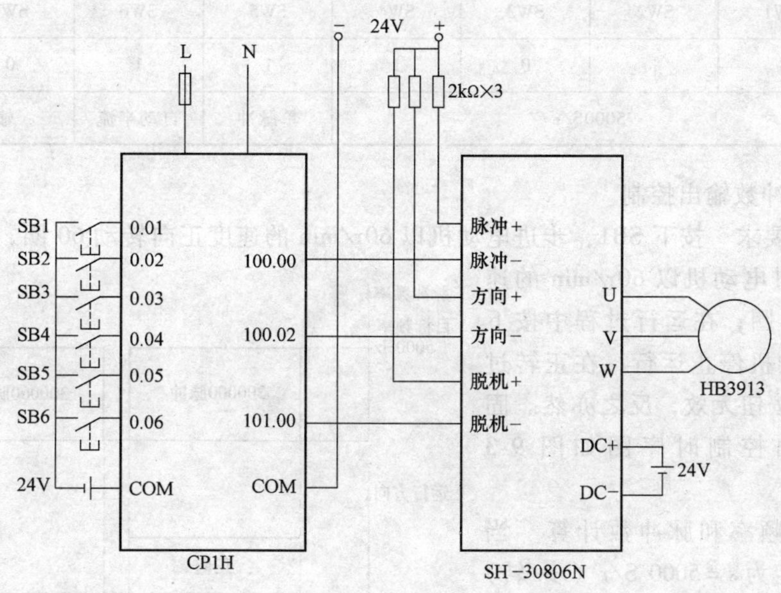

图 9-2　CP1H 与 SH-30806N 接线图

9.2.2 “方向 + 脉冲”控制方式

1. 驱动器设定

(1) 细分选择　将“电动机固有步距角”细分成若干小步的驱动方法，称为细分驱动，细分是通过驱动器精确控制步进电动机的相电流实现的，与电动机本身无关。用户可通过驱动器侧板上的第1、2、3、4四位拨码开关选择共16种细分模式（详见驱动器说明书），用电动机每转的步数来标志，本项目设定为5000S/r（步/转），即电动机转动一圈需要5000S（即5000个脉冲）。**注意：**细分模式更改后，驱动器须重新上电才能生效。

（2）单/双脉冲选择 用户可以通过驱动器侧板上的第5位拨码开关选择单脉冲模式（第五位为"ON"）或双脉冲模式（第五位为"OFF"）。本项目设定为单脉冲模式，即第五位为"ON"。**注意：**单/双脉冲模式更改之后，驱动器必须重新上电才能生效。

（3）自动半电流选择 用户可以通过驱动器侧板上的第6位拨码开关选择是否开放自动半电流功能。当第6位拨码开关设定为"ON"时，驱动器若连续150ms没有接到新的脉冲则自动进入半电流状态，相电流降低为标准值的50%，达到降低功耗的目的。在重新收到脉冲后驱动器自动退出半电流状态。**注意：**自动半电流选择更改之后，驱动器必须重新上电才能生效。

（4）输出电流选择 SH-30806N型步进驱动器采用双极恒流方式，最大输出电流值为6A/相（峰值），用户可以通过驱动器侧板上的第7、8位拨码开关选择4种电流值，从4.5A到6A（详见驱动器说明书）。**注意：**输出电流选择更改不需要驱动器重新上电，即可生效。

（5）步进驱动器参数设定 SH-30806N型步进驱动器参数设定见表9-2。

表9-2 SH-30806N型步进驱动器参数设定

拨码开关	SW1	SW2	SW3	SW4	SW5	SW6	SW7	SW8
设定	1	1	0	1	1	1	0	0
功能	5000S/r				单脉冲	自动半流	输出电流:6A	

2. 固定脉冲数输出控制

（1）控制要求 按下SB1，步进电动机以60r/min的速度正向转动60圈，正转结束后，按下SB2，步进电动机以60r/min的速度反向转动60圈；在运行过程中按下SB3，步进电动机停止运行；在正转过程中按下反转按钮无效，反之亦然。固定脉冲数输出控制时序图如图9-3所示。

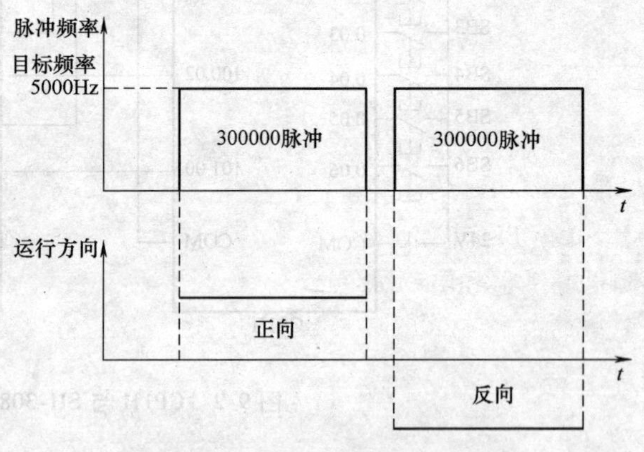

图9-3 固定脉冲数输出时序图

（2）脉冲频率和脉冲数计算 当驱动器细分设定为$s=5000$ S/r（步/转）时，如果转速n是60r/min（转/分），则要求脉冲频率为：$f=n/60\times s=60/60\times 5000\text{Hz}=5000\text{Hz}$。步进电动机转动圈数$N=60$，则所需脉冲数$S$为：$S=s\times N=5000\times 60=300000$。后面内容为叙述方便，控制要求按照PLC输出多少频率、多少脉冲数来叙述。

（3）控制程序 固定脉冲数输出控制程序如图9-4所示。

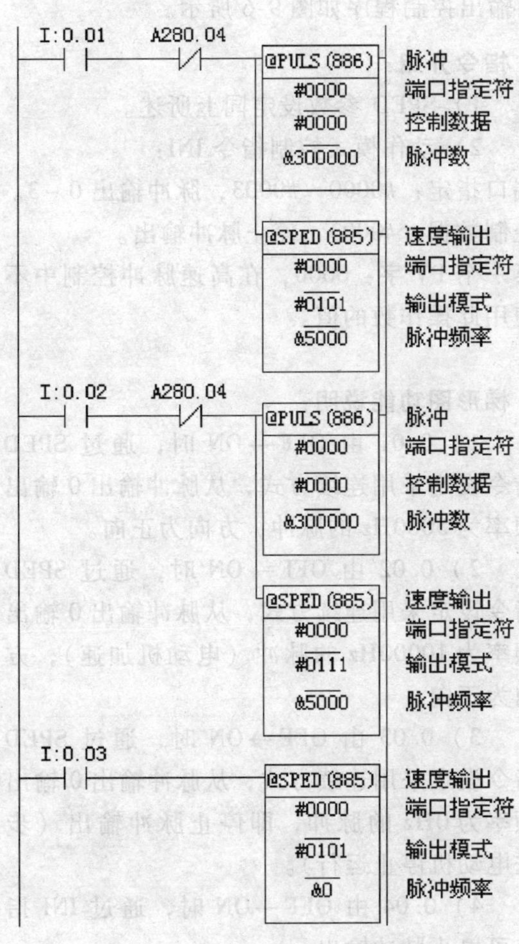

图 9-4 固定脉冲数输出控制程序

- **指令介绍：**

频率设定指令 SPED：

端口指定：#0000～#0003，脉冲输出 0～3。

输出模式：#0100，脉冲输出、正向、连续。

#0101，脉冲输出、正向、独立。

#0110，脉冲输出、反向、连续。

#0111，脉冲输出、反向、独立。

脉冲频率：脉冲频率占两个通道，此处指定。低位通道号：0～100000（Hz）。

- **梯形图功能说明：**

1）0.01 由 OFF→ON 时，通过 PLUS 指令由相对脉冲指定将脉冲输出 0 的脉冲输出量设定为 300000，通过 SPED 指令设定为脉冲方式、正向、独立模式、目标频率 5000Hz。

2）0.02 由 OFF→ON 时，通过 PLUS 指令由相对脉冲指定将脉冲输出 0 的脉冲输出量设定为 300000，通过 SPED 指令设定为脉冲方式、反向、独立模式、目标频率 5000Hz。

3）0.03 由 OFF→ON 时，通过 SPED 指令设定为脉冲方式、正向、独立模式、目标频率 0Hz（步进电动机停止运行）。

4）A280.4：高速脉冲输出 0 的脉冲输出中标志位，在正向运行过程中使反转控制无效，反之亦然。

- **调试过程及体会：**

3. 频率变化控制（连续模式）

（1）控制要求　按下 SB1，PLC 连续输出频率为 5000Hz 的脉冲；按下 SB2。PLC 连续输出频率为 10000Hz 的脉冲；在任意时刻按下 SB3 或者 SB4，PLC 立即停止脉冲输出；在任意时刻按下 SB5，PLC 输出脱机信号，步进电动机轴处于自由状态，不再响应步进脉冲。此状态可有效降低驱动器和电动机的功耗和温升。脱机控制信号撤销后驱动器自动恢复到脱机前的相序并恢复电动机电流，当不需用此功能时，脱机端可悬空。按下 SB6，PLC 不再输出脱机信号，电动机按照控制要求运行。频率变化控制（连续模式）输出控制时序图如图 9-5 所示。

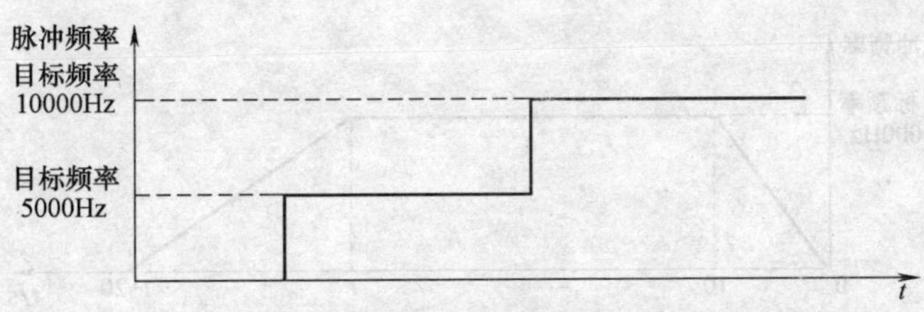

图 9-5 频率变化控制（连续模式）输出控制时序图

（2）控制程序 频率变化控制（连续模式）输出控制程序如图 9-6 所示。

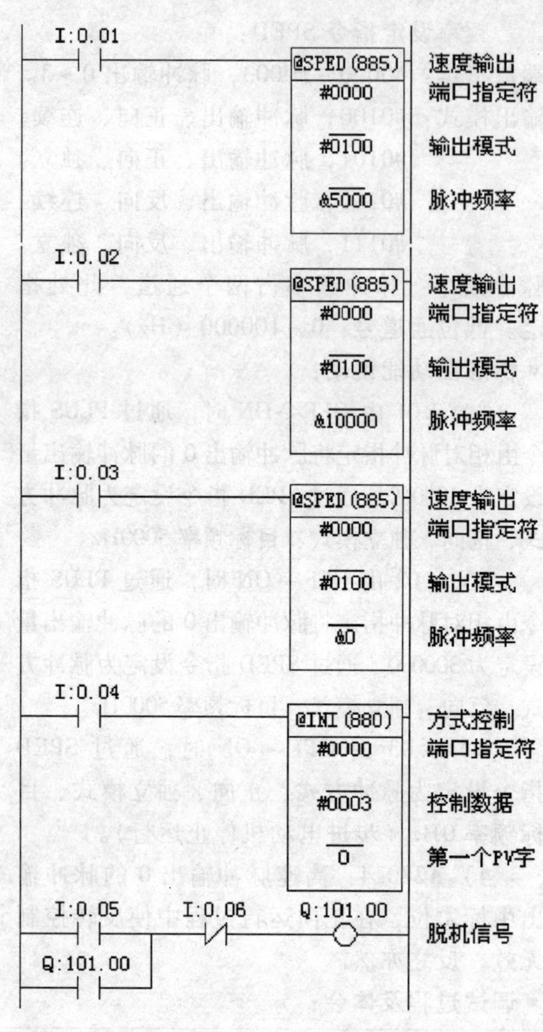

图 9-6 频率变化控制（连续模式）输出控制程序

● **指令介绍：**

1）SPED 参数设定同上所述。

2）动作模式控制指令 INI：

端口指定：#0000 ~ #0003，脉冲输出 0 ~ 3。

控制数据：#0003，停止脉冲输出。

第一个 PV 字：0000，在高速脉冲控制中不使用此操作数的值。

● **梯形图功能说明：**

1）0.01 由 OFF→ON 时，通过 SPED 指令设定采用连续方式，从脉冲输出 0 输出频率为 5000Hz 的脉冲，方向为正向。

2）0.02 由 OFF→ON 时，通过 SPED 指令设定采用连续方式，从脉冲输出 0 输出频率为 10000Hz 的脉冲（电动机加速），方向为正向。

3）0.03 由 OFF→ON 时，通过 SPED 指令设定采用连续方式，从脉冲输出 0 输出频率为 0Hz 的脉冲，即停止脉冲输出（步进电动机停止运行）。

4）0.04 由 OFF→ON 时，通过 INI 指令可停止脉冲输出。

5）在本例中，采用 SPED 和 INI 指令均可停止脉冲输出。

6）101.00 输出脱机信号。

● **调试过程及体会：**

4. 频率变化控制（加减速）

（1）控制要求 按下 SB1，PLC 连续输出脉冲，脉冲频率在 10s 内由 0 匀速增加至 5000Hz；按下 SB2，PLC 连续输出脉冲，脉冲频率在 20s 内由 5000Hz 匀速减小至 0，步进电动机停止运行。在频率上升的过程中，可以按下停止按钮；在频率下降的过程中，也可以按下起动按钮。频率变化控制（加减速）时序图如图 9-7 所示。

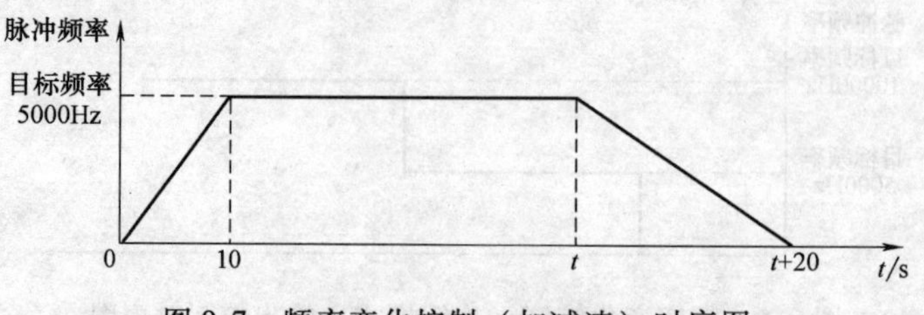

图 9-7 频率变化控制（加减速）时序图

(2) 控制程序 频率变化控制（加减速）输出控制程序如图9-8所示。

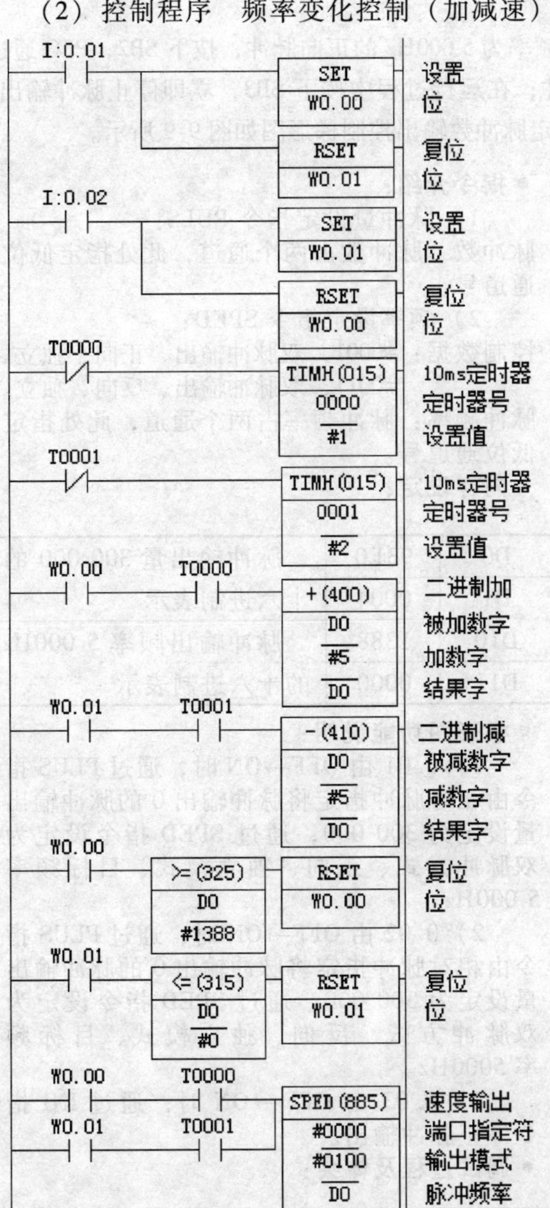

图9-8 频率变化控制（加减速）输出控制程序

• **梯形图功能说明：**

1）0.01由OFF→ON时，D0通道内数据在10s内由0匀速增加至5000Hz。

2）0.02由OFF→ON时，D0通道内数据在20s内由5000Hz匀速减小至0。

3）起动、停止的逻辑控制、加减运算及D0通道内数据变化过程请参考项目七“模拟量控制训练”。

4）由D0来确定脉冲输出0输出的脉冲频率，在每次加减运算后更新。

• **调试过程及体会：**

9.2.3 双脉冲模式控制

1. 驱动器设定

SH-30806N型步进驱动器参数设定见表9-3。

表9-3 SH-30806N型步进驱动器参数设定

拨码开关	SW1	SW2	SW3	SW4	SW5	SW6	SW7	SW8
设定	1	1	0	1	0	1	0	0
功能	5000细分				双脉冲	自动半电流	输出电流:6A	

2. 固定脉冲数输出控制

按下 SB1，PLC 通过 100.00 输出 300 000 个频率为 5 000Hz 的正向脉冲；按下 SB2，PLC 通过 100.01 输出 300 000 个频率为 5 000Hz 的反向脉冲；在运行过程中按下 SB3，立即停止脉冲输出；在正转过程中按下反转按钮无效，反之亦然。固定脉冲数输出控制梯形图如图 9-9 所示。

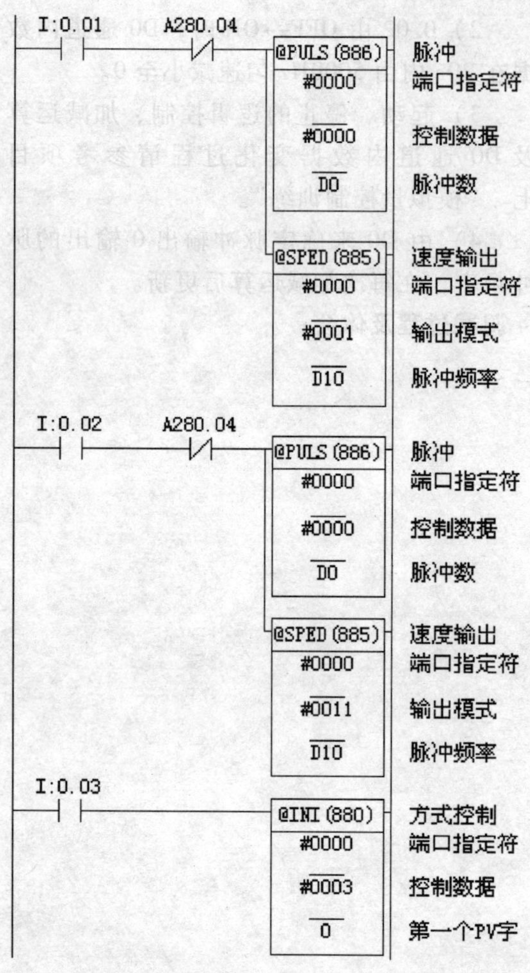

图 9-9 固定脉冲数输出（双脉冲）控制梯形图

- **指令介绍：**

1）脉冲量设定指令 PULS：

脉冲数：脉冲数占两个通道，此处指定低位通道号。

2）频率设定指令 SPED：

控制数据：#0001，双脉冲输出、正向、独立。
#0011，双脉冲输出、反向、独立。

脉冲频率：脉冲频率占两个通道，此处指定低位通道号。

- **内存设定：**

D0	93E0	脉冲输出量 300 000 的十六进制表示
D1	0004	
D10	1388	脉冲输出频率 5 000Hz 的十六进制表示
D11	0000	

- **梯形图功能说明：**

1）0.01 由 OFF→ON 时，通过 PLUS 指令由相对脉冲指定将脉冲输出 0 的脉冲输出量设定为 300 000，通过 SPED 指令设定为双脉冲方式、正向、独立模式、目标频率 5 000Hz。

2）0.02 由 OFF→ON 时，通过 PLUS 指令由相对脉冲指定将脉冲输出 0 的脉冲输出量设定为 300 000，通过 SPED 指令设定为双脉冲方式、反向、独立模式、目标频率 5000Hz。

3）0.03 由 OFF→ON 时，通过 INI 指令停止脉冲输出。

- **调试过程及体会：**

9.2.4 带加、减速过程的定位控制

1. 控制要求

按下 SB1，PLC 通过 100.00 输出正向脉冲，起动频率为 200Hz，然后脉冲频率以 100Hz/4ms 的加速比率（指令规定每个脉冲控制周期为 4ms）加速到目标频率 100kHz；然后匀速运行，并根据总脉冲数，在 500 000 个脉冲未到时，提前自行从减速点以 100Hz/4ms 的减速比率，减速到起动频率 200Hz，停止脉冲输出，此时应正好输出 500 000 个脉冲。按下 SB2，PLC 通过 100.01 输出反向脉冲，电动机反转，其他表现同输出正向脉冲；在运行过程中按下 SB3，则立即停止脉冲输出。在正转过程中按下反转按钮无效，反之亦然。带加、减速过程的定位控制时序图如图 9-10 所示。

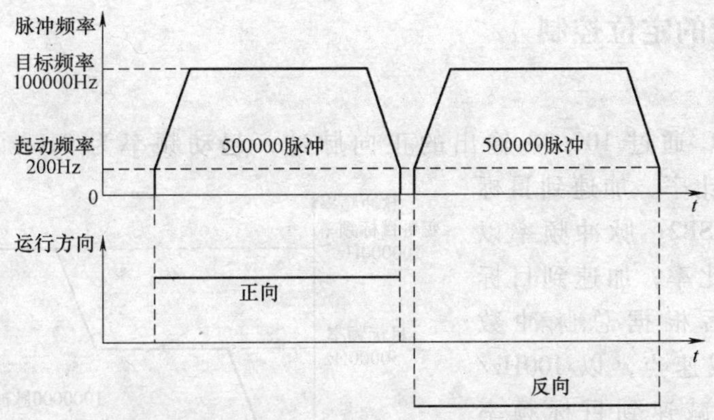

图 9-10 带加减速过程的定位控制时序图

这是典型的定位控制，最简单有效的方法是采用 PLS2 指令。输出模式可采用脉冲 + 方向模式或双脉冲模式，本例采用双脉冲模式。

2. 控制程序

带加减速过程的定位控制程序和内存设定如图 9-11 所示。

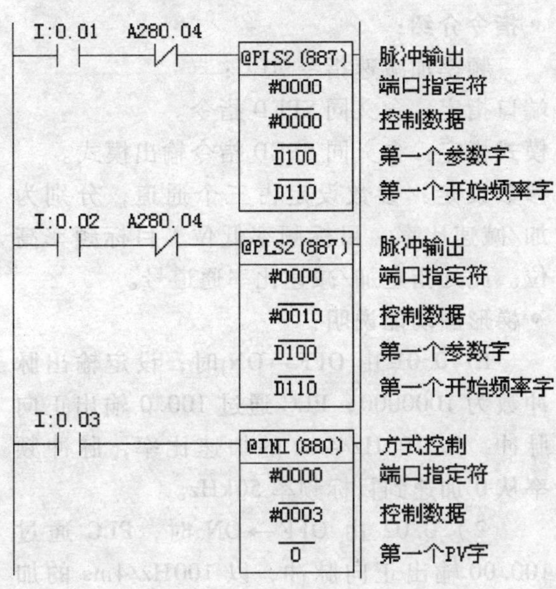

内存设定

D100	0064	加速比率： 100Hz/4ms
D101	0064	减速比率： 100Hz/4ms
D102	86A0	目标频率： 100kHz
D103	0001	
D104	A120	脉冲输出量： 500000
D105	0007	
D110	00C8	起动频率： 200Hz
D111	0000	

图 9-11 带加减速的定位控制程序和内存设定

● 指令介绍：

定位指令 PLS2：

端口指定：含义同 SPED 指令。

控制数据：含义同 SPED 指令的模式指定。

参数设定：参数设定占六个通道，分别为加速比率、减速比率、目标频率低位、目标频率高位、脉冲量低位与脉冲量高位。此处指定加速比率通道号。

起始频率：起始频率占两个通道，此处指定低位通道号。

● 梯形图功能说明：

1）0.01 由 OFF→ON 时，PLC 通过 100.00 输出 500000 个正向脉冲，起动频率为 200Hz，然后脉冲频率以 100Hz/4ms 的加速比率，加速到目标频率 100kHz；之后从减速点，以 100Hz/4ms 的减速比率，减速到起动频率 200Hz，停止脉冲输出。

2）0.02 由 OFF→ON 时，PLC 通过 100.01 输出 500000 个正向脉冲，起动频率为 200Hz，然后脉冲频率以 100Hz/4ms 的加速比率，加速到目标频率 100kHz；之后从减速点，以 100Hz/4ms 的减速比率，减速到目标频率起动频率 200Hz，停止脉冲输出（即步进电动机按照原正转过程反向运行）。

3）0.03 由 OFF→ON 时，通过 INI 指令停止脉冲输出。

● 调试过程及体会：

9.2.5 可变速度的定位控制

1. 控制要求

按下 SB1，PLC 通过 100.00 输出的正向脉冲，起动频率为 0Hz，然后脉冲频率以 100Hz/4ms 的加速比率，加速到目标频率 50kHz；按下 SB2，脉冲频率以 100Hz/4ms 的加速比率，加速到目标频率 100kHz；然后根据总脉冲数 1000000，自行从减速点，以 100Hz/4ms 的减速比率，减速到目标频率 0Hz，停止脉冲输出；在运行过程中按下 SB3，立即停止脉冲输出。可变速度的定位控制时序图如图 9-12 所示。

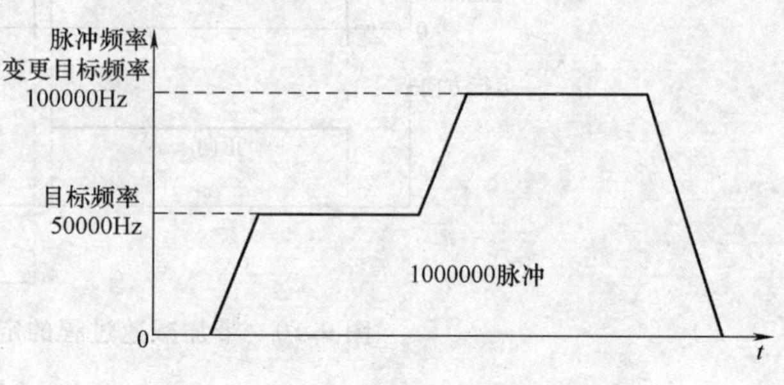

图 9-12 可变速度的定位控制时序图

2. 控制程序

可变速度的定位控制程序及内存设定如图 9-13 所示。

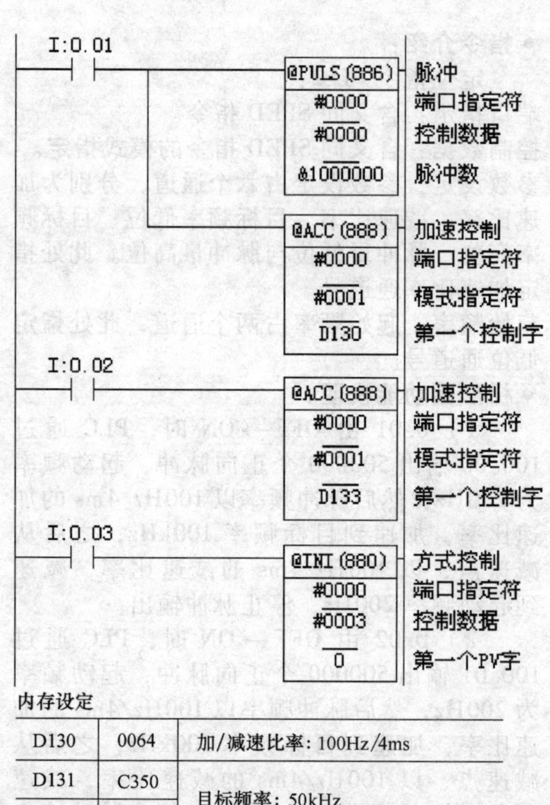

内存设定

D130	0064	加/减速比率：100Hz/4ms
D131	C350	目标频率：50kHz
D132	0000	
D133	0064	加/减速比率：100Hz/4ms
D134	86A0	目标频率：100kHz
D135	0001	

图 9-13 可变速度的定位控制程序及内存设定

- **指令介绍：**

频率加减速指令 ACC：

端口指定：含义同 SPED 指令。

模式指定：含义同 SPED 指令输出模式。

参数设定：参数设定占三个通道，分别为加/减速比率、目标频率低位、目标频率高位。此处指定加/减速比率通道号。

- **梯形图功能说明：**

1）0.01 由 OFF→ON 时，设定输出脉冲数为 1000000；PLC 通过 100.0 输出正向脉冲，以 100Hz/4ms 的加速比率，脉冲频率从 0 加速到目标频率 50kHz。

2）0.02 由 OFF→ON 时，PLC 通过 100.00 输出正向脉冲，以 100Hz/4ms 的加速比率，脉冲频率从 50kHz 加速到目标频率 100kHz；之后从减速点，以 100Hz/4ms 的减速比率，频率减小到 0，停止脉冲输出。

3）0.03 由 OFF→ON 时，通过 INI 指令停止脉冲输出。

- **调试过程及体会：**

9.3　回忆思考

1. 在驱动器细分设定时，怎样计算 PLC 的脉冲输出频率和脉冲个数？
2. CP1H 高速脉冲输出有几种模式？应怎样设定？
3. CP1H 怎样输出固定脉冲数的高速脉冲？
4. CP1H 高速脉冲输出的指令有哪些？各个操作数如何设定？
5. 步进驱动器哪些设定需要重新上电、哪些不需要？

9.4　拓展创新

使用 ACC 指令实现图 9-8 频率变化控制（加减速）的控制要求。

项目十　PLC 与变频器

变频器是一种常用的交流调速设备，具有较好的调速特性。本项目以 3G3MV 型变频器为例，训练 PLC 对变频器输出频率的控制方法。变频器对输出频率的控制方式有面板控制、多功能端子控制和通信控制三种方式，本项目主要练习利用多功能端子控制变频器输出频率的方式，其中包括多段速控制、模拟量控制和脉冲序列控制等。通过 PLC 与变频器单元的项目训练，掌握 PLC 与变频器单元的连接，熟悉 PLC 通过变频器对电动机旋转方向和转速的控制方法，学会变频器参数的基本设置，能编写和速度控制有关的简单程序。在训练中须注意安全。

10.1　训练准备

10.1.1　器材配置

OMRON PLC（CP1H）一台（需有模拟量输出和脉冲输出的功能），计算机一台，变频器一台（本项目为 3G3MV 型变频器），交流异步电动机一台，小型继电器、导线若干。

10.1.2　入门引导

1. 变频器的工作原理

交流电动机的同步转速表达式为

$$n = 60f(1-s)/p$$

式中，n 为异步电动机的转速；f 为异步电动机的频率；s 为电动机转差率；p 为电动机极对数。从公式中看出，转速 n 与频率 f 成正比，只要改变频率 f 即可改变电动机的转速，当频率 f 在 0～50Hz 的范围内变化时，电动机转速调节范围非常宽。变频器就是通过改变电动机电源频率实现速度调节的，是一种理想的高效率、高性能的调速设备。

2. 变频器对电动机的控制方式

变频器对电动机进行控制是根据电动机的特性参数及电动机的运转要求，对供给电动机的电压、电流、频率进行控制，以达到负载转速和转矩的要求。低压通用变频器输出电压为 380～650V，输出功率为 0.75～400kW，工作频率为 0～400Hz，它的主电路都采用交—直—交电路。常用的控制方有 $U/f=C$ 的正弦脉宽调制（SPWM）控制方式和矢量控制（VC）方式等几种。

正弦脉宽调制控制方式的特点是控制电路结构简单、成本较低，机械特性硬度也较好，能够满足一般传动的平滑调速要求，已在各个领域得到广泛应用。但在低频时，由于输出电压较低，转矩受定子电阻压降的影响比较显著，使输出最大转矩减小。另外，其机械特性终究没有直流电动机硬，动态转矩能力和静态调速性能也还不尽如人意。

矢量控制方式的做法是将异步电动机在三相坐标系下的定子电流 I_a、I_b、I_c 通过三相-二相变换，等效成两相静止坐标系下的交流电流 $I_{a1}I_{b1}$，再通过按转子磁场定向旋转变换，等效成同步旋转坐标系下的直流电流 I_{m1}、I_{t1}（I_{m1} 相当于直流电动机的励磁电流；I_{t1} 相当于与转矩成正比的电枢电流），然后模仿直流电动机的控制方法，求得直流电动机的控制量，经过相应的坐标反变换，实现对异步电动机的控制。矢量控制的实质是将交流电动机等效为直流电动机，分别对速度、磁场两个分量进行独立控制。然而在实际应用中，由于转子磁链难以准确观测，系统特性受电动机参数的影响较大，且在等效直流电动机控制过程中所用矢量旋转变换较复杂，使得实际的控制效果难以达到理想分析的结果。

3. 变频器的外形

3G3MV 型变频器外形及各部分名称与功能如图 10-1、图 10-2 所示。接线时应**注意：R、S、T 为输入，U、V、W 为输出，控制回路接线要与主回路接线及其他的动力线、电力线分离。多功能端子为无源端子，不要接入电源。**

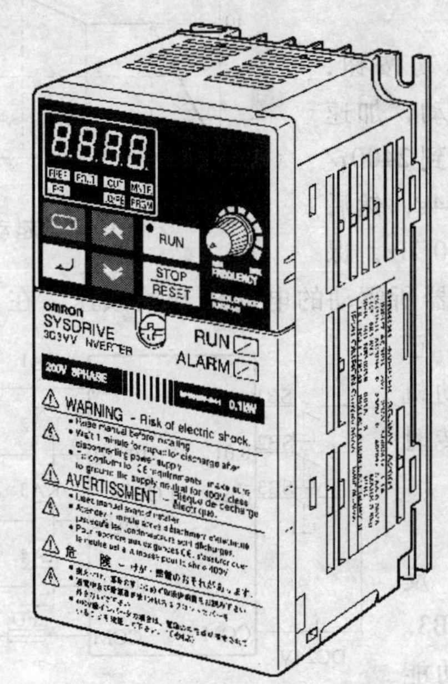

图 10-1 外形结构图

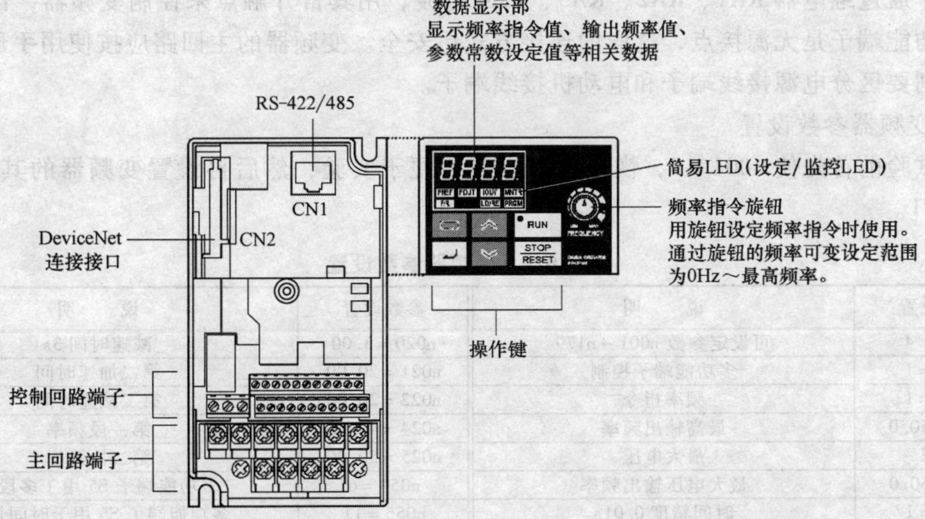

图 10-2 各部分的名称与功能

10.2 操作训练

10.2.1 多段速控制

这种控制方法简单可靠，但不够灵活，输出的最高频率、加减速时间都要通过面板上操作键来完成。即使利用多功能端子能实现多段速控制，改变输出频率，也不能实时灵活地改变加减速时间。

1. 控制要求

如图 10-3 所示，按下起动按钮，变频器所驱动的电动机开始转动，加速时间为 4s，同步转速从 0 上升到 2400r/min（转/分），即 40Hz，保持 4s，然后再在 4s 内使输出频率上升到 50 Hz，保持运行；按下停止按钮，变频器所驱动的电动机开始减速，在 1.5s 内频率降低到 25Hz，然后在 10s 内频率降到 0，停止。正转时必须按停止按钮，待电动机停止后，才能反转起动，反转时正转的起动也同样。

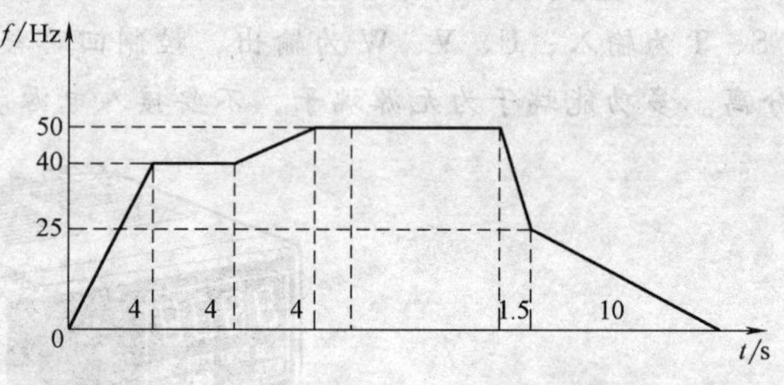

图 10-3 起动、停止控制示意图

2. 外围接线

设置正转起动按钮 SB1、反转起动按钮 SB2 和停止按钮 SB3。PLC 的 I/O 端和变频器的多功能端接线如图 10-4 所示。PLC 输出点的动作通过继电器 KA1、KA2、KA3、KA4 过渡，用其常开触点来控制变频器，因为变频器的多功能端子是无源接点，这样的连接方式更安全。变频器的主回路应按使用手册要求连接，特别要区分电源接线端子和电动机接线端子。

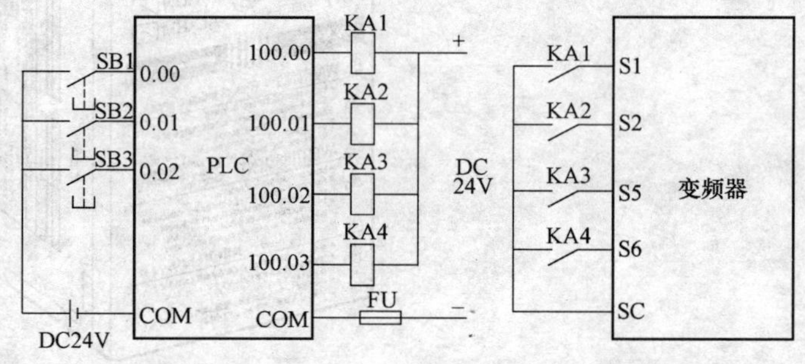

图 10-4 PLC 的 I/O 端和变频器的多功能端接线图

3. 变频器参数设置

在试验前首先使 n001 = 8，恢复出厂设置，便于实验，然后再设置变频器的其他参数，见表 10-1。

表 10-1 变频器参数设置

参数设置	说明	参数设置	说明
n001 = 4	可设定参数 n001 ~ n179	n020 = 3.00	减速时间 3s
n003 = 1	多功能端子控制	n021 = 20.00	第二加速时间
n004 = 1	频率指令	n022 = 20.00	第二减速时间
n011 = 50.0	最高输出频率	n024 = 40.00	第一段频率
n012	最大电压	n025 = 50.00	第二段频率
n013 = 50.0	最大电压输出频率	n054 = 6	多功能端子 S5 用于多段速
n018 = 1	时间精度 0.01s	n055 = 11	多功能端子 S6 用于时间切换
n019 = 5.00	加速时间 5s		

说明： 加速时间（n019 = 5.00）5s是从0Hz升到最高输出频率（n011 = 50.0Hz）的时间，那么，从0上升到40Hz的时间恰好是4s；减速时间（n020 = 3.00）3s是从最高输出频率降到0的时间。最大电压（n012）和所选电动机额定电压一致。

4. 程序编写

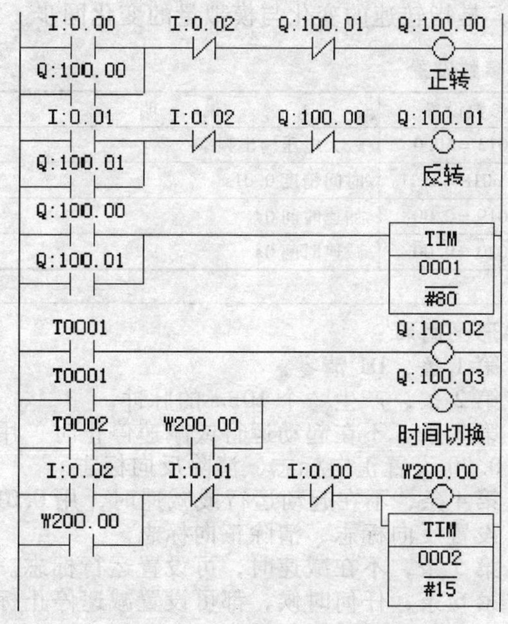

梯形图解释：

- 第一条、第二条分别用于正、反转控制。
- 第三条用于延时时间，上升时间和保持时间共8s。
- 第四条用于切换第二段频率。
- 第五条用于时间切换，T1时间到切换到第二加速时间，T2时间到切换到第二减速时间。
- 第六条用于停止控制。

调试过程及体会：

10.2.2 模拟量控制

用模拟量来控制，能灵活地改变变频器的输出频率和加减速时间，但模拟量易受外界干扰，输出频率控制精度欠佳。

1. 控制要求

控制要求与图10-3一致，所不同的是输出频率和加减速时间都通过数据运算来实现，最后将数据运算结果转换成模拟量输出，来控制变频器的输出频率。

2. 外围接线

PLC的I/O端和变频器的多功能端接线如图10-5所示。其中SB1、SB2、SB3仍为正转起动按钮、反转起动按钮和停止按钮。

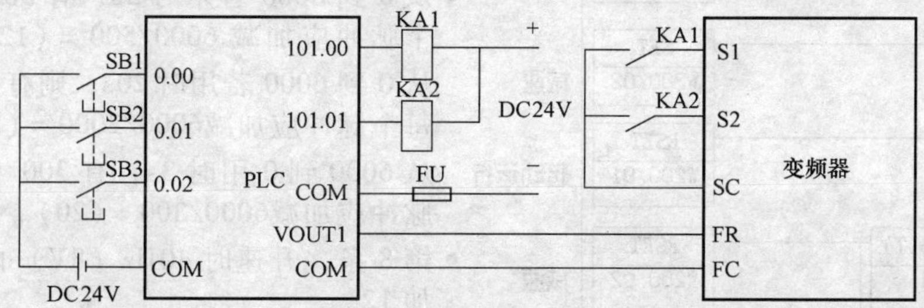

图10-5 模拟量控制接线图

在图10-5中，用101.00和101.01的输出，通过继电器触点，来控制正、反转。不同的是用模拟量输出端子VOUT1接到“主速度频率指令”FR端，模拟量输出的公共端COM

接到“频率指令共用”FC 端，用模拟量的大小来控制转速的快慢，用模拟量的变化率来控制加减速时间。

3. 变频器参数设置

变频器的参数设置见表 10-2，除表中参数外，均按出厂设置。其中最大电压（n012）和所选电动机额定电压一致；加减速时间设为 0s，是指转速的变化与模拟量的变化同步。

表 10-2 变频器参数设置

参数设置	说明	参数设置	说明
n003 = 1	多功能端子控制	n013 = 50.0	最大电压输出频率
n004 = 2	0 ~ 10V 电压控制	n018 = 1	时间精度 0.01s
n011 = 50.0	最高输出频率	n019 = 0.00	加速时间 0s
n012	最大电压	n020 = 0.00	减速时间 0s

4. 程序编写

```
P_First...
--| |--------------------------------[MOV(021) #0 D1]

T0000
--|/|--------------------------------[TIMH(015) 0000 #1]

I:0.00    W200.01      W200.02
--| |------|/|----------|/|---------+--[SET Q:101.00]   正向
          起动运行      减速        +--[RSET Q:101.01]  反向

I:0.01    W200.01      W200.02
--| |------|/|----------|/|---------+--[SET Q:101.01]   反向
          起动运行      减速        +--[RSET Q:101.00]  正向

I:0.00    W200.02
--| |--+---|/|----------------------[SET W200.01]      起动运行
I:0.01 |   减速
--| |--+

I:0.02
--| |--+----------------------------[SET W200.02]      减速
       +----------------------------[RSET W200.01]     起动运行

W200.02
--| |------[<=S(317) D1 #0]--------+--[RSET W200.02]   减速
                                   +--[MOV(021) #0 D1]
```

梯形图解释：

- 第 1 条，D1 清零。
- 第 2 条，产生一个 10ms 的脉冲。
- 第 3 条，不在起动运行或减速停止时，用 0.00 设置正向标志，清除反向标志。
- 第 4 条，不在起动运行或减速时，用 0.01 设置反向标志，清除正向标志。
- 第 5 条，不在减速时，可设置运行标志。
- 第 6 条，任何时候，都可设置减速停止标志，复位起动运行标志。
- 第 7 条，减速标志由 D1 <0 的条件复位。
- 因最高输出频率为 50Hz，模拟量分辨率设置为 1/6000，输出范围为 0 ~ 10V。因此，频率、模拟量和数字量之间的关系见表 10-3。

表 10-3 频率、模拟量和数字量的关系

频率	模拟量	数字量$_{10}$	数字量$_{16}$
50Hz	10V	$(6000)_{10}$	$(1770)_{16}$
40Hz	8V	$(4800)_{10}$	$(12C0)_{16}$
25Hz	5V	$(3000)_{10}$	$(BB8)_{16}$

- 从 0 到 6000 若用时 5s，有 500 个脉冲，每个脉冲应加减 $6000/500 = (12)_{10} = (C)_{16}$；从 0 到 6000 若用时 20s，则有 2000 个脉冲，每个脉冲应加减 $6000/2000 = (3)_{10} = (3)_{16}$；从 6000 到 0 用时 3s，有 300 个脉冲，每个脉冲应加减 $6000/300 = (20)_{10} = (14)_{16}$。
- 第 8 条，升速时 40Hz（8V）内，每个脉冲加 12。
- 第 9 条，在 40Hz（8V）时，延时 4s。
- 第 10 条，时间到，在 50Hz 内，每个脉冲加 3。

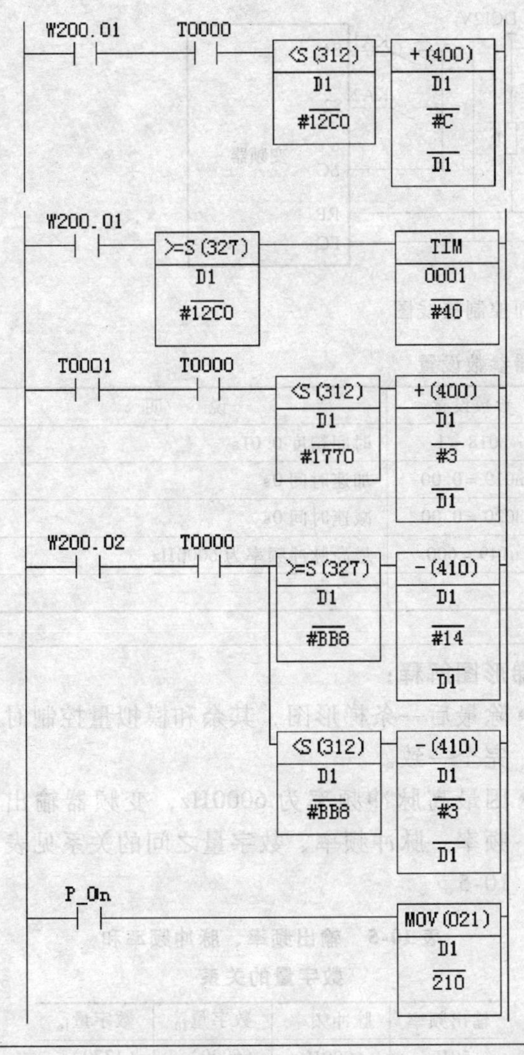

- 第11条，减速时，大于等于25Hz时，每个脉冲减20；小于25Hz时，每个脉冲减3。
- 第12条，模拟量输出。
- 由此推导，被加减数值增大，加减速时间减小；被加减数值减小，加减速时间增加。而如需改变输出频率，只要改变D1中的数据，数据增大，输出频率增加，使加减速时间和输出频率控制非常方便。

调试过程及体会：

10.2.3 脉冲序列控制

1. 控制要求

控制要求与图10-3一致，所不同的是输出频率和加减速时间都通过数据运算来实现，最后将数据运算结果转换成脉冲序列输出，来控制变频器的输出频率。

2. 外围接线

PLC的I/O端和变频器的多功能端接线如图10-6所示。其中SB1、SB2、SB3仍为正转起动按钮、反转起动按钮和停止按钮。101.00和101.01的输出，通过继电器KA触点，来控制正、反向。因PLC输出脉冲，所以需用晶体管输出单元，同时考虑变频器脉冲输入电源为DC12V，所以输出负载电源采直流12V供电。100.00输出脉冲序列，上接负载电阻R连接到变频器的“脉冲输入”端，公共端COM2连接到“频率指令共用”FC端。

3. 变频器参数设置

变频器的参数设置见表10-4，除表中参数外，均按出厂设置。其中最大电压（n012）和所选电动机额定电压一致；加减速时间设为0s，是指转速的变化与脉冲频率的变化同步。

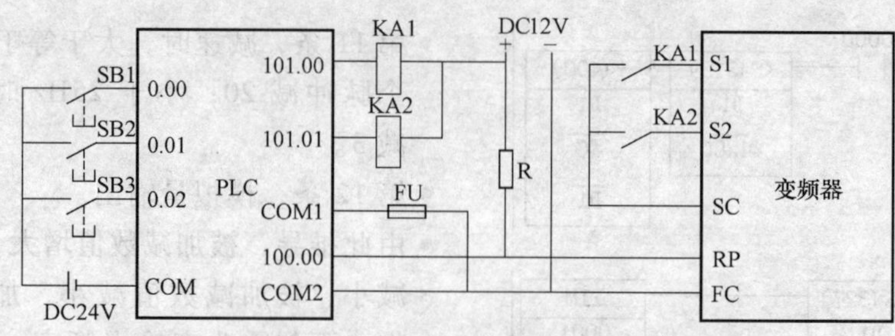

图 10-6 脉冲序列控制接线图

表 10-4 变频器参数设置

参数设置	说 明	参数设置	说 明
n003 = 1	多功能端子控制	n018 = 1	时间精度 0.01s
n004 = 5	脉冲序列指令有效	n019 = 0.00	加速时间 0s
n011 = 50.0	最高输出频率	n020 = 0.00	减速时间 0s
n012	最大电压	n149 = 600	最高脉冲频率为 6000Hz
n013 = 50.0	最大电压输出频率		

4. 程序编写

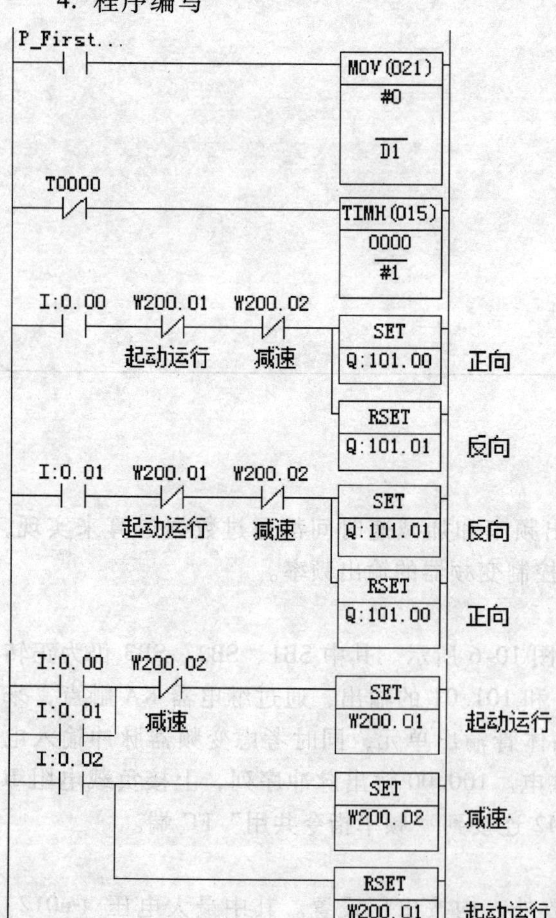

梯形图解释：

- 除最后一条梯形图，其余和模拟量控制时完全一致。
- 因最高脉冲频率为 6000Hz，变频器输出频率、脉冲频率、数字量之间的关系见表 10-5。

表 10-5 输出频率、脉冲频率和数字量的关系

输出频率	脉冲频率	数字量$_{10}$	数字量$_{16}$
50Hz	6000Hz	$(6000)_{10}$	$(1770)_{16}$
40Hz	4800Hz	$(4800)_{10}$	$(12C0)_{16}$
25Hz	3000Hz	$(3000)_{10}$	$(BB8)_{16}$

- 升速和减速时，加减的数据计算同模拟量控制，因最高脉冲频率为 6000Hz 时，数字量为 6000，等同于模拟量分辨率 1/6000，最大的数字量也为 6000；又因为升降速时间要求不变，所以，数据运算时，加减量同模拟量控制完全一致。

调试过程及体会：

如将最高脉冲频率改为 30000Hz，哪些数据需要改变？

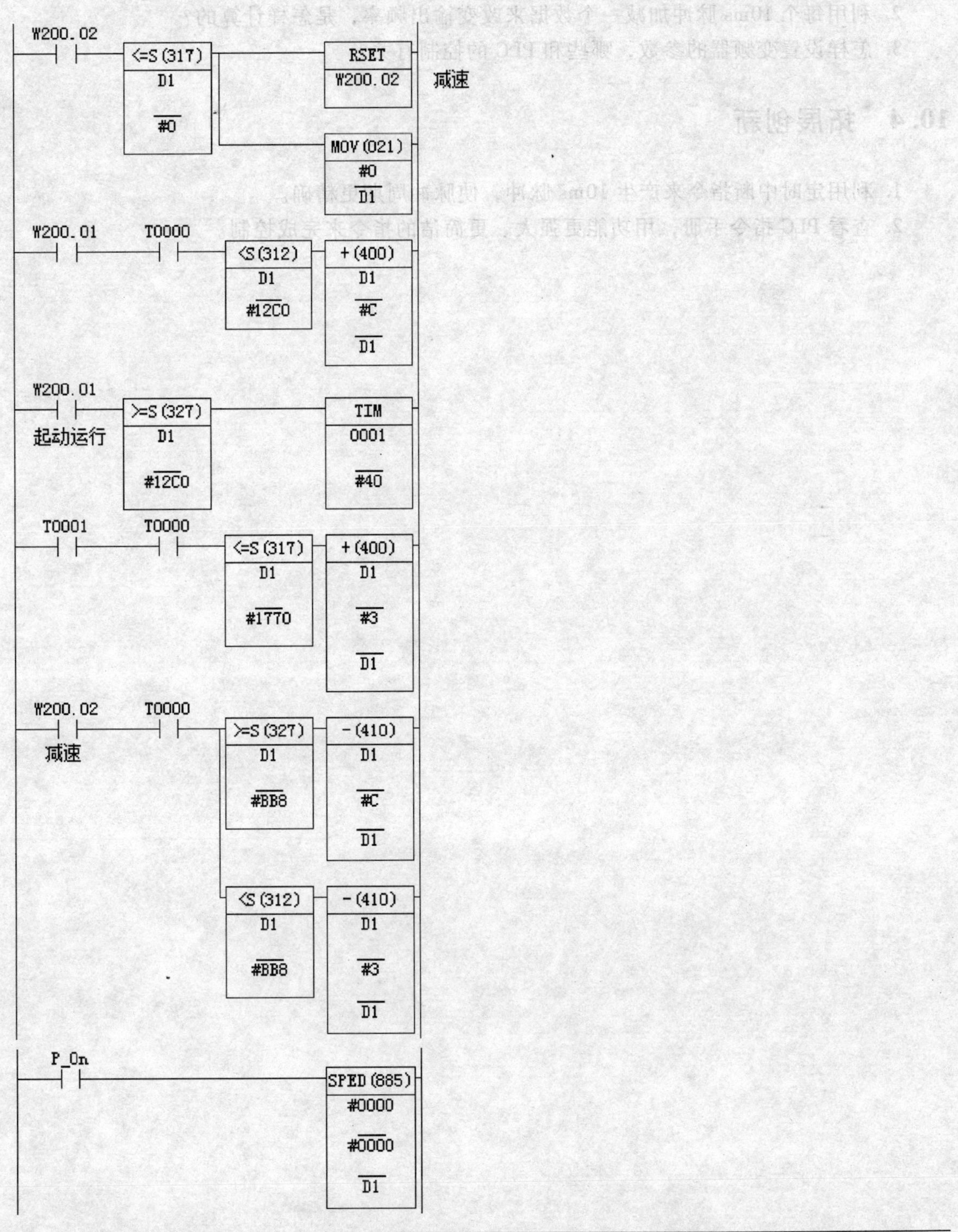

10.3 回忆思考

1. 变频器调速有哪几种操作方式？PLC 怎样控制这些操作？

2. 利用每个 10ms 脉冲加减一个数据来改变输出频率，是怎样计算的？
3. 怎样设置变频器的参数，哪些和 PLC 的控制有关？

10.4 拓展创新

1. 利用定时中断指令来产生 10ms 脉冲，使脉冲周期更精确。
2. 查看 PLC 指令手册，用功能更强大、更简洁的指令来完成控制。

项目十一 PLC 与可编程终端

在人和机器的互动过程中有一个层面，即所谓的人机界面（Human Machine Interface，简写 HMI）。它是人与机器之间传递、交换信息的媒介和对话接口，在工业控制中常用的有可编程终端和组态软件。通过 PLC 与可编程终端（Programmable Terminal，简写 PT）的学习训练，掌握 PLC 与 PT 的连接，初步学会 CX-Designer（简称 CX-D）工具软件的基本应用，学会人机交互界面的设计，学会 PLC 和 PT 通信参数的基本设置步骤，能编写和控制有关的较复杂程序。

11.1 训练准备

11.1.1 器材配置

OMRON PLC（CP1H）一台，计算机一台，RS-232 选件板（CP1W-CIF01）一套，NS 系列可编程终端一台，USB、RS-232 电缆各一根，导线若干（变频器一台，交流异步电动机一台，小型继电器，可选）。

11.1.2 入门引导

1. 可编程终端简介

可编程终端俗称触摸屏，是一种用触摸方式进行人机交互的设备。本训练项目采用 OMRON-NS 系列 PT 及相关的支持工具软件 CX-Designer。NS PT 的正、背、侧面如图 11-1 所示。

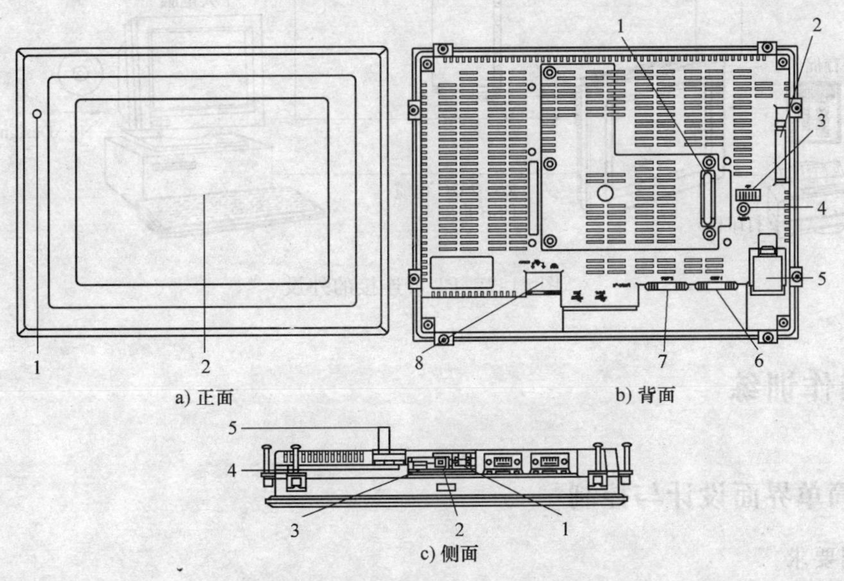

图 11-1 NS PT 的正、背、侧面图

在正面图中：1 为运行指示灯；2 为显示屏幕。

在背面图中：1 为转接口，用于连接视频输入设备或控制链路接口设备；2 为记忆卡，用于连接存储或转移屏幕数据，输入数据和系统项目；3 为 DIP 开关，用于使用记忆卡设置数据和传送数据；4 为复位开关，用于恢复 PT 的最初状况，屏幕数据的状况、其他数据的存入以及系统菜单都不能改；5 为电池盖，可固定在盖子下面；6 为串行接口 A，用于连接主机；7 为串行接口 B，用于连接主机；8 为电源输入端的盖子。

在侧面图中：1 为以太网连接器，用于连接以太网电缆；2 为 USB 端口，这是一个 B 类型 USB 连接器；3 为 USB 主机连接器，用于连接打印机，是 A 类型 USB 连接器；4 为 FG 端，用于防止噪声引起的故障；5 为 DC 输入端，用于连接提供的电源。

当使用电缆时，应确定连接长度不少于 15mm。

2. PT 可连接的外围设备

PT 可连接的外设如图 11-2 所示。PT 可以通过 RS-232C 端口或 USB 端口和 PC 相连；PT 可以通过 RS-232C 端口或以太网线与 PLC 连接，如果 PLC 是 RS-422 接口，需要加一个电平转换设备 AL002。RS-232C 接口连接线最长不能超过 15m，RS-422 接口连接线最长可达 500m；PT 安装 Controller Link 卡后可以接入 Controller Link 网络，与 PLC 连接；PT 接上视频卡后，最多可以接入 4 个摄影机，用于监控；PT 可以通过 USB 端口连接打印机或条形码阅读器。

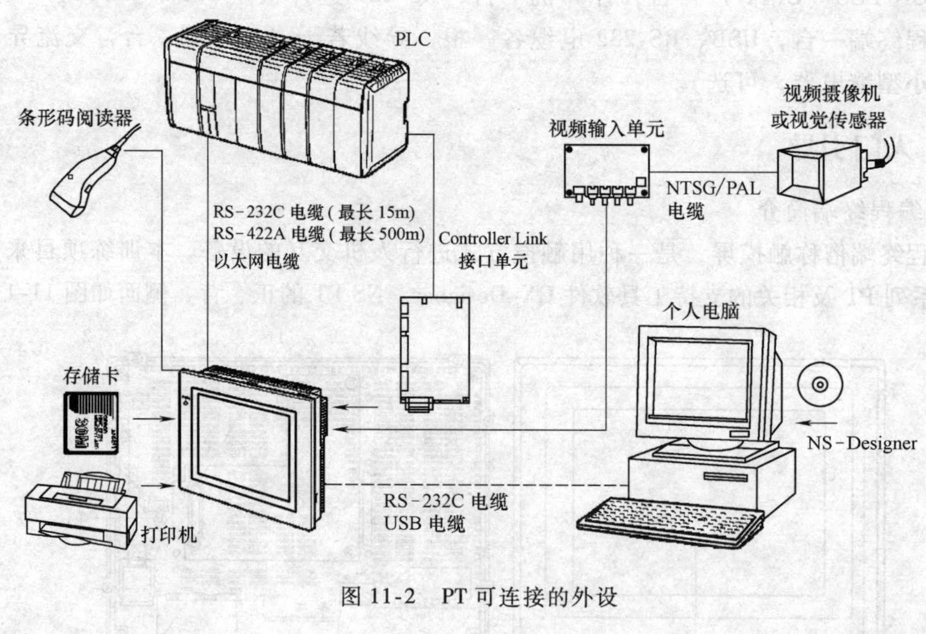

图 11-2　PT 可连接的外设

11.2　操作训练

11.2.1　简单界面设计与控制

1. 控制要求

用一个起动按钮和一个停止按钮来控制一个负载，要求在 PT 界面上设计两个按钮，分别用于起动和停止控制，设计一个指示灯，用于显示负载的工作状态。符合控制要求的主电路、PLC I/O接线和PT界面设计如图11-3所示，为了使问题简单化，热继电器的作用暂不考虑。

2. 界面设计

（1）进入CX-Designer初始界面　安装CX-One工具软件包，或安装CX-Designer工具软件。在“开始”→“所有程序”中找到CX-Designer，如图11-4所示，单击该图标后，进入CX-Designer初始界面，如图11-5所示。

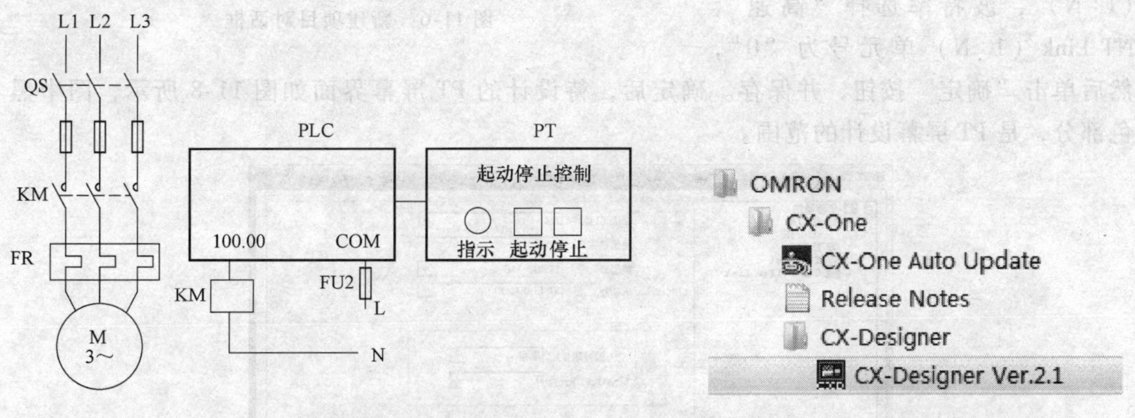

图11-3　主电路、PLC I/O接线和PT界面设计

图11-4　CX-Designer的位置

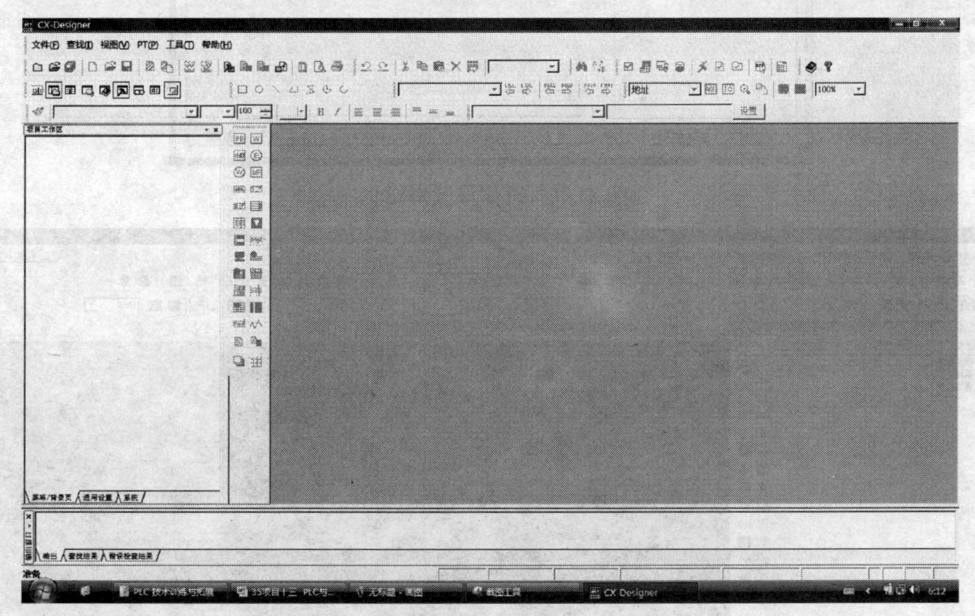

图11-5　CX-Designer的初始界面

（2）新建项目　在初始界面的左上角，单击“文件”菜单下“新建项目”，出现新建项目对话框，根据训练时使用的PT选择机型和系统版本，项目标题改写为“简单控制”，文件名为“JDKZ”，并选择存放位置，如图11-6所示。对话框中的机型根据读者所选用的触摸屏而定，本项目选“NS8-TV0［　］-V2”，系统版本根据触摸屏系统版本而定，这里选“6.6”，项目标题输入“简单控制”，文件名称输入“JDKZ”。

(3) 通信设置 单击图 11-6 的“通信设置”按钮，打开通信设置对话框如图 11-7 所示，若选择 PT 通信口的串口 A 和 PLC 连接，串口选择“PLC”，主机名称输入“CP1H”，类型选择“SYSMAC-PLC”，协议选择“NT Link (1:N)”，波特率选择“高速”，NT Link (1:N) 单元号为“0”，然后单击“确定”按钮，并保存。确定后，待设计的 PT 屏幕界面如图 11-8 所示，图中黑色部分，是 PT 屏幕设计的范围。

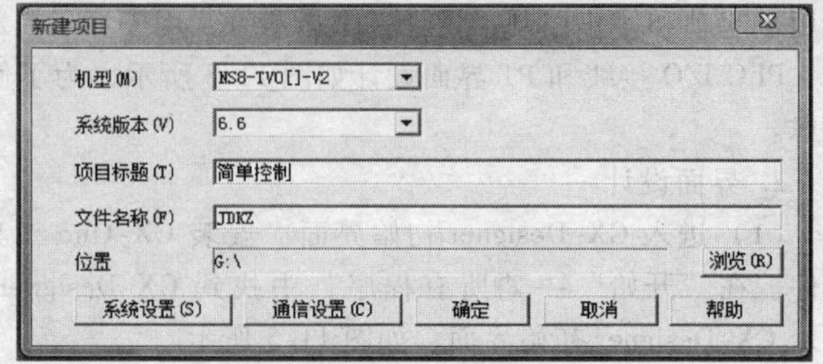

图 11-6 新建项目对话框

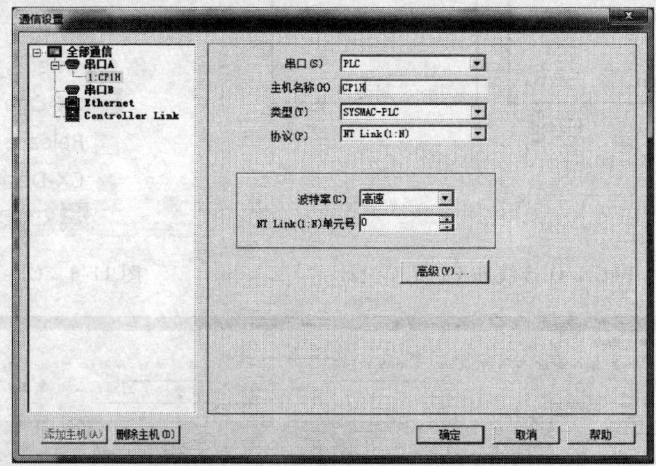

图 11-7 通信设置对话框

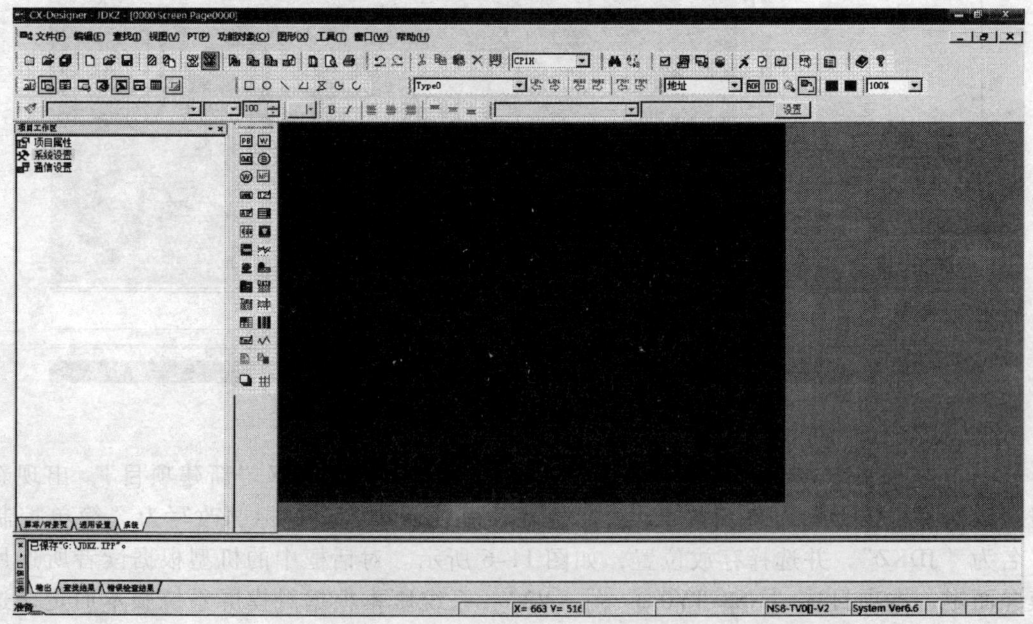

图 11-8 待设计的 PT 屏幕界面

（4）标题设计　首先单击“功能对象”工具栏中的“标签”工具图标，再在屏幕上选择合适位置，按住左键，移动成一个矩形，然后按计算机的空格键，矩形内变为白色，即可输入文字。输入“起动停止控制”，利用“字体”工具栏中的工具分别选择“字体”为“隶书”，“字体大小”为“26”，“字体颜色”为“黄色”，对齐方式为“中央对齐”。然后双击该矩形框，即可出现“标签—LBL0000”属性框，如图 11-9 所示，选择“背景”，将“颜色”选为“绿色”，最后“确定”，标题设计结果如图 11-10 所示。

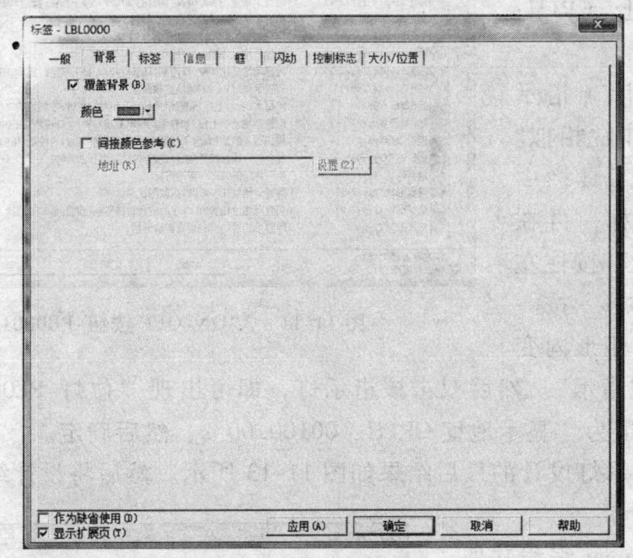

图 11-9　“标签—LBL0000”属性框

图 11-10　标题设计结果

（5）按钮设计　单击“功能对象”工具栏中的“ON/OFF 按钮”工具图标，再在屏幕上选择合适位置，按住左键，移动成一个正方形，然后按计算机的空格键，矩形内变为白色，即可输入文字。输入“起动按钮”，字体颜色选为绿色。然后双击该按钮，即可出现

“ON/OFF 按钮-PB0001”属性框，如图 11-11 所示。选择动作类型为“临时”，设置地址为“写地址 CP1H：00000.00”然后确定。用同样的方法设计停止按钮，设置地址为“写地址 CP1H：00000.01”。

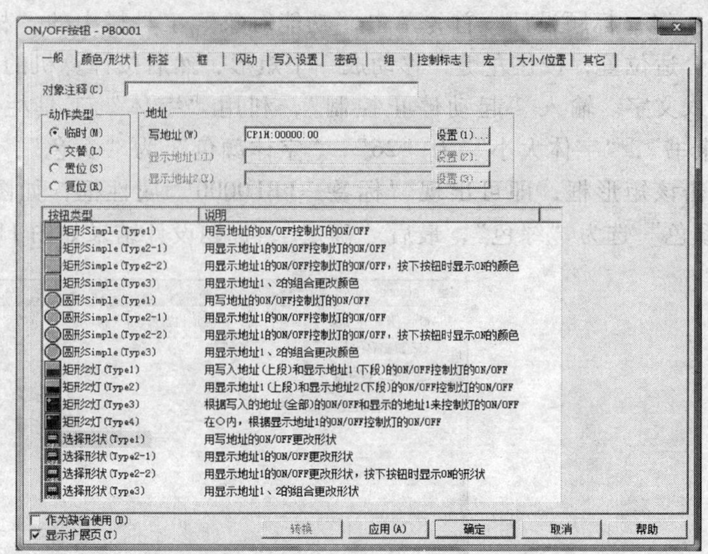

图 11-11 “ON/OFF 按钮-PB0001”属性框

(6) 指示灯设计　指示灯设计和按钮设计非常相似。单击“功能对象”工具栏中的“位灯”工具图标，再在屏幕上选择合适位置，按住左键，拉开成一个正方形，按一下计算机的空格键，矩形内变为白色，输入“负载指示”。然后双击该指示灯，即可出现“位灯-PL0003”属性框，如图 11-12 所示，设置地址为“显示地址 CP1H：00100.00”，然后确定。

标题、按钮、指示灯设计的最后结果如图 11-13 所示。然后将设计结果“全部保存”。

3. 控制程序设计

使用 CX-Programmer 编程软件，编写一个起动停止梯形图如图11-14所示，存盘后文件名为“JDKZ”。

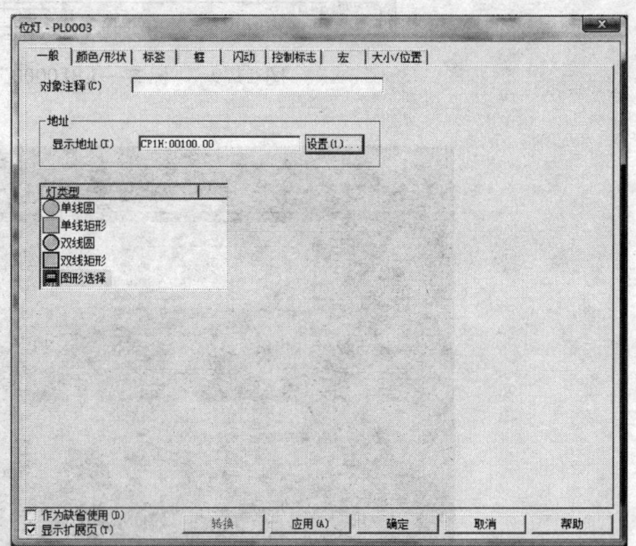

图 11-12 “位灯-PL0003”属性框

4. 模拟调试

利用 CX-ONE 软件包中的一个非常有意思的模拟调试方法，它能将 CX-Programmer、CX-Designer 和 CX-Simulator（模拟软件，简称 CX-S）三个软件联合运行，达到了很好的模拟效果，具体操作如下。

选择 CX-Programmer 编程界面“模拟”菜单下的“启动 PLC-PT 整体模拟”，即可出现图11-15所示对话框，表示将已打开的 CX-Designer 的工程文件“JDKZ”一起启动。

也可选择 CX-Designer 设计界面“工具”菜单下的“测试”，打开“测试”对话框，如图11-16所示，选择“与 CX-Simulator 连接，和运行中的 CX-Programmer 实行综合模拟”。

无论选择从哪一个界面进入，启动的综合模拟界面如图 11-17 所示。请读者用单击“起动按钮”和“停止按钮”，观察指示灯的状态变化，观察梯形图的模拟运行情况。

5. 通信连接

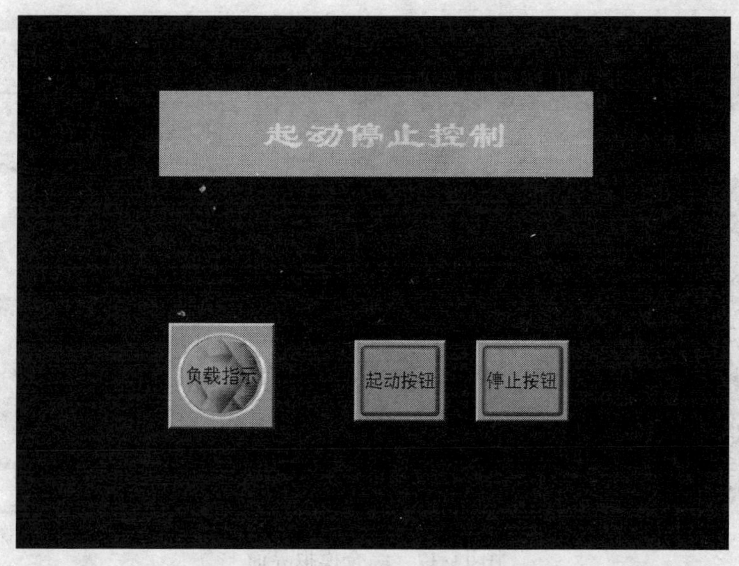

图 11-13　界面设计最后结果

（1）PT 项目传送　将 PT 接上 DC24V 工作电源，将计算机的 USB 端口和 PT 的 USB 端口连接，在 CX-Designer 设计软件界面下选择“PT”菜单中的“传输”/“传输［PC→PT］”，如图 11-18 所示，将整个项目传送到 PT。

```
I:0.00      I:0.01                    Q:100.00
--| |--+----|/|---------------------------( )--
       |
Q:100.00
--| |--+
```

图 11-14　控制梯形图

（2）PLC 通信设置与传送　如果 PT 的串口 A 和 PLC 的串口 1 以 RS-232 方式连接，因此选择 CX-Programmer 软件的“工程工作区”中的“设置”，在“PLC 设定”对话框中，选择“串口 1”，将通信设置模式选为“NT Link（1∶N）”，波特率选为“115200”，如图 11-19 所示。将计算机的 USB 端口和 CP1H PLC 的 USB 端口连接，把控制程序和设置通过 USB 端口一起传送到 PLC。

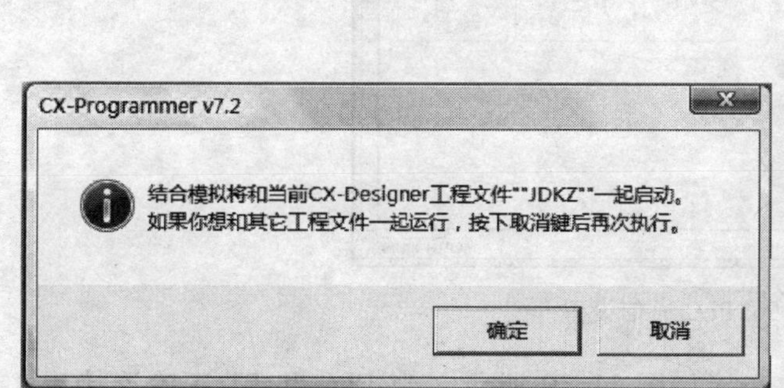

图 11-15　启动 PLC-PT 整体模拟对话框

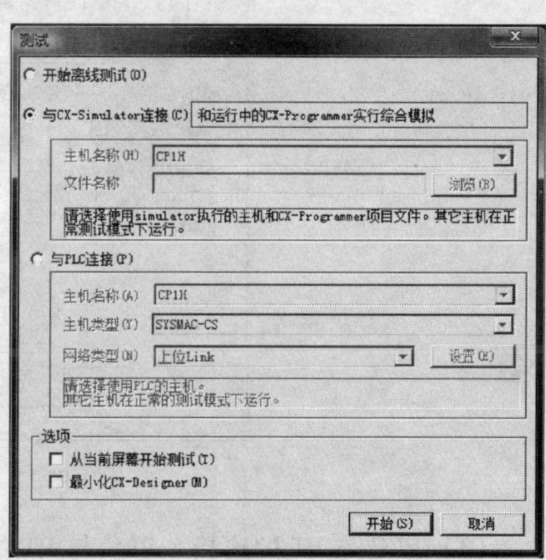

图 11-16　“测试”对话框

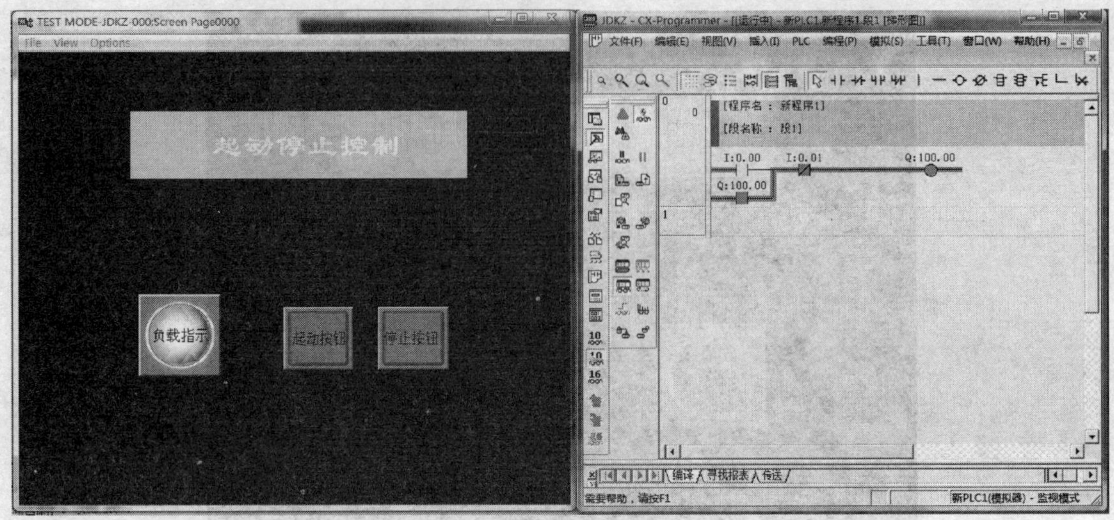

图 11-17　综合模拟界面

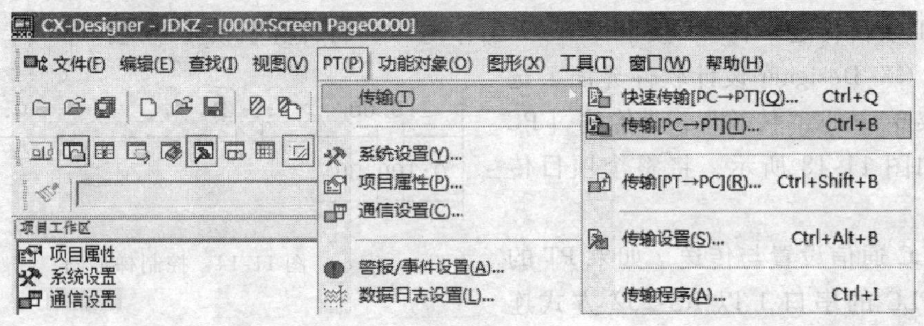

图 11-18　项目传送

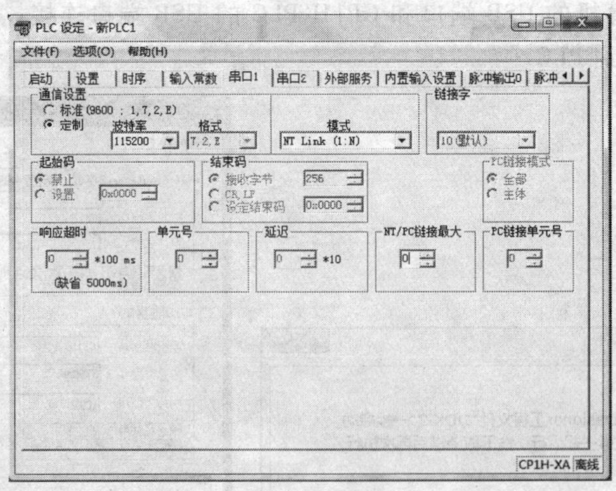

图 11-19　PLC 通信设置

（3）PLC 与 PT 的连接　PLC 与 PT 的连接如图 11-20 所示。当 PLC 和 PT 正确连接后，设计的监控界面就显示在 PT 的屏幕上，可以开始调试了。

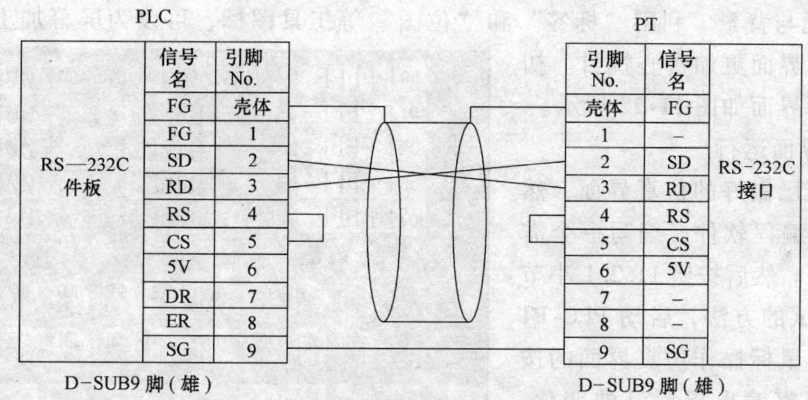

图11-20　PLC与PT的连接

11.2.2　仿真界面设计与调试

1. 仿真界面设计

利用CX-Programmer、CX-Designer和CX-Simulator三个软件联合运行的效果，设计一个CP1H PLC的仿真界面。

(1) 输入点设计　在屏幕上设计24个输入元件，其中12个按钮，动作类型为“临时”，地址为0.00~0.11；12个开关，动作类型为“交替”，地址为1.00~1.11。为方便起见，在每个按钮和开关上都写上了相应地址。

(2) 输出点设计　在屏幕上设计16个输出指示灯，地址为100.00~100.07、101.00~101.07。这样输入/输出点的地址和CP1H完全一致了。为方便起见，在指示灯上也都写上了相应地址。

(3) 数据存储器设计　利用“功能对象”工具栏中的“数字显示和输入”工具图标，创建数据存储器数字显示和输入框，然后双击该框，出现“数字显示和输入”属性框，选择“显示类型”为“16进制”，选择“存储格式”为“UINT（无符号1个字）”，“格式”为整数4位，设置“地址”为“DM00000”，如图11-21所示。然后再在“数字显示和输入”框左边使用“标签”工具写上D0，至此，一个数据存储器设计完成，利用同样的方法设计D1~D5，所不同的是在属性中地址分别为DM00001~DM00005。如需美观，也可以采取设置“背景”等美化措施。

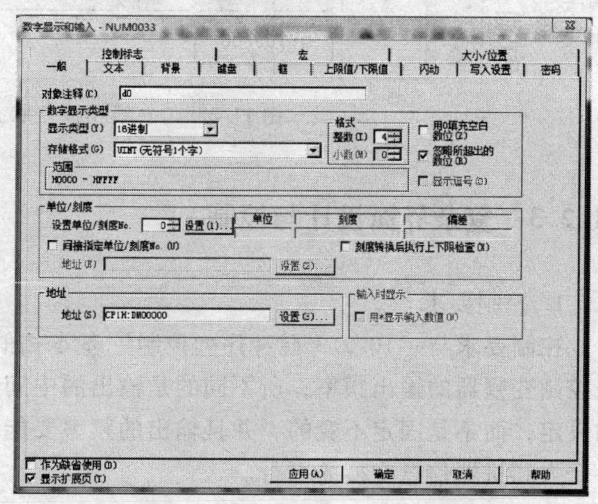

图11-21　“数字显示和输入”属性设置

(4) 定时器和计数器的设计　设计定时器与计数器和设计数据存储器类似，所不同的是在“数字显示和输入”属性框中选择“显示类型”为“10进制”，选择“存储格式”为“BCD2（无符号，1个字）”，地址分别为TIM00000~TIM00004和CNT00000~CNT00004。

（5）标题与背景　利用“标签”和“位图”等工具图标，可以为屏幕加上标题，涉及背景，使仿真界面更加赏心悦目。初步设计的仿真界面如图 11-22 所示。

2. 仿真界面运行

首先打开已做好的仿真界面，然后打开 CX-P 编程软件，编写一个需要调试的程序。然后按照 11.2.1 小节中 4. 模拟调试的方法，启动 PLC-PT 整体模拟，用鼠标操作仿真界面的按钮或开关，观察输出指示灯的变化，如有问题，可退出“在线模拟”状态，如图11-23所示，修改程序后，再进入“在线模拟”，继续调试。

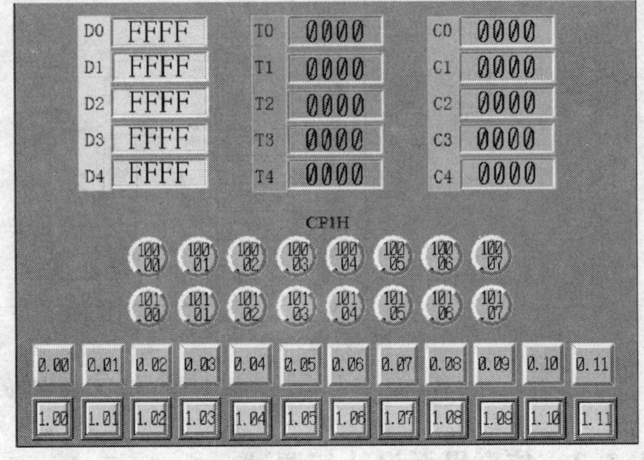

图 11-22　仿真界面

利用该方法，前面几乎所有的梯形图都能在该环境下脱离 PLC 调试，这为不在实验室，没有 PLC 的状况下学习，提供了一个非常好的仿真环境。

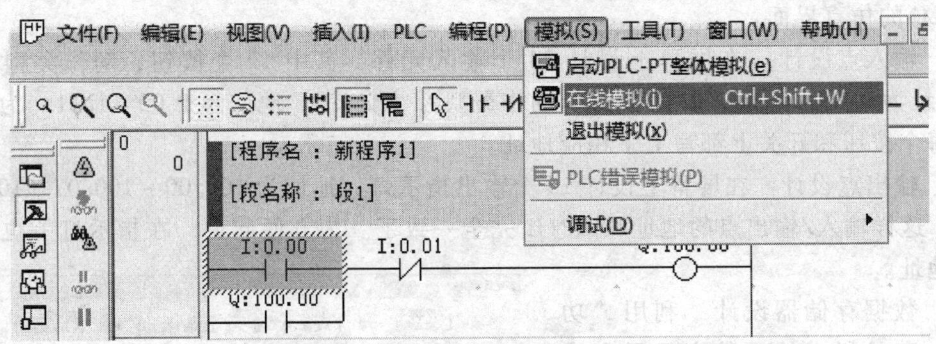

图 11-23　“在线模拟”状态的退出和进入

11.2.3　复杂界面设计与控制

1. 控制要求

控制要求与“10.2.3 脉冲序列控制”基本相似，将数据运算结果转换成脉冲频率输出，来控制变频器的输出频率，所不同的是输出的中间频率、最终频率、上升时间需要能够自由的设定，而不是固定不变的，并且输出的频率要能够显示，便于操作者读取。这就需要建立一个人和机器信息交换的平台。

起动、停止控制示意图如图 11-24 所示。

在图中，①为上升时间 1：从 0Hz 上升到中间频率的时间；②为中间频率：在上升时间 1 内上升到的频率；③为过渡时间：上升到中间频率后的稳定时间；④为上升时间 2：从中间频率上升到最终频率的时间；⑤为最终频率：最后稳定运行的频率；1/5 ④表示最终频率的五分之一。

起动后，上升的时间和频率都可以在人机界面上设置；停止时，减速的频率和时间的关系是固定的，即在 3s 内从最终频率下降到 1/5 最终频率，然后在 3s 内频率降到零。

2. 控制界面设计

考虑到操作方便，控制界面拟设计3页，第0页（首页）为标题，第1页为“参数设置”，第2页为“系统运行”。

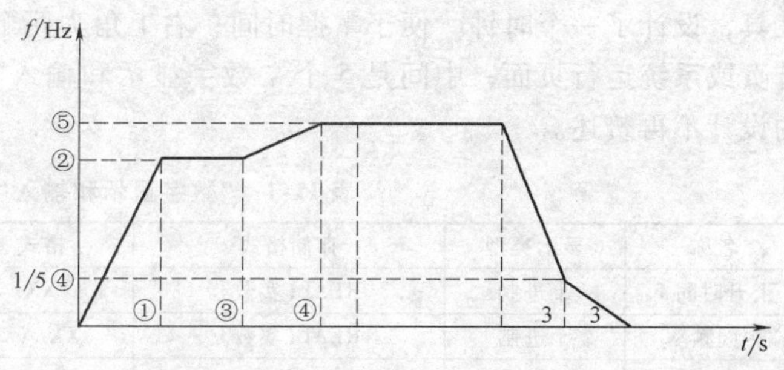

图 11-24　起动、停止控制示意图

（1）第0页　首页如图11-25所示。在标题界面中利用“功能对象”中的“命令按钮”工具设计了“参数设置”和“系统运行”两个命令按钮，单击命令按钮，能转换到参数设置页面或转换系统运行页面。为了美化首页，还加入了图片。

（2）第1页　第1页为参数设置页面，如图11-26所示。在页面的左上角利用“时间”

图 11-25　首页

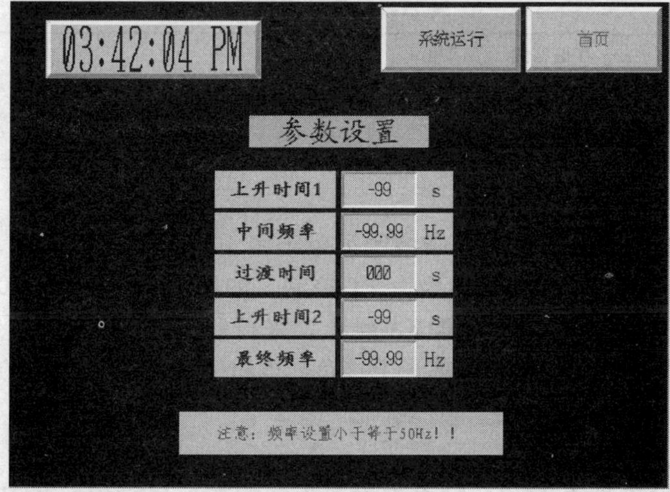

图 11-26　参数设置页面

工具，设计了一个时钟，便于掌握时间；右上角为两个命令按钮，单击命令按钮，分别转到首页或系统运行页面；中间是5个“数字显示和输入”框，各框的属性见表11-1。各标签的设计不再赘述。

表11-1 “数字显示和输入”框属性

名称	显示类型	存储格式	格式	地址	上限	下限
上升时间1	十进制	REAL(实数)	XX	DM00021		0.1
中间频率	十进制	REAL(实数)	XX.XX	DM00031	50	
过渡时间	十进制	BCD2(无符号1字)	XXX	DM00041	999	
上升时间2	十进制	REAL(实数)	XX	DM00051		0.1
最终频率	十进制	REAL(实数)	XX.XX	DM00061	50	

(3) 第2页　第2页为“系统运行”页面，如图11-27所示。时钟和命令按钮同参数设置页面；在系统运行页面中又设计了3个按钮，用于正转起动、反转起动和停止；设计了3个指示灯，用于转动方向和减速指示；设计了1个“数字显示和输入”框，用于显示当前频率；使用“模拟表头”工具，设计了一个模拟表头，用于形象地显示当前频率。

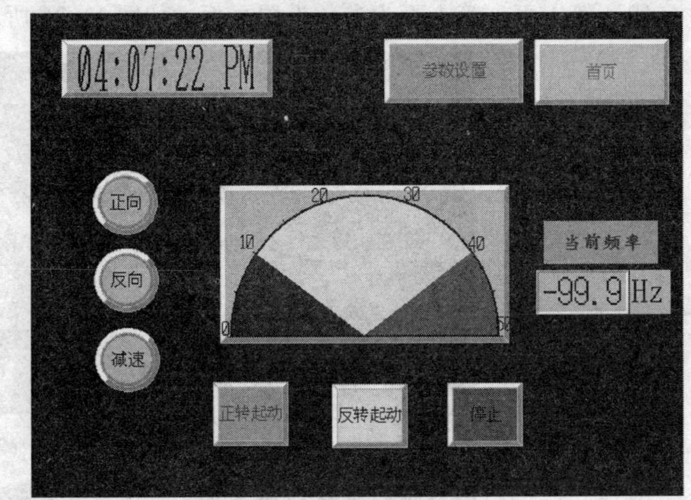

图11-27 “系统运行”页面

正转起动、反转起动和停止按钮的地址分别为0.00、0.01和0.02，正向、反向和减速指示的地址分别为101.00、101.01和1200.02。其他元件的属性见表11-2。

表11-2 元件属性表

名称	显示类型	存储格式	格式	地址	其　他
频率显示	十进制	REAL(实数)	XX.X	DM00001	
模拟表头	填充	REAL(实数)		DM00001	分度数10，增量方向顺时针，分界值0、10、40、50

3. 外围接线

PLC的I/O端和变频器的多功能端接线类似于图10-4。其中正转起动按钮、反转起动按钮和停止按钮不再和PLC连接，改为由PT控制，如图11-28所示。101.00和101.01的输出，仍和图10-4一样，通过继电器KA触点，来控制正、反转；100.00输出脉冲序列，采用脉冲频率来控制变频器的输出频率，上接负载电阻R连接到变频器的“脉冲输入”端，公共端COM接到“频率指令共用”FC端。

4. 变频器参数设置

变频器的参数设置见表11-3，除表中参数外，均按出厂设置。其中最大电压（n012）和所选电动机额定电压一致；加减速时间设为0s，是指转速的变化与脉冲频率的变化同步。

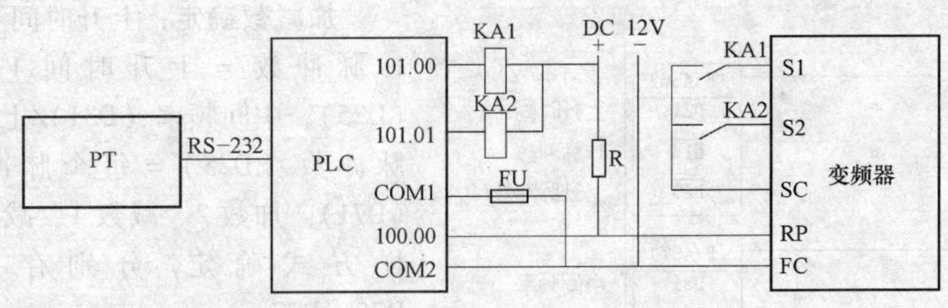

图 11-28　脉冲序列控制接线图

表 11-3　变频器参数设置

参数设置	说　明	参数设置	说　明
n003 = 1	多功能端子控制	n018 = 1	时间精度 0.01s
n004 = 5	脉冲序列指令有效	n019 = 0.00	加速时间 0s
n011 = 50.0	最高输出频率	n020 = 0.00	减速时间 0s
n012	最大电压	n149 = 600	最高脉冲频率为 6000Hz
n013 = 50.0	最大电压输出频率		

5. 控制程序设计

控制程序分为：初始化，加减数确定，过渡时间处理，10ms 脉冲产生，转向确定，运行确定，停止确定，速度降到 0 时的处理，第 1 段加速，过渡延时，第 2 段加速，减速，浮点数转换、放大和脉冲输出等几个环节。为了提高运算精度，采用浮点数运算，完整的梯形图如图 11-29 所示。

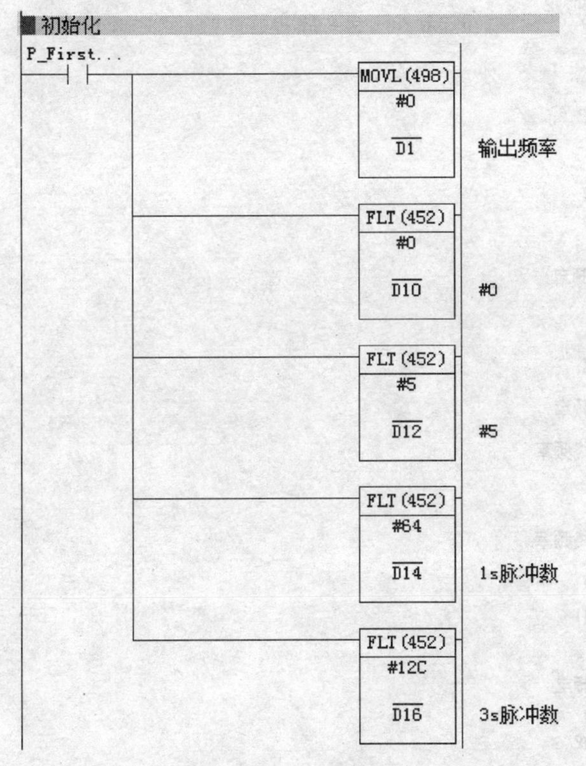

图 11-29　控制梯形图

初始化： 对 D1、D2 清零，将 0、5 转化为浮点数，存放于 D10、D12，因为采用 10ms 脉冲，所以 1s 有 100（64H）个脉冲，3s 有 300（12CH）个脉冲，也转换为浮点数。

浮点数占用两个字，如#5 转换为浮点数后存放在 D12 和 D13 中。

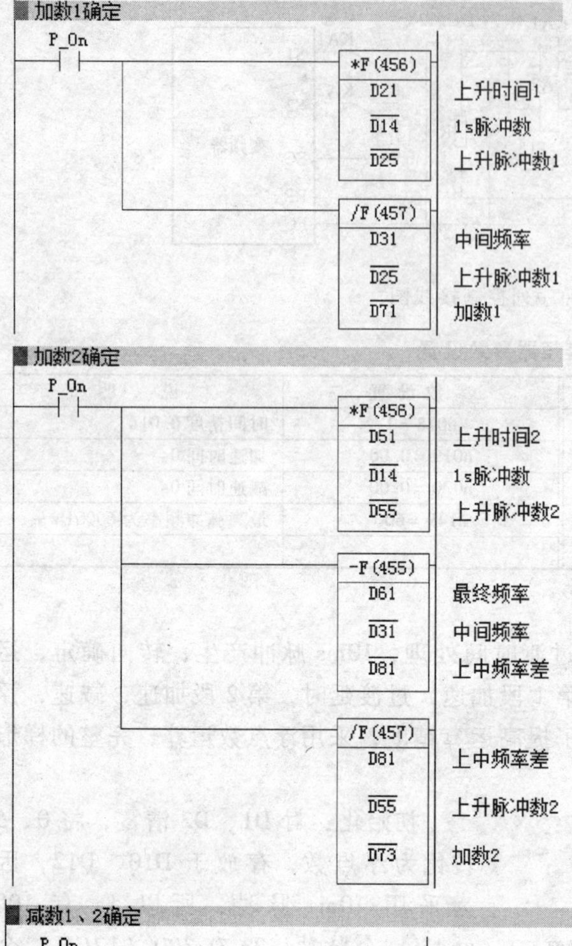

加减数确定：上升时间1（D21）*1s脉冲数 = 上升时间1的脉冲数（D25），中间频率（D31）/上升时间1的脉冲数（D25）= 每个脉冲的加数1（D71）。加数2、减数1、减数2也用同样方式确定，分别存放于D73、D75、D77。

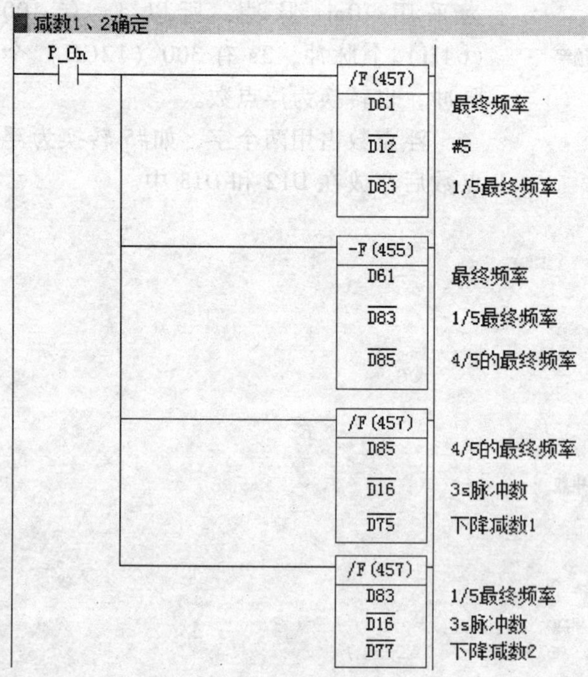

图11-29 控制梯形图（续）

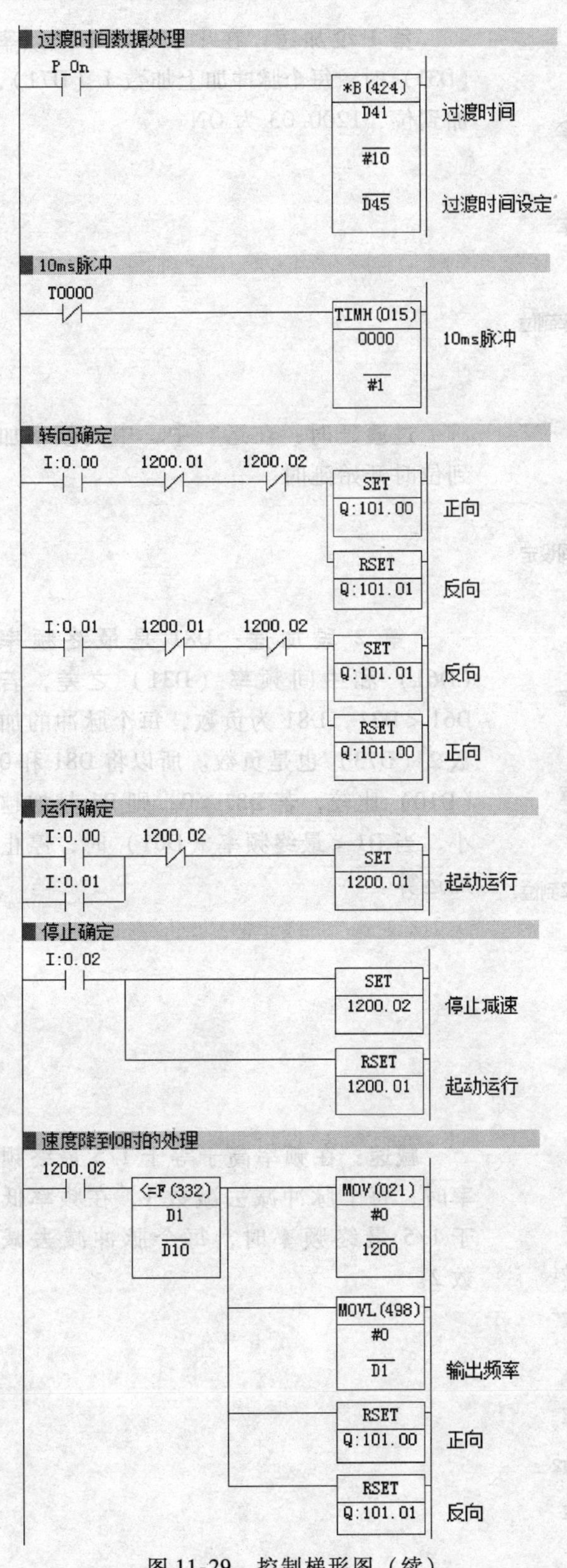

图 11-29 控制梯形图（续）

过渡时间处理：将PT界面设置在D41中的值乘以10，存放于D45。

10ms脉冲产生：用高速定时器的自复位产生10ms脉冲，如需更精确，可采用定时时间中断的方式。

转向确定：在没有运行、减速的条件下，可以起动正向或反向运行，使101.00或101.01为ON。

运行确定：设定起动运行标志1200.01，是为了配合转向确定控制，其优先权高于转向确定，在1200.01为ON时，已确定的转向不能改变。

停止确定：设定停止标志1200.02，其优先权最高，当1200.02为ON时，不能再起动或换向。

速度降到0时的处理：在减速时，速度降到0，复位标志1200.01、1200.02，复位101.00、101.01，考虑到在减法运算时最后一次运算的结果可能为负数，所以对D1、D2赋0值。

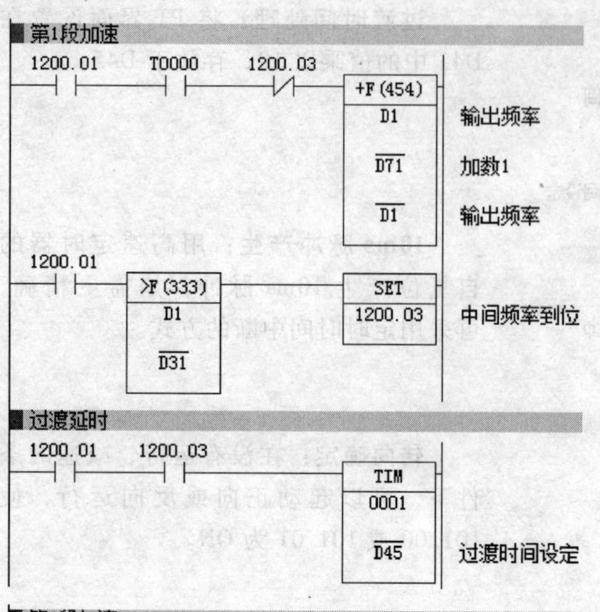

第 1 段加速：在小于等于中间频率（D31）时，每个脉冲加上加数 1（D71），加到位，1200.03 为 ON。

过渡延时：在运行中，中间频率加到位时开始延时。

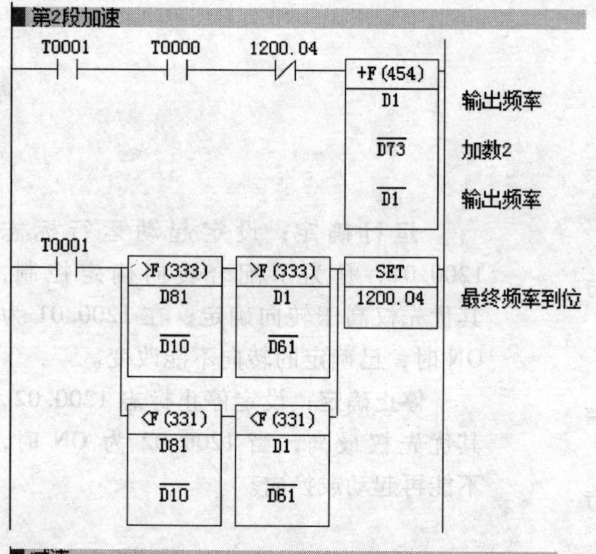

第 2 段加速：D81 是最终频率（D61）和中间频率（D31）之差，若 D61 < D31，D81 为负数，每个脉冲的加数 2（D73）也是负数。所以将 D81 和 0（D10）比较，若 D81 < 0，则 D1 越加越小，当 D1 < 最终频率（D61）时，停止加运算。

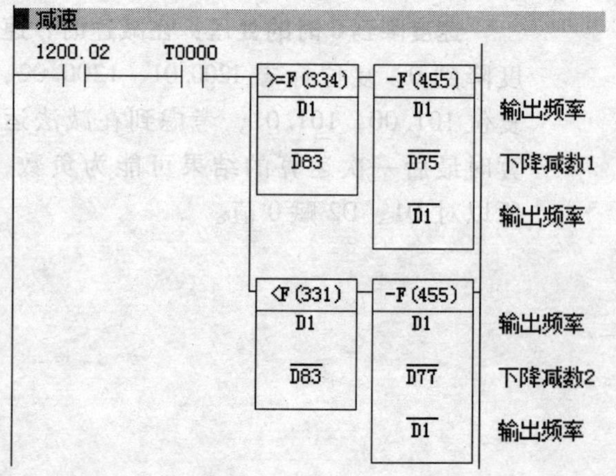

减速：在频率高于等于 1/5 最终频率时，每个脉冲减去减数 1，在频率低于 1/5 最终频率时，每个脉冲减去减数 2。

图 11-29 控制梯形图（续）

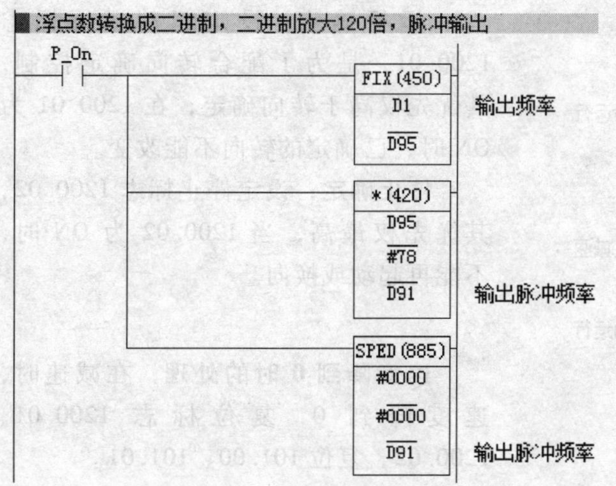

图 11-29 控制梯形图（续）

浮点数转换、放大和脉冲输出：首先将运算结果 D1 转换为二进制数，再乘以 120，将最高 50Hz 的数据转换为 6000Hz 脉冲输出。

11.2.4 用功能块完成计算

考虑到图 11-29 所示的控制程序中的计算量较大，可采用功能块编程，将所有运算都放到功能块中运行，如图 11-30 所示。

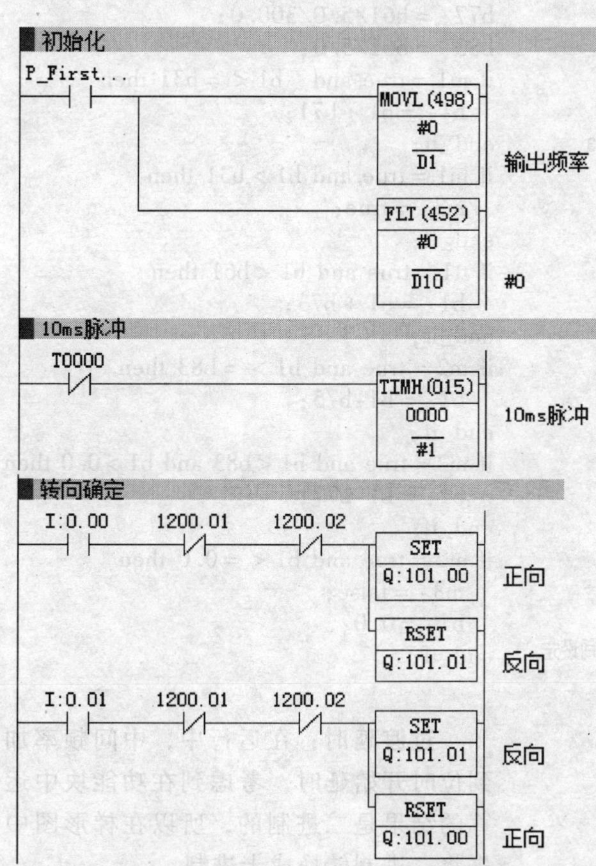

图 11-30 用功能块编写的控制梯形图

初始化：对 D1、D2 清零，将 0 转化为浮点数，存放于 D10。

10ms 脉冲产生：用高速定时器的自复位产生 10ms 脉冲，如需更精确，可采用定时时间中断的方式。

转向确定：在没有运行、减速的条件下，可以起动正向或反向运行，使 101.00 或 101.01 为 ON。

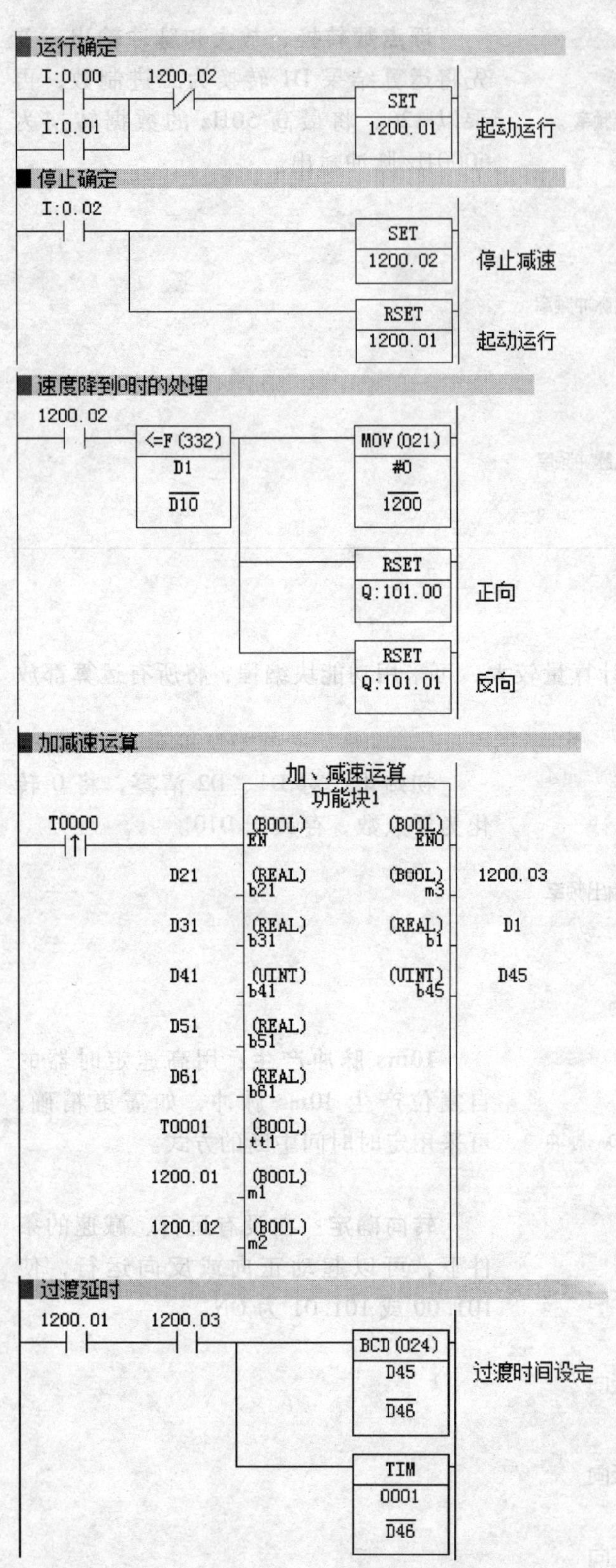

图 11-30 用功能块编写的控制梯形图（续）

运行确定：设定起动运行标志 1200.01，是为了配合转向确定控制，其优先权高于转向确定，在 1200.01 为 ON 时，已确定的转向不能改变。

停止确定：设定停止标志 1200.02，其优先权最高，当 1200.02 为 ON 时，不能再起动或换向。

速度降到 0 时的处理：在减速时，速度降到 0，复位标志 1200.01、1200.02，复位 101.00、101.01。

加减速运算功能块中用结构文本编写的程序：

```
b45: = b41 * 10;
b71: = b31/(b21 * 100.0);
b73: = (b61-b31)/(b51 * 100.0);
b75: = b61 * 4.0/5.0/300.0;
b77: = b61/5.0/300.0;
b83: = b61/5.0;
if m1 = true and   b1 < = b31 then
  b1: = b1 + b71;
end_if;
if m1 = true and b1 > b31 then
  m3: = true;
end_if;
if tt1 = true and b1 < b61 then
  b1: = b1 + b73;
end_if;
if m2 = true and b1 > = b83 then
  b1: = b1-b75;
end_if;
if m2 = true and b1 < b83 and b1 > 0.0 then
  b1: = b1-b77;
end_if;
if m2 = true and b1 < = 0.0 then
  m3: = false;
  b1: = 0.0;
end_if;
```

过渡延时：在运行中，中间频率加到位时开始延时，考虑到在功能块中运算的结果是二进制的，所以在梯形图中先将二进制转换成十进制。

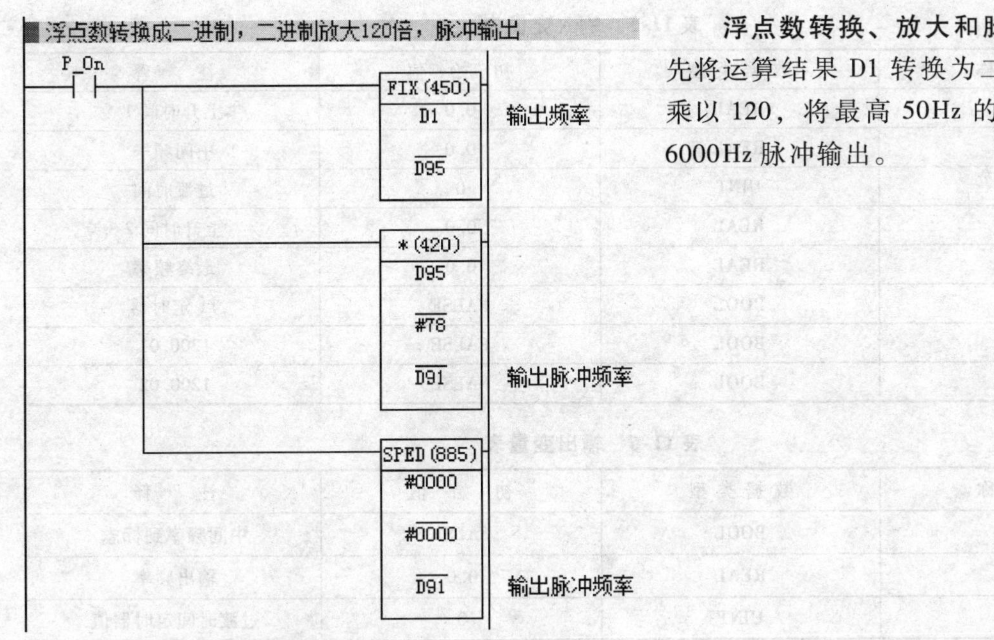

图 11-30 用功能块编写的控制梯形图（续）

浮点数转换、放大和脉冲输出：首先将运算结果 D1 转换为二进制数，再乘以 120，将最高 50Hz 的数据转换为 6000Hz 脉冲输出。

从图中看出，初始化减少了将 5H、64H、12CH 转换为浮点数的步骤，放在功能块中直接计算；加减数确定直接放在功能块中计算；过渡时间处理也放在功能块中计算；第 1 段加速、第 2 段加速、减速均放在功能块中计算。10ms 脉冲产生、转向确定、运行确定、速度降到 0 时的处理和脉冲输出不变，使整个梯形图结构非常简洁。

功能块的使用可详见功能块使用手册，结合本例简单介绍如下：

1）首先在“工程工作区”中的“功能块”下增加一个新功能块——“功能块 1”，功能块有“梯形图”和“结构文本”两种，选择“结构文本”，如图 11-31 所示。

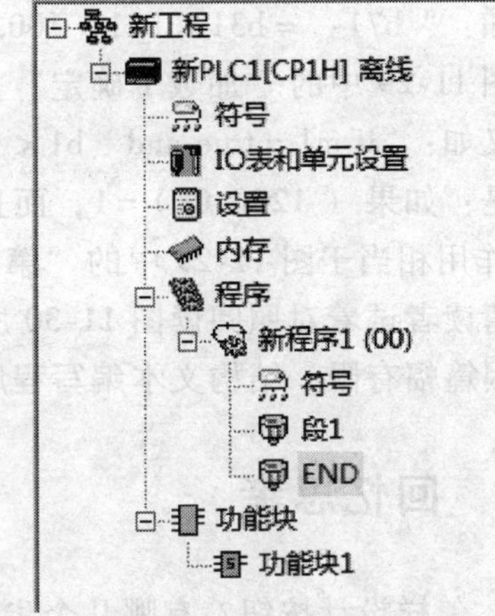

图 11-31 增加“结构文本”的功能块 1

2）在梯形图编写中用“新功能块调用”工具，在梯形图中加入新增加的功能块。

3）双击该功能块，在功能块中添加内部变量见表 11-4，添加输入变量见表 11-5，添加输出变量见表 11-6。

表 11-4 内部变量表

名 称	数据类型	初 始 值	注 释
b71	REAL	0.0	加数 1
b73	REAL	0.0	加数 2
b83	REAL	0.0	1/5 最终频率
b75	REAL	0.0	减数 1
b77	REAL	0.0	减数 2

表 11-5 输入变量表

名　称	数据类型	初始值	注　释
b21	REAL	0.0	上升时间 1
b31	REAL	0.0	中间频率
b41	UINT	0	过渡时间
b51	REAL	0.0	上升时间 2
b61	REAL	0.0	最终频率
tt1	BOOL	FALSE	T1 定时器
m1	BOOL	FALSE	1200.01
m2	BOOL	FALSE	1200.02

表 11-6 输出变量表

名　称	数据类型	初始值	注　释
m3	BOOL	FALSE	中间频率到标志
b1	REAL	0.0	输出频率
b45	UINT	0	过渡时间定时器值

4）用“新功能参数”工具，建立功能块变量和原梯形图变量的关系，如图 11-30 所示，为方便起见，功能块变量和原梯形图变量要能很方便地对应。

5）用结构文本编写程序：

如：“ b71: =b31/(b21 * 100.0)”是将 b31 除以 b21 乘以 100 的积，存放在 b71 中，这和图 11-29 中的“加数 1 确定”是对应的；

又如：“if m1 = true and b1 < = b31 then b1: = b1 + b71; end_ if;”对照变量表，其意思是：如果（1200.01）=1，而且（D1）< =（D31），那么，（D1）+（D71）的和存放在 D1，作用相当于图 11-29 中的“第 1 段加速”。

请读者试着对照阅读图 11-30 所示的程序，并将程序传送到 PLC 调试。

因篇幅有限，结构文本编写程序的详细方法，可见有关资料。

11.3 回忆思考

1. 怎样设计按钮？有哪几个步骤？
2. 怎样设计数据显示和输入框，它的基本属性有几个？
3. 怎样设计标题，怎样使画面更漂亮？
4. 怎样进行模拟调试？
5. PT 和 PLC 通信前，有哪些参数要设置？

11.4 拓展创新

1. 利用 CX-D 设计一个模拟仿真的界面，供 PLC 编程练习。
2. 利用“功能对象”中的工具，设计一个可以观察模拟量输出的波形的屏幕。

项目十二　PLC与组态软件

在工业控制中常用的人和机器的互动工具还有组态软件。通过PLC与组态软件的学习训练，掌握PLC与组态软件的连接，初步学会组态软件的基本应用，学会组态软件人机交互界面的设计，学会PLC和组态软件通信参数的基本设置步骤，能编写和控制有关的较复杂程序。

12.1　训练准备

12.1.1　器材配置

OMRON PLC（CP1H）一台，计算机一台，RS-232选件板（CP1W-CIF01）一套，MCGS组态软件一套，RS-232电缆一根，导线若干（交流异步电动机、小型继电器可选）。

12.1.2　入门引导

1. 组态软件简介

组态软件，又称组态监控系统软件。它是指一些数据采集与过程控制的专用软件。它处在自动控制系统监控层一级的软件平台和开发环境，使用灵活的组态方式，为用户提供快速构建工业自动控制系统监控功能的、通用层次的软件工具。组态软件应用于电力系统、给水系统、石油、化工等领域的数据采集与监视控制以及过程控制等诸多领域。

组态软件的品种有许多，国外的品牌有InTouch、IFix、Citech、WinCC等，国内的品牌有世纪星、三维力控、组态王、MCGS等，这里以MCGS组态软件为例进行介绍。

2. MCGS概述

MCGS（Monitor and Control Generated System，通用监控系统）是用于快速构造和生成计算机监控系统的组态软件。MCGS全中文工业自动化控制组态软件为用户建立全新的过程测控系统提供了一整套解决方案。MCGS工控组态软件是一套32位工控组态软件，可稳定运行于Windows95/98/NT操作系统，集动画显示、流程控制、数据采集、设备控制与输出、网络数据传输、双机热备、工程报表、数据与曲线等诸多强大功能于一身，并支持国内外众多数据采集与输出设备，广泛应用于多种工程领域。

3. MCGS系统构成

MCGS组态软件由“MCGS组态环境”和“MCGS运行环境”两个系统组成。其中组态环境由以下五大功能部件组成。

（1）主控窗口　是工程的主窗口或主框架。在主控窗口中可以放置一个设备窗口和多个用户窗口，负责调度和管理这些窗口的打开或关闭。主要的组态操作包括：定义工程的名称，编制工程菜单，设计封面图形，确定自动启动的窗口，设定动画刷新周期，指定数据库存盘文件名称及存盘时间等。

(2) 设备窗口　是连接和驱动外部设备的工作环境。在本窗口内配置数据采集与控制输出设备，注册设备驱动程序，定义连接与驱动设备用的数据变量。

(3) 用户窗口　主要用于设置工程中人机交互的界面，如：生成各种动画显示画面、报警输出、数据与曲线图表等。

(4) 实时数据库　是工程各个部分的数据交换与处理中心。它将 MCGS 工程的各个部分连接成有机的整体。在本窗口内定义不同类型和名称的变量，作为数据采集、处理、输出控制、动画连接及设备驱动的对象。

(5) 运行策略　主要完成工程运行流程的控制。包括编写控制程序（if... then 脚本程序），选用各种功能构件，如：数据提取、历史曲线、定时器、配方操作、多媒体输出等。

4. MCGS 工控组态软件的功能和特点

MCGS 工控组态软件具有概念简单，易于理解和使用；功能齐全，便于方案设计；实时性与并行处理；建立实时数据库，便于用户分布组态，保证系统安全可靠运行；设立“设备工具箱”，针对外部设备的特征，用户可从中选择某种“构件”；“面向窗口”的设计方法，增加了可视性和可操作性；引入了“运行策略”的概念等功能和特点。

5. MCGS 组态软件的工作方式

MCGS 通过设备驱动程序与外部设备进行数据交换，包括数据采集和发送设备指令。MCGS 为每一种基本图形元素定义了不同的动画属性。MCGS 提供了一套完善的网络机制，可通过 TCP/IP 网、Modem 网和串口网将多台计算机连接在一起，构成分布式网络测控系统，实现网络间的实时数据同步、历史数据同步和网络事件的快速传递。

6. MCGS 组态软件与 PLC 的连接

MCGS 组态软件可以通过 RS-232C 端口或 RS-485 端口和 PLC 相连。在实时数据库中定义要连接的数据对象，在设备窗口选择要连接的 PLC，并对 PLC 的属性进行设置，增加要与 PLC 进行连接的通道，并进行通道连接。

12.2 操作训练

12.2.1 简单界面设计与控制

1. 控制要求

用一个起动按钮来控制一个负载，要求在组态界面上设计一个按钮，用于起动控制，负载工作 10s 后自动停止，设计一个指示灯，用于显示负载的工作状态。符合控制要求的主电路、PLC I/O 接线和组态界面设计如图 12-1 所示，为了使问题简单化，热继电器的作用暂不考虑。

2. 界面设计

(1) 组态环境　打开 MCGS 组态环境如图 12-2 所示。

(2) 新建工程　如果 MCGS 安装在 D 盘根目录下，单击文件菜单中“新建工程”选项，在 D：\MCGS\WORK\下自动生成名为“新建工程×. MCG”工程（×表示新建工程的顺序号），如图 12-3 所示。

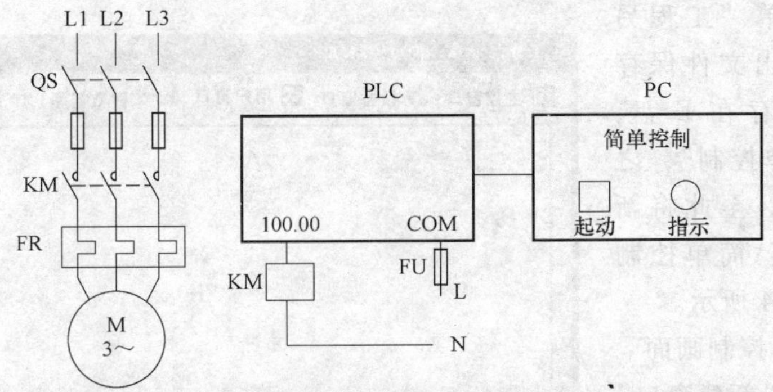

图 12-1　主电路、PLC I/O 接线和组态界面设计

图 12-2　MCGS 组态环境

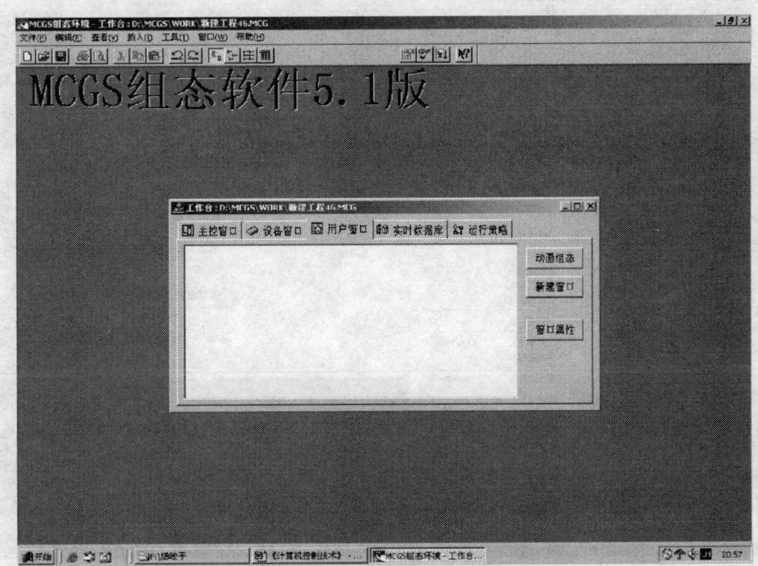

图 12-3　MCGS 新建工程

单击文件菜单“工程另存为”选项，弹出文件保存窗口，将文件保存在E盘，文件名输入“简单控制”，之后单击保存按钮，至此将新建工程存为“E：\简单控制.MCG”，如图12-4所示。

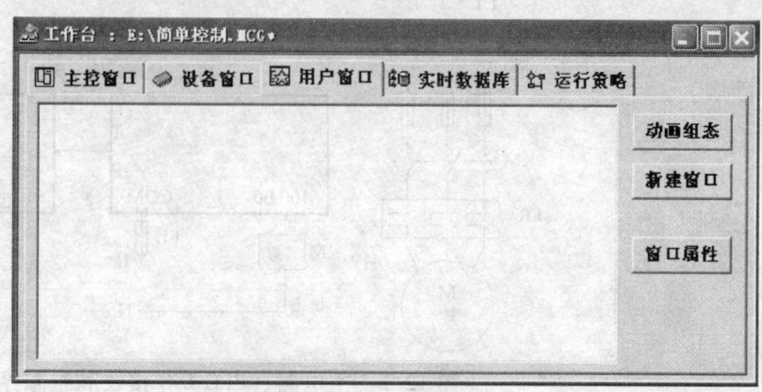

图12-4 简单控制

(3) 创建简单控制画面

在图12-4中单击“新建窗口”按钮，在用户窗口中新建窗口0，如图12-5所示。选中窗口0，单击右键，出现下拉菜单，如图12-6所示。单击“设置为启动窗口”，在运行环境

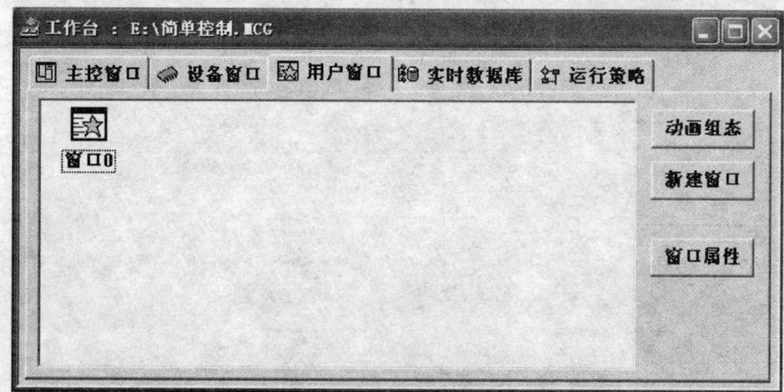

图12-5 新建窗口0

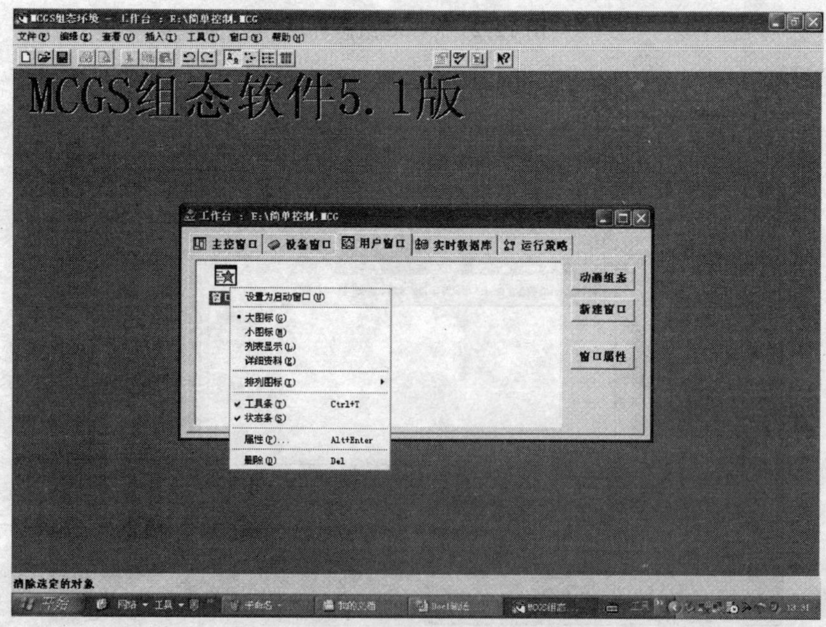

图12-6 设置为启动窗口

下将自动显示该窗口。单击“窗口属性”按钮，即可打开用户窗口属性设置对话框，如图 12-7所示，将窗口名称改为“简单控制”；窗口标题改为“简单控制”；窗口背景选白色；窗口位置选“最大化显示”，其他不变，如图 12-8 所示，之后单击“确认”按钮，即创建了简单控制窗口，如图 12-9 所示。

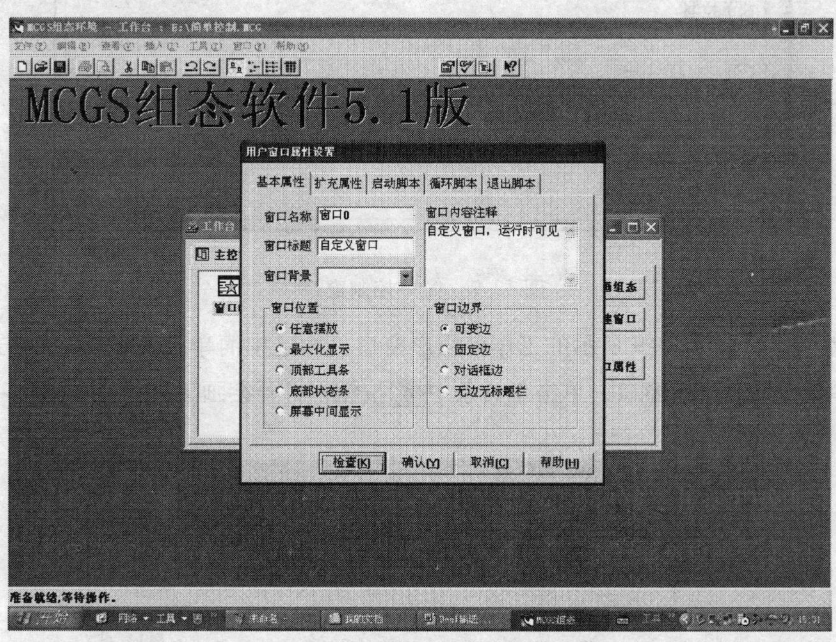

图 12-7　用户窗口属性设置对话框

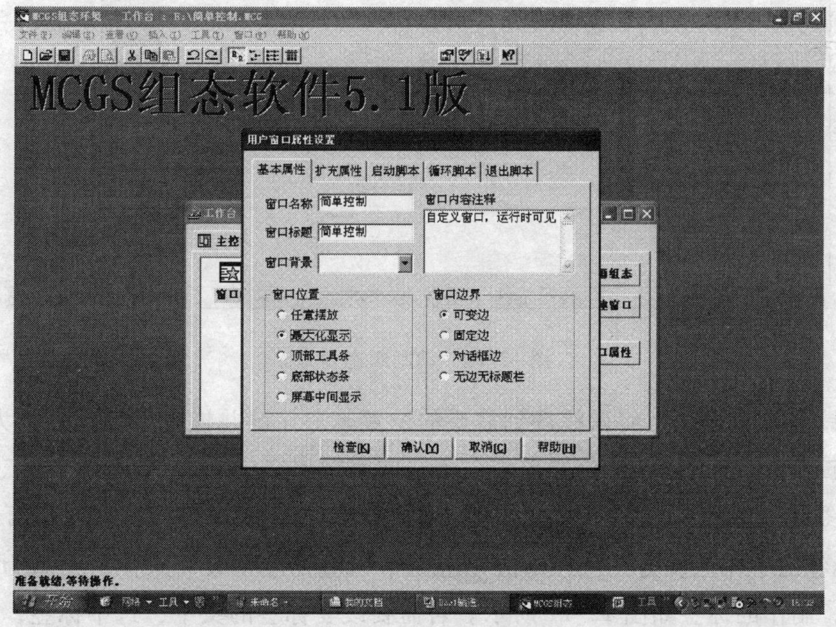

图 12-8　户窗口属性设置

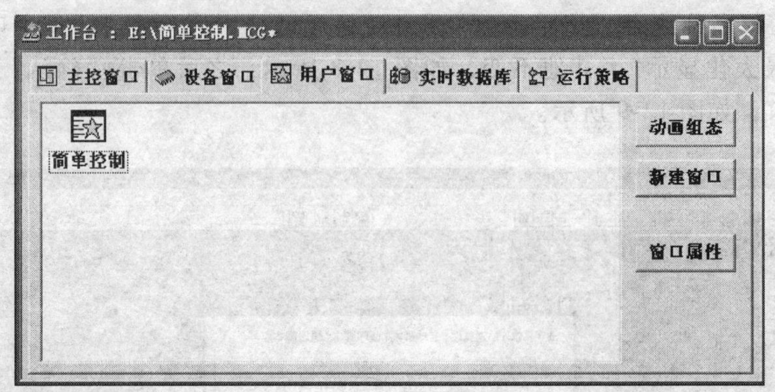

图 12-9 简单控制窗口

（4）标签制作 在图 12-9 所示的工作台用户窗口页面选中简单控制图标，单击动画组态按钮，进入简单控制动画组态窗口，单击工具条中按钮，打开绘画工具箱，如图 12-10 所示。

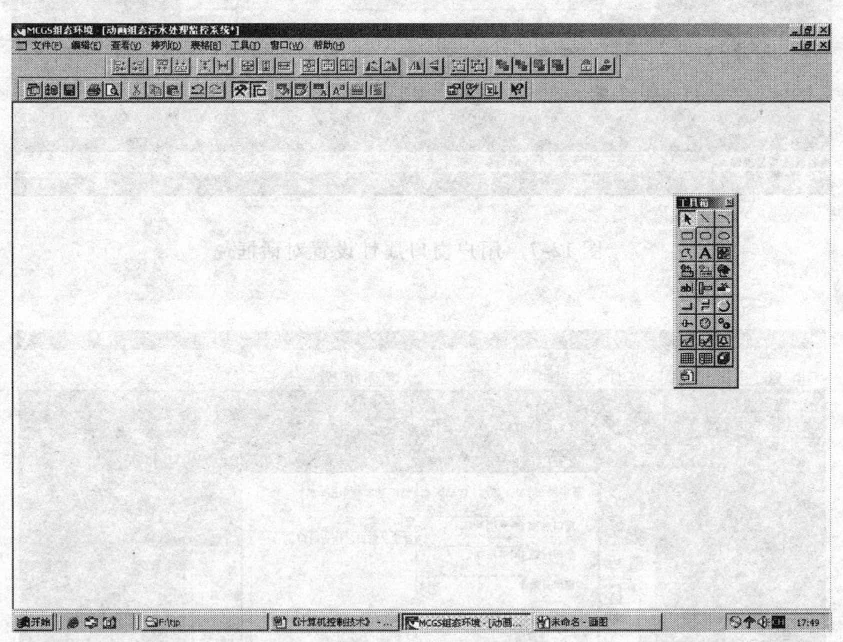

图 12-10 动画组态窗口

选中工具箱的按钮，将鼠标放到需要的位置单击左键并拖曳鼠标到适当大小的矩形，输入“简单控制”，在窗口任意位置单击一下，文字输入完成。选中标签，在工具条中单击按钮，标签的背景色设为没有填充；单击按钮，标签的边线色设为没有边线；单击按钮，标签的字体色设为红色；单击按钮，标签的字体设为宋体，字型为常规，字体大小为大一，制作的标签如图 12-11 所示。若需要改变标签的文字，选中标签，单击右键出现下拉菜单，选中“改文字”，将要改的文字输入文本框，然后在空白处单击一下。

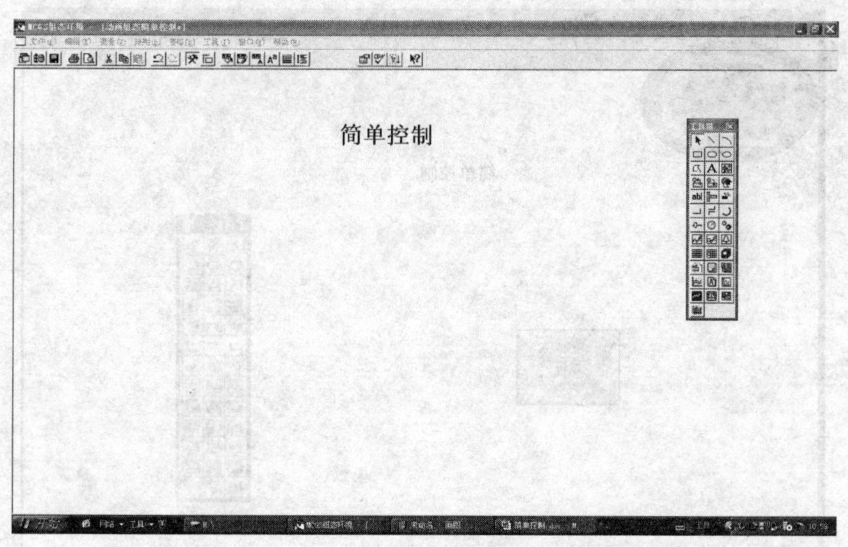

图 12-11 标签制作

（5）制作按钮和指示灯 单击绘画工具箱中图标，将鼠标拖动到相应位置画一个按钮，单击绘画工具箱中图标，打开对象元件管理库，如图 12-12 所示。选中指示灯，将指示灯 1 添到简单控制组态窗口，如图 12-13 所示。将鼠标放到指示灯拖曳手柄处，把指示灯调到适当大小，将鼠标移到指示灯并点住左键，拖曳到适当的位置，位置微调可用键盘中←键、↑键、→键、↓键来实现，在做了“起动”和“指示”两个标签后，完成的画面如图 12-14 所示。

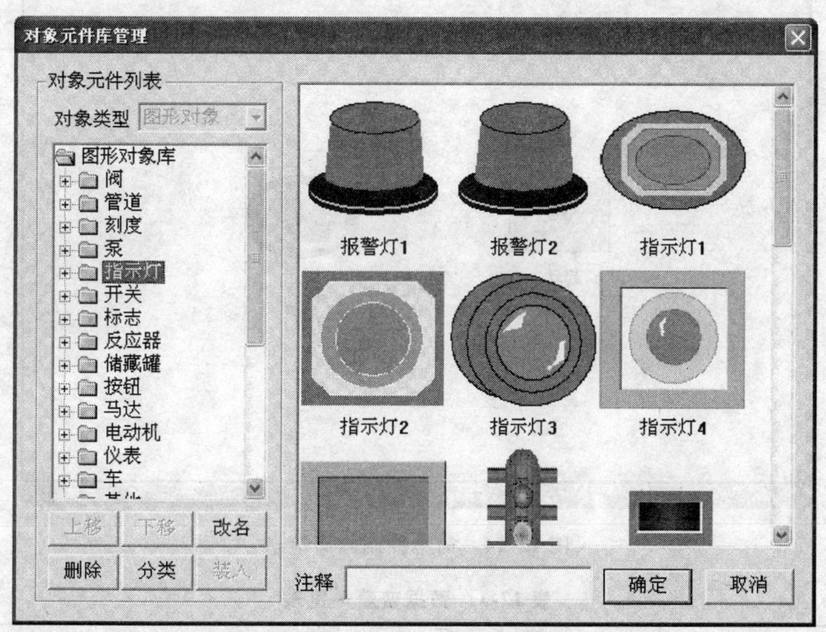

图 12-12 对象元件库管理

（6）定义数据对象 定义数据对象的内容主要包括：数据变量的名称、类型、初始值和数值范围；确定与数据变量存盘相关的参数。简单控制中需要用到的数据变量见表 12-1。

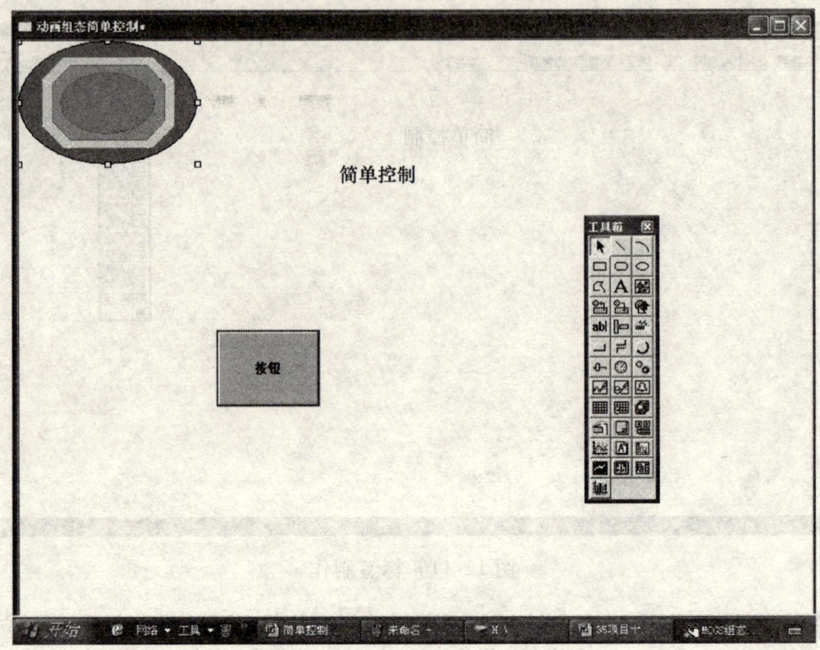

图 12-13 从元件库中选指示灯 1

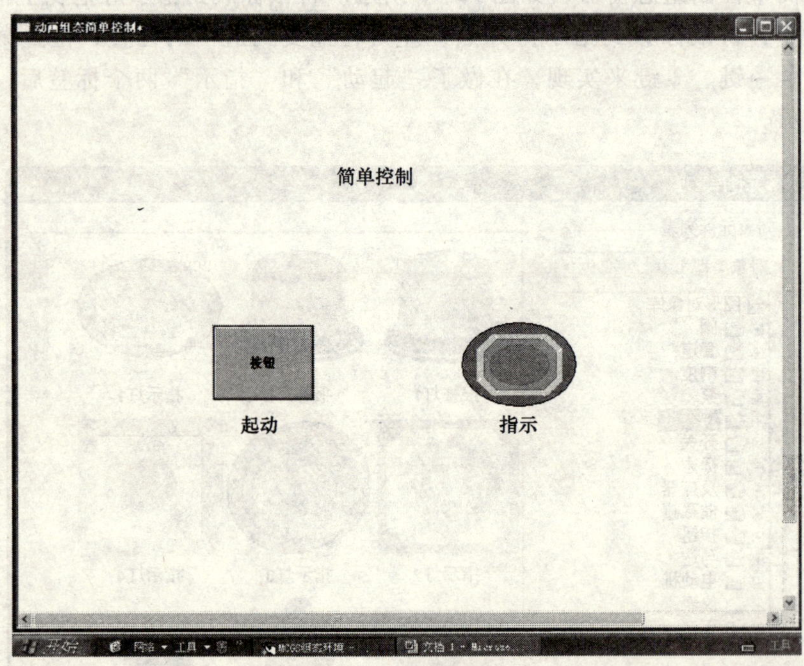

图 12-14 简单控制画面组态

表 12-1 数据变量一览表

对象名称	类 型	注 释
起动按钮	开关型	控制负载打开的变量
指示灯	开关型	指示负载工作状态的变量

在图 12-9 所示的工作台中单击“实时数据库”窗口标签，进入实时数据库窗口页面，如图 12-15 所示。

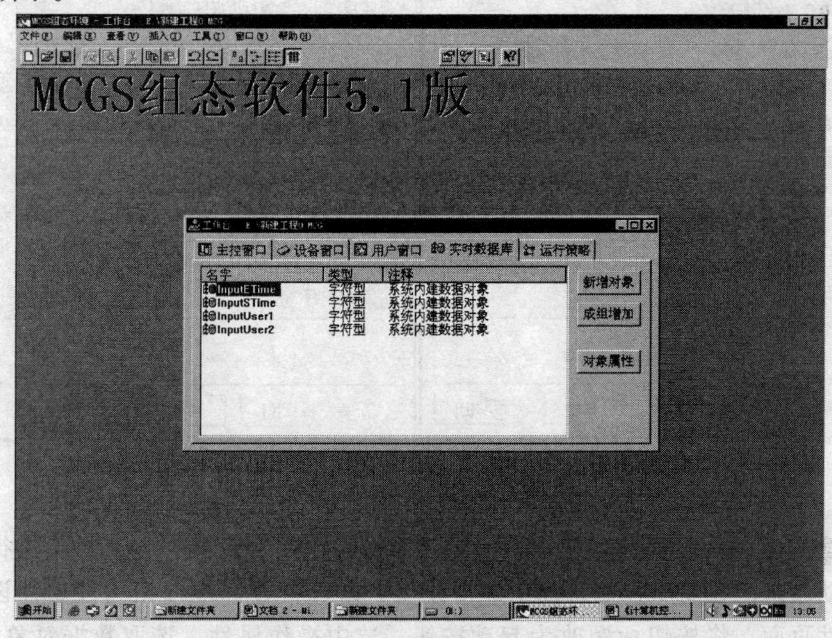

图 12-15 实时数据库窗口页面

在窗口页面，空白处单击一下，再单击“新增对象”按钮，则新增数据对象“Data1”，再双击鼠标，依次增加数据对象“Data1”、“Data2”，如图 12-16 所示，选中“Data1”，单击“对象属性”按钮，进入数据对象属性设置对话框，对象名称输入“起动按钮”；对象类型选“开关”；对象内容注释输入“控制负载打开的变量”；用同样的方法对“Data2”定义指示灯如图 12-17 所示。

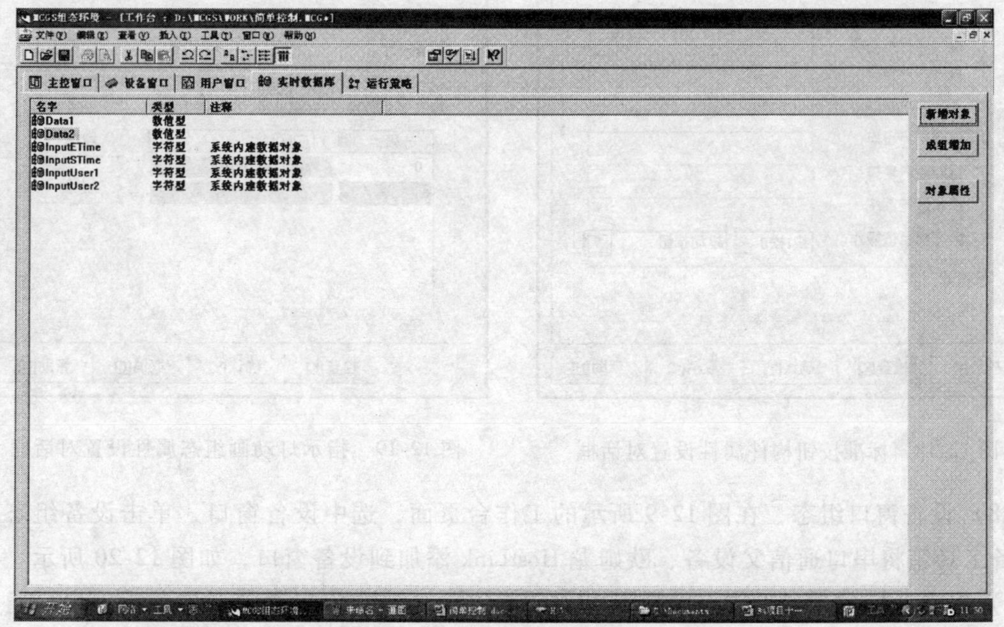

图 12-16 新增数据对象

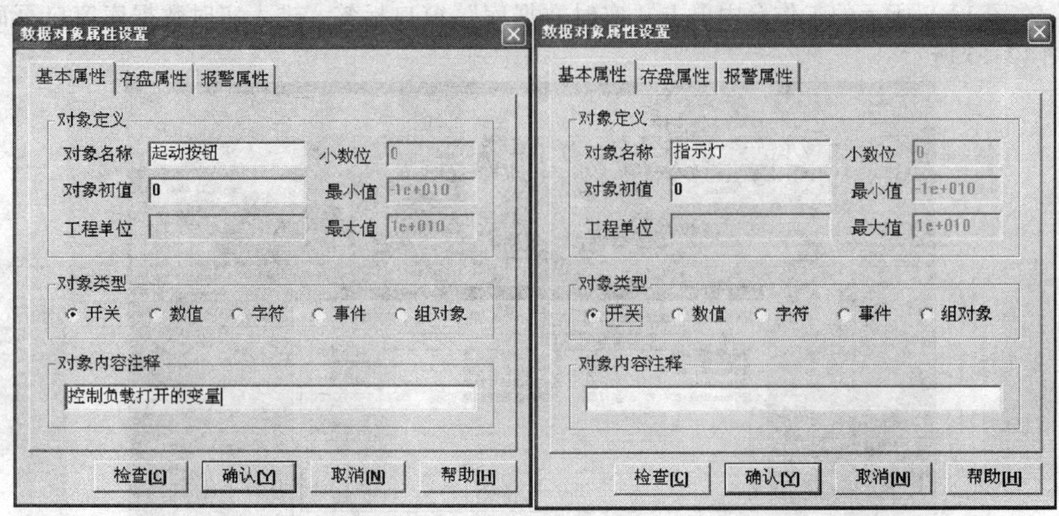

图 12-17 数据对象属性设置

（7）动画连接 前面制作好的简单控制画面是静止的，需要对各个对象进行动画连接，才能使画面动起来。在简单控制画面中双击按钮，即可打开标准按钮构件属性设置对话框，选中基本属性页面，将按钮标题改为起动按钮；选中操作属性，选取数据对象值操作按图 12-18 设置，之后单击“确认”键。

双击指示灯，出现动画组态属性设置对话框，选中填充颜色页面，表达式填指示灯，填充颜色分段点 0 时为红色、分段点 1 时为绿色，如图 12-19 所示，之后单击“确认”键。

图 12-18 标准按钮构件属性设置对话框

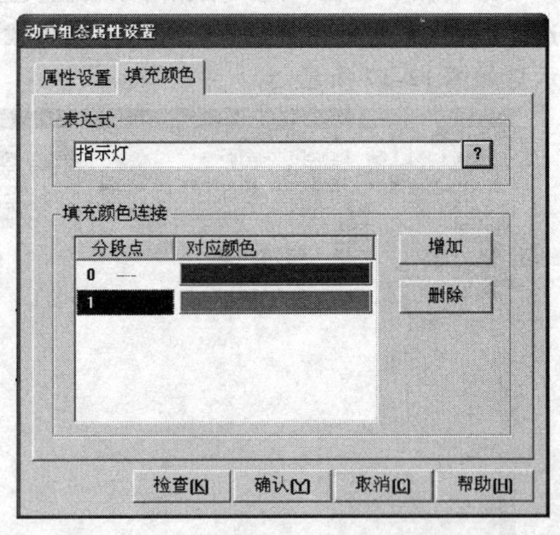

图 12-19 指示灯动画组态属性设置对话框

（8）设备窗口组态 在图 12-9 所示的工作台页面，选中设备窗口，单击设备组态，打开设备工具箱将串口通信父设备、欧姆龙 HostLink 添加到设备窗口，如图 12-20 所示。

1）串口通信父设备设置：欧姆龙 PLC 设备必须挂接在串口通信父设备下，串口通信父设备在“通用设备”目录中。串口通信父设备用来设置通信参数和通信端口。通信参数必

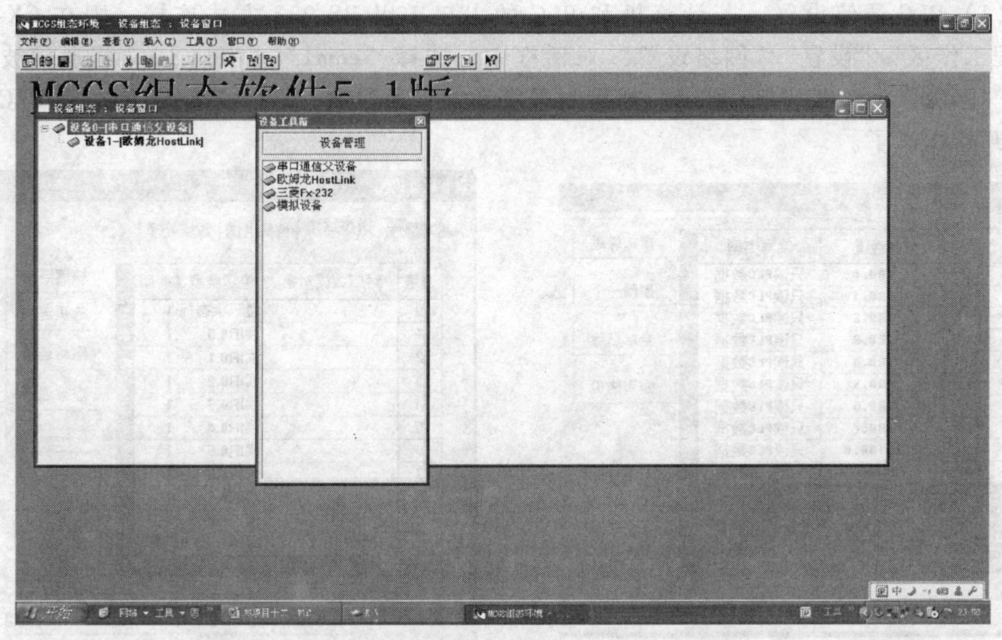

图 12-20　设备窗口组态

须设置成与 PLC 的参数一样，否则就无法通信。欧姆龙 PLC 常用的通信参数：波特率为 9600；2 位停止位；偶校验，7 位数据位。其属性设置如图 12-21 所示。

2）欧姆龙 HostLink 属性设置：根据需要来对设备进行重新命名，但不能和设备窗口中已有的其他设备构件同名。最小采集周期（单位为毫秒），一般在静态测量时设为 1000ms，在快速测量时设为 200ms。初始工作状态，用于设置设备的起始工作状态，设置为启动时，在进入 MCGS 运行环境时，MCGS 即自动开始对设备进行操作；设置为停止时，MCGS 不对设备进行操作，但可以用 MCGS 的设备操作函数和策略在 MCGS 运行环境中启动或停止设备。PLC 地址，如直接的 RS-232 方式则为 0，用适配器时地址由自己设置。增加 2 个通道 IR100.00、IR3800.00，如图 12-22 所示，通道连接如图 12-23 所示。设备调试可以检查 MCGS 组态软件与 PLC 通信是否成功。通信状态标志为 0 时表示通信成功；为 -1 时表示通信不成功。

设备属性设置：　-- [设备0]

基本属性 | 通道连接 | 设备调试 | 数据处理

设备属性名	设备属性值
[内部属性]	设置设备内部属性
[在线帮助]	查看设备在线帮助
设备名称	设备0
设备注释	串口通讯父设备
初始工作状态	1 - 启动
最小采集周期[ms]	200
串口端口号	0 - COM1
通讯波特率	6 - 9600
数据位位数	2 - 7位
停止位位数	1 - 2位
数据校验方式	2 - 偶校验
数据采集方式	0 - 同步采集

检查[K]　确认[Y]　取消[C]　帮助[H]

图 12-21　串口通信父设备属性设置

3. 控制程序设计

使用 CX-P 编程软件，编写一个简单控制梯形图如图 12-24 所示，存盘后文件名为“简单控制”。

4. 调试

（1）PLC 通信设置　若计算机和 PLC 的串口 1 以 RS-232 方式连接，则在 CX-P 的“工程工作区”/“设置”/“网络设置”对话框中，选择“com1”（串口 1），将通信波特率选为“9600”，如图 12-25 所示。把控制程序和设置通过 RS-232C 口一起传送到 PLC，就可以开始调试了。

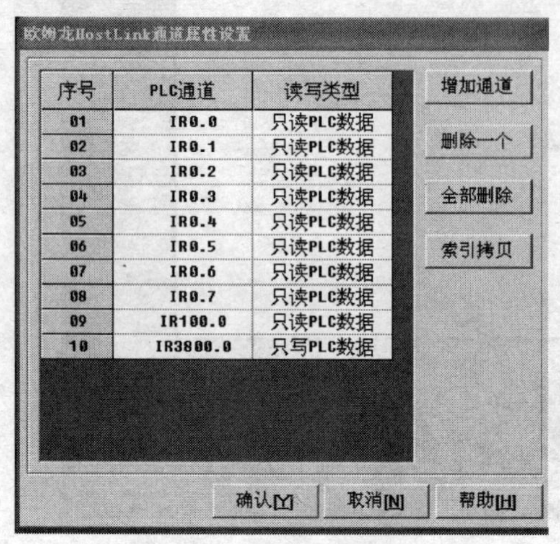

序号	PLC通道	读写类型
01	IR0.0	只读PLC数据
02	IR0.1	只读PLC数据
03	IR0.2	只读PLC数据
04	IR0.3	只读PLC数据
05	IR0.4	只读PLC数据
06	IR0.5	只读PLC数据
07	IR0.6	只读PLC数据
08	IR0.7	只读PLC数据
09	IR100.0	只读PLC数据
10	IR3800.0	只写PLC数据

图 12-22　通道属性设置

通道	对应数据对象	通道类型	周期
0		通讯状态标	1
1		读IR0.0	1
2		读IR0.1	1
3		读IR0.2	1
4		读IR0.3	1
5		读IR0.4	1
6		读IR0.5	1
7		读IR0.6	1
8		读IR0.7	1
9	指示灯	读IR100.0	1
10	启动按钮	写IR3800.0	1

图 12-23　通道连接

（2）PLC 与 MCGS 组态软件的连接　MCGS 组态软件可以通过计算机 RS-232C 接口和 PLC 相连，接线连接图参见图 1-8a。

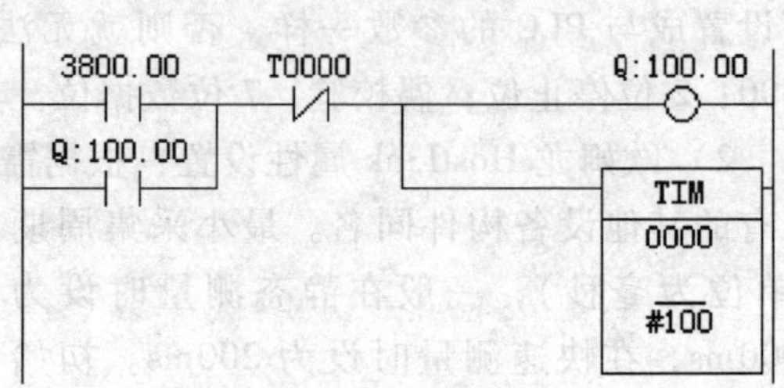

图 12-24　简单控制梯形图

12.2.2　较复杂界面设计与控制

1. 控制要求

要求用组态软件、PLC 实现自动送料装车控制系统的自动和手动监控。自动送料装车控制系统如图 12-26 所示。

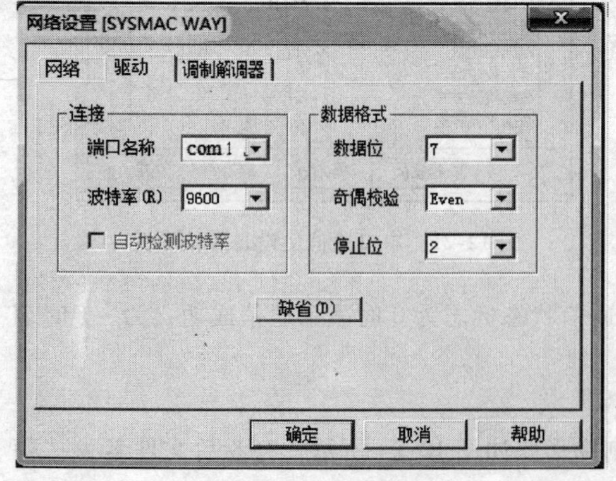

图 12-25　PLC 通信设置

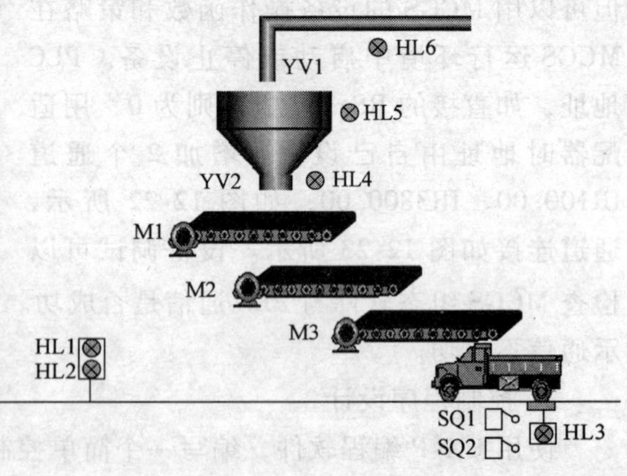

图 12-26　自动送料装车控制系统

（1）初始状态　红灯 HL1 灭，绿灯 HL2 亮，表明准许汽车开进装料。料斗出料口 YV2 关闭，电动机 M1、M2 和 M3 皆为 OFF。

（2）装车控制　进料：如料斗中料不满（传感器 S1 为 OFF），5s 后进料阀 YV1 开启，当料满（S1 为 ON）时，中止进料。装车：当汽车开进到装车位置（SQ1 为 ON）时，红灯 HL1 亮，绿灯 HL2 灭；同时起动 M3，经 2s 后起动 M2，再经 2s 后起动 M1，再经 2s 后打开料斗（YV2 为 ON）出料。当车装满（SQ2 为 ON）时，料斗 YV2 关闭，2s 后 M1 停止，M2 在 M1 停止 2s 后停止，M3 在 M2 停止 2s 后停止，同时红灯 HL1 灭，绿灯 HL2 亮，表明汽车可以开走。

2. 控制界面设计

考虑到操作方便，组态画面拟设计三幅画面：第一幅封面，第二幅自动控制画面，第三幅手动控制画面。

（1）第一幅　封面如图 12-27 所示。在封面中利用“工具箱”中的“▭”工具创建了“自动控制”和“手动控制”两个命令按钮，运行时单击命令按钮，即可转换到自动控制画面或手动控制画面。

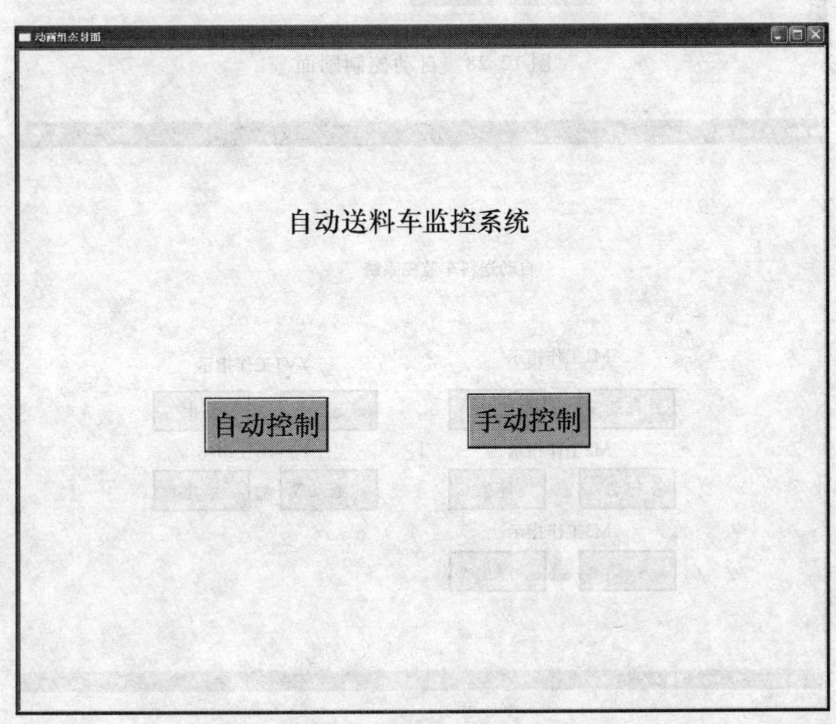

图 12-27　封面

（2）第二幅　第二幅为自动控制画面，如图 12-28 所示。画面显示自动送料车控制系统流程及各元件的工作状态，在页面的右下角有一个转换开关，用于自动和手动切换。

（3）第三幅　第三幅为手动控制画面，如图 12-29 所示。分别控制 M1、M2、M3、YV1、YV2 的起动和停止及它们的工作状态。

3. 定义数据对象

自动送料车监控系统中需要用到的数据变量见表 12-2。

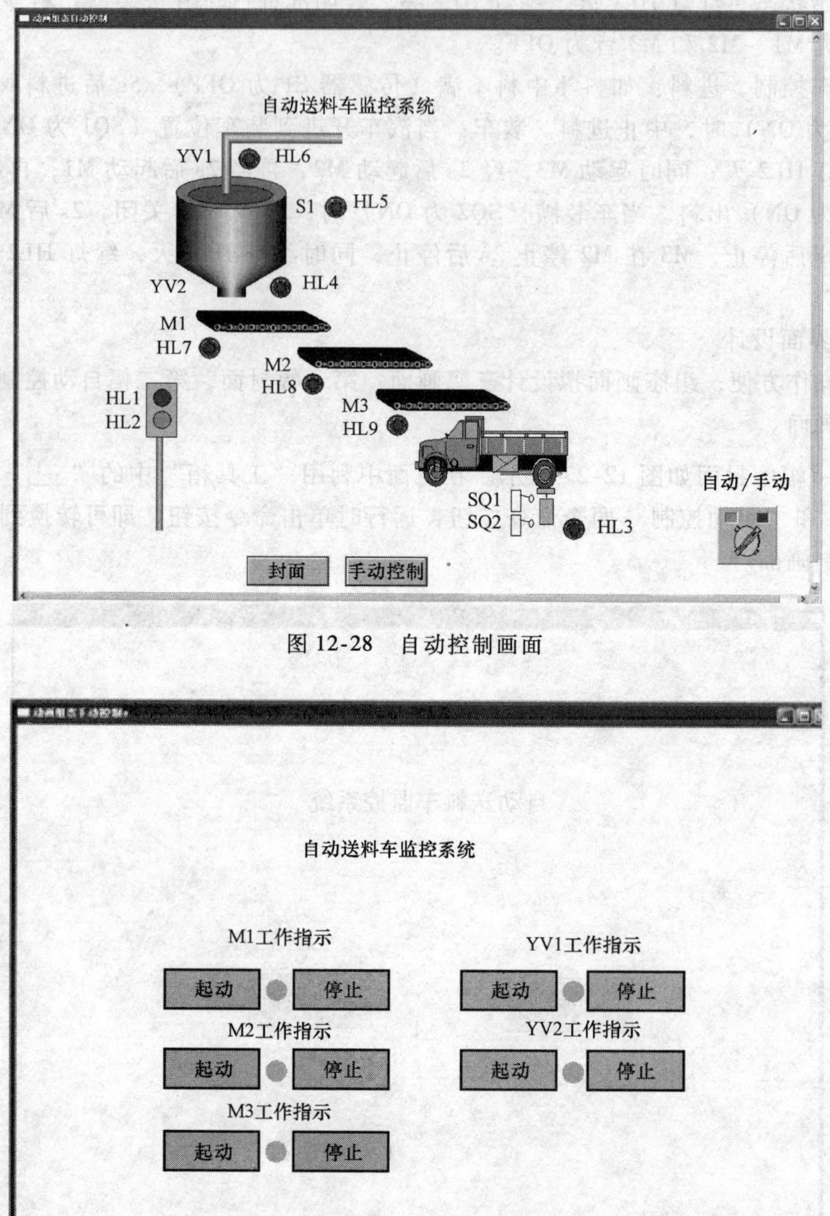

图 12-28 自动控制画面

图 12-29 手动控制画面

表 12-2 数据变量一览表

对象名称	类 型	注 释
自动手动转换	开关型	自动手动控制
M1 起动	开关型	M1 起动按钮
M1 停止	开关型	M1 停止按钮
M2 起动	开关型	M2 起动按钮
M2 停止	开关型	M2 停止按钮

（续）

对象名称	类型	注释
M3 起动	开关型	M3 起动按钮
M3 停止	开关型	M3 停止按钮
YV1 起动	开关型	YV1 起动按钮
YV1 停止	开关型	YV1 停止按钮
YV2 起动	开关型	YV2 起动按钮
YV2 停止	开关型	YV2 停止按钮
HL7	开关型	M1 工作状态指示
HL8	开关型	M2 工作状态指示
HL9	开关型	M3 工作状态指示
HL6	开关型	YV1 工作状态指示
HL4	开关型	YV2 工作状态指示
HL5	开关型	料斗料满指示
HL1	开关型	不许进车指示
HL2	开关型	允许进车指示
HL3	开关型	车料装满指示

4. 设备窗口组态

与简单控制设备组态基本相同，不同的是增加了输入点 IR3800.01、IR3800.02、IR3800.03、IR3800.04、IR3800.05、IR3800.06、IR3800.07、IR3800.08、IR3800.09、IR3800.10、IR3801.00 和 IR3801.01，读写类型为只写 PLC 数据，增加了输出点 IR100.01、IR100.02、IR100.03、IR100.04、IR100.05、IR3801.00 和 IR3801.01，读写类型为读 PLC 数据，通道属性设置与连接见表 12-3。

表 12-3 通道属性设置与连接一览表

PLC 通道	读写类型	对应的数据对象	注释
IR3800.00	读写	自动手动转换	自动手动控制
IR3800.01	只写	M1 起动	M1 起动按钮
IR3800.02	只写	M1 停止	M1 停止按钮
IR3800.03	只写	M2 起动	M2 起动按钮
IR3800.04	只写	M2 停止	M2 停止按钮
IR3800.05	只写	M3 起动	M3 起动按钮
IR3800.06	只写	M3 停止	M3 停止按钮
IR3800.07	只写	YV1 起动	K1 起动按钮
IR3800.08	只写	YV1 停止	K1 停止按钮
IR3800.09	只写	YV2 起动	K2 起动按钮
IR3800.10	只写	YV2 停止	K2 停止按钮
IR100.01	只读	HL7	M1 工作指示
IR100.02	只读	HL8	M2 工作指示
IR100.03	只读	HL9	M3 工作指示
IR100.04	只读	HL6	YV1 打开指示
IR100.05	只读	HL4	YV2 打开指示
IR000.02	只读	HL5	车料装满指示
IR000.03	只读	HL1	料斗料满指示
IR3801.00	只读	HL2	不许进车指示
IR3801.01	只读	HL3	允许进车指示

5. 外围接线

PLC 的 I/O 端接线图如图 12-30 所示。为了使问题简单化，热继电器的作用暂不考虑。

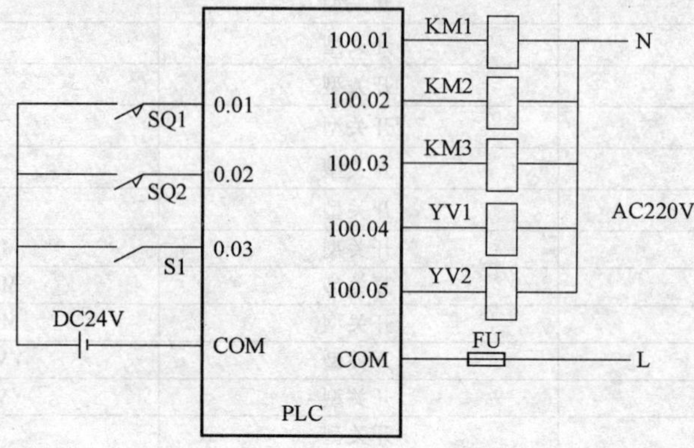

图 12-30 自动控制 I/O 接线图

6. 控制程序设计

控制程序梯形图如图 12-31 所示。

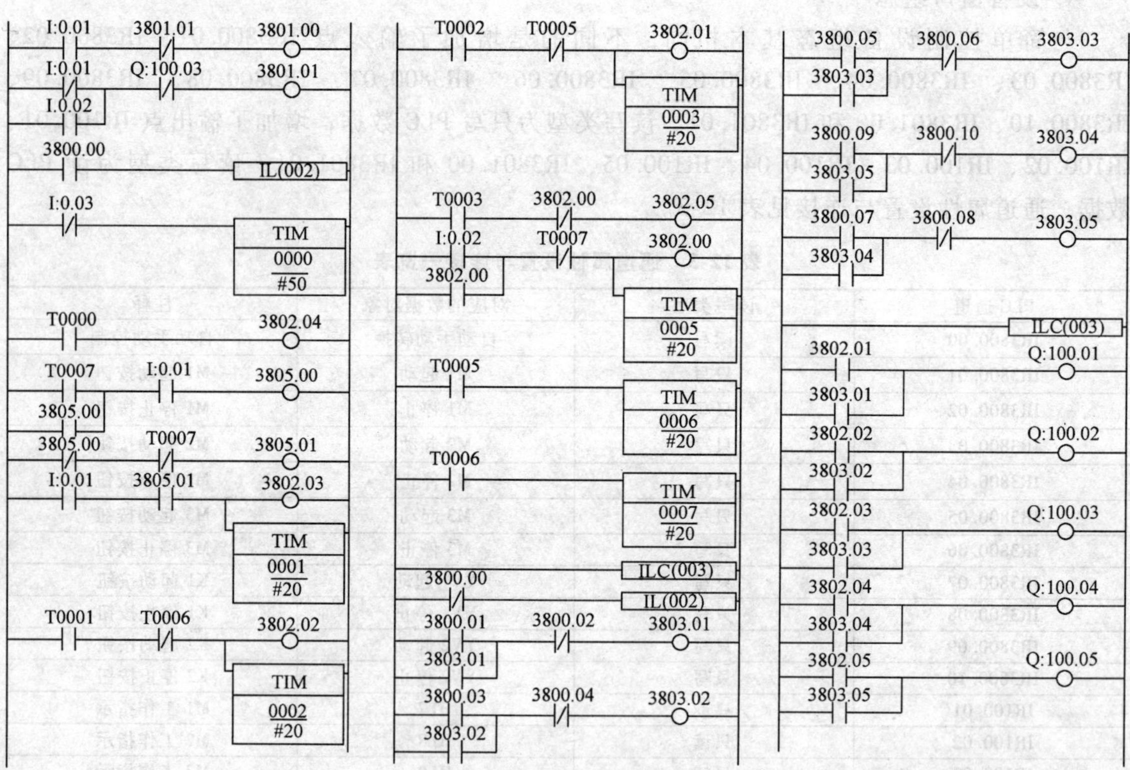

图 12-31 自动送料车监控系统梯形图

12.3 回忆思考

1. 怎样设计按钮？有哪几个步骤？

2. 怎样设计数据显示和输入框，它的基本属性有几个？

3. 怎样设计标题，怎样使画面更漂亮？

4. 组态软件和 PLC 通信连接不上有哪些可能？

5. 组态软件和 PLC 通信前，有哪些参数要设置？

12.4 拓展创新

要求用组态软件、PLC 实现物料自动混合控制系统的监控。物料自动混合控制系统如图 12-32 所示，其控制要求如下：

1. 初始状态

容器是空的，电磁阀 YV1、YV2 和 YV3，搅拌电动机 M，液面传感器 S1、S2、S3，和温度传感器 LT 均为 OFF。

2. 物料自动混合控制

（1）按下起动按钮，电磁阀 YV1 开启，开始注入物料 A，至高度 S2（此时 S1、S2 均为 ON）时，关闭阀 YV1；电磁阀 YV2 开启，注入物料 B，当液面上升至 S3 时，关闭阀 YV2。

（2）停止物料 B 注入后，起动搅拌电动机 M，使两种物料混合搅拌 10s。停止搅拌后，开启电磁阀 YV3，放出混合物料，当液面高度降至 S1 后，再经 5s 关闭电磁阀 YV3。

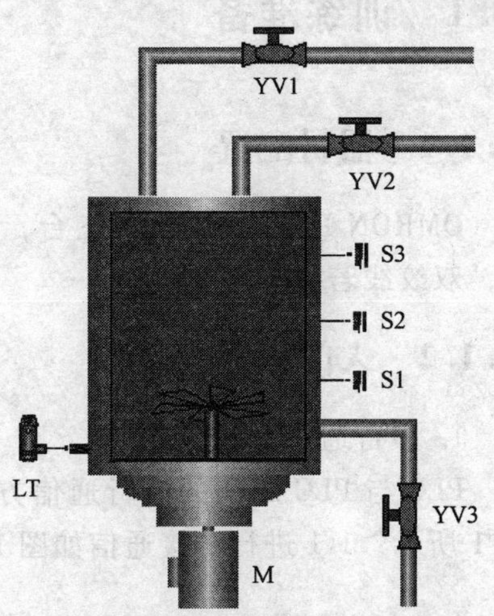

图 12-32　物料自动混合控制系统

3. 停止操作

按下停止按钮，在当前过程完成以后，再停止操作，回到初始状态。

项目十三　PLC 与 PLC 通信

PLC 具有很好的通信功能，能通过串行口和另外若干台 PLC 进行通信，交换信息，达到通信控制的目的。通过项目训练，学习 PLC 之间通信的线路连接、参数设置和程序编写，并为网络系统的应用打好基础。

13.1　训练准备

13.1.1　器材配置

OMRON PLC（CP1H）三台，计算机一台，RS-422A/485 选件板（CP1W-CIF11）三套，双绞线若干。

13.1.2　入门引导

1. 串行通信方式

PLC 与 PLC 之间的串行通信方式有两种，1:N 和 1:1 链接通信。1:N 的链接通信如图 13-1 所示，1:1 进行链接通信如图 13-2 所示。

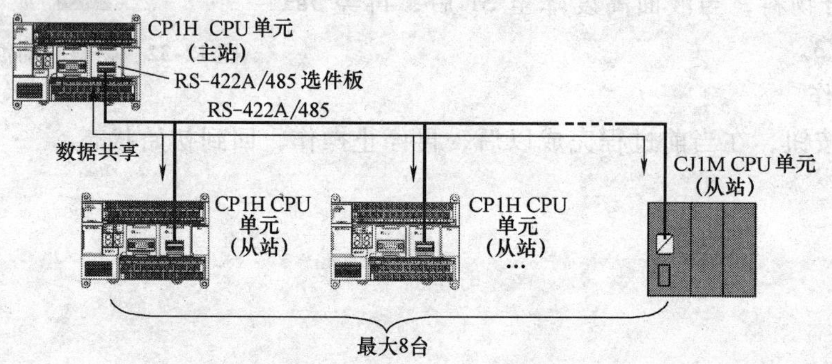

图 13-1　CP1H:CP1H（或 CJ1M）= 1:N（最大 8）链接

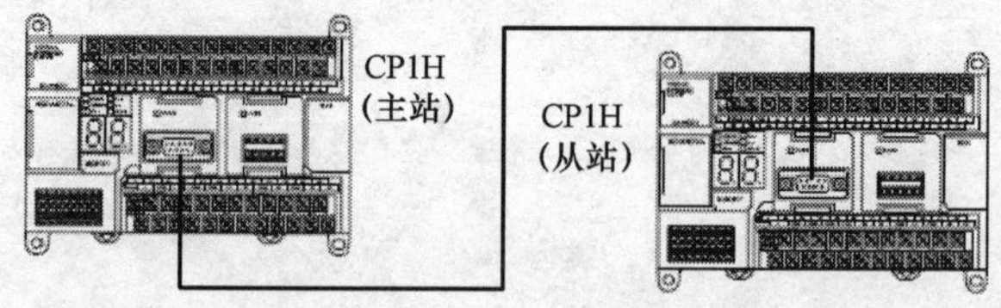

图 13-2　CP1H:CP1H = 1:1 链接

2. 通信规格及链接方式

（1）通信规格　1:N 和 1:1 链接通信规格见表 13-1。

表 13-1　链接通信规格表

项　　目	内　　容
对应串行口	串行口1或串行口2 但如都设定为“串行PLC链接主站”或“串行PLC链接从站”，则会出现PLC系统设定异常（运行继续异常），使A402.10（PLC系统设定异常标志）变为1
连接方式	应用RS-422A/485选件板（或RS-232C选件板）的RS-422A/485（或RS-232C）连接
分配继电器区域	串行PLC链接继电器：3100～3199 CH（每台最大10 CH）
最大连接数	9台（主站1台、从站8台）
链接方式	全站链接方式或主站链接方式

（2）链接方式　作为数据的更新方式，有全站链接方式和主站链接方式两种。

1）全站链接方式：主站、从站都反映所有的其他站的数据的方式。其串行链接继电器的地址分配如图13-3所示。图中反映了各站在分配了不同的继电器区域时所对应的通道地址，串行PLC链接继电器地址为3100～3199 CH（每台最大10 CH）。

地址 3100 CH

串行PLC链接继电器

3199 CH

链接CH数	1 CH	2 CH	3 CH	…	10 CH
主站	3100	3100～3101	3100～3102		3100～3109
从站No.0	3101	3102～3103	3103～3105		3110～3119
从站No.1	3102	3104～3105	3106～3108		3120～3129
从站No.2	3103	3106～3107	3109～3111		3130～3139
从站No.3	3104	3108～3109	3112～3114		3140～3149
从站No.4	3105	3110～3111	3115～3117		3150～3159
从站No.5	3106	3112～3113	3118～3120		3160～3169
从站No.6	3107	3114～3115	3121～3123		3170～3179
从站No.7	3108	3116～3117	3124～3126		3180～3189
空区域	3109～3199	3118～3119	3127～3199		3190～3199

图 13-3　全站链接方式继电器区域分配

设定链接CH数等于最大10CH的情况时，全站链接方式链接继电器的地址分配如图13-4所示。

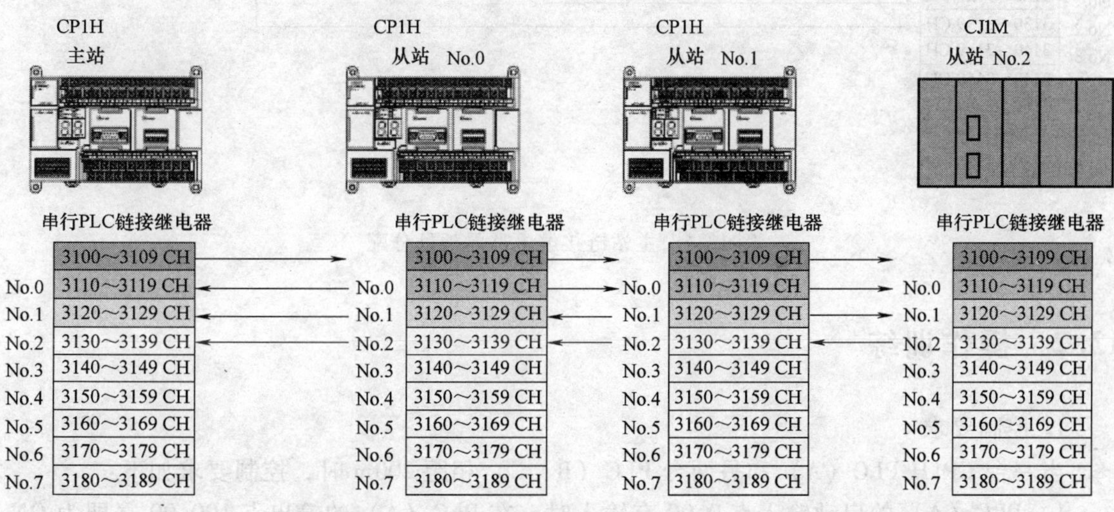

图 13-4　全站链接、10CH时链接继电器的地址分配实例

2）主站链接方式：主站可反映所有的从站的数据，而从站仅反映主站的数据的方式。

由于从站区域的地址都相同，所以具有参照数据的梯形图程序可以通用的优点。其串行链接继电器的地址分配如图 13-5 所示。

地址
3100 CH
串行PLC
链接区
3199 CH

链接CH数	1 CH	2 CH	3 CH	…	10 CH
主站	3100	3100~3101	3100~3102		3100~3109
从站No.0	3101	3102~3103	3103~3105		3110~3119
从站No.1	3101	3102~3103	3103~3105		3110~3119
从站No.2	3101	3102~3103	3103~3105		3110~3119
从站No.3	3101	3102~3103	3103~3105		3110~3119
从站No.4	3101	3102~3103	3103~3105		3110~3119
从站No.5	3101	3102~3103	3103~3105		3110~3119
从站No.6	3101	3102~3103	3103~3105		3110~3119
从站No.7	3101	3102~3103	3103~3105		3110~3119
空区域	3102~3199	3104~3199	3106~3199		3120~3199

图 13-5 主站链接方式继电器区域分配

设定链接 CH 数等于最大的 10CH 时，主站链接继电器的地址分配如图 13-6 所示。主站 CP1H CPU 单元将其自身的 3100 ~ 3109CH 以同时多址的形态，向所有从站 CP1H CPU 单元（或 CJ1M CPU 单元）的 3100 ~ 3109CH 发送数据；各从站 CP1H CPU 单元（或 CJ1M CPU 单元）将自身的 3100 ~ 3109CH，按从站 No. 的顺序，每次 10 个 CH，向主站的 3110 ~ 3119、3120 ~ 3129CH、3130 ~ 3139CH 发送数据。

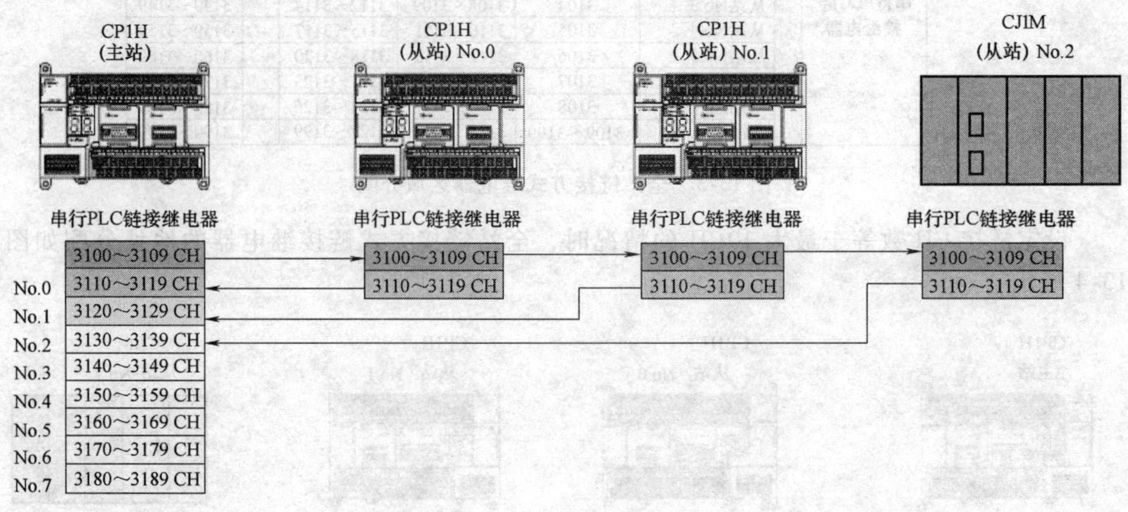

图 13-6 主站链接继电器的地址分配

13.2 操作训练

1. 控制要求

当一台 CP1H PLC（A）和另两台 PLC（B、C）相距 200m 时，控制要求如下：

1）PLC（A）的启动输入点 0.00 有输入时，在 PLC（A）的输出点 100.00 立即为 ON，延时 2s 后 PLC（B）的输出点 100.01 为 ON，再延时 2s 后 PLC（C）的输出点 100.02 为

ON；当PLC（A）的停止输入点0.01有输入时，三个PLC的输出点同时OFF。

2）PLC（B）的启动输入点0.00有输入时，PLC（B）的输出点100.01立即为ON，延时2s后PLC（C）的输出点100.02为ON；当PLC（B）的停止输入点0.01有输入时，PLC（B）的100.01点和PLC（C）的100.02点立即同时OFF。

3）PLC（C）的启动输入点0.00有输入时，PLC（C）的输出点100.02立即为ON，当PLC（C）的停止输入点0.01有输入时，PLC（C）的100.02点立即OFF。

4）通过PLC（C）能设置PLC（A）、PLC（B）的定时时间，当PLC（C）的0.02闭合时，PLC（A）、PLC（B）的定时时间为10s，当PLC（C）的0.03闭合时，PLC（A）、PLC（B）的定时时间为5s。

2. 通信线路连接

RS-422通信线路连接如图13-7a所示连接，接线端子外观如图13-7b所示。CP1W-CIF11均安装在PLC的选件板槽位2上，即串口2－模式。

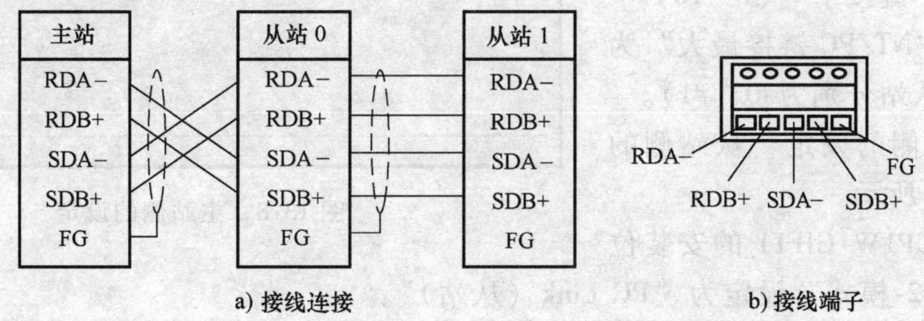

图13-7　主站、从站RS-422通信线路连接

如果是RS-485连接的话，在CP1WCIF11板上找一组正负对接就可以了，例如主站RDA－接从站RDA－，RDB＋接RDB＋，从站和从站之间也是这样连接。

3. CP1W-CIF11开关设定

在CP1WCIF11选件板的反面有6位的DIP开关，其含义见表13-2。

表13-2　CIF11 DIP开关的含义

Pin No.	位置	意　义	说　明
1	ON	终端电阻，在两端时为ON。	
	OFF		
2	ON	2线(RS-485)	
	OFF	4线(RS-422)	
3	ON	2线(RS-485)	
	OFF	4线(RS-422)	
4	—	—	空
5	ON	RD(接收数据)：RTS(请求发送)流控	RS-485无回响设定，所以No.5 = ON
	OFF	RD(接收数据)：无RTS流控	一直接收
6	ON	SD(发送数据)：RTS流控	4线(RS-422) 1:N连接，多从站时一定为ON 2线(RS-485)设置为ON
	OFF	SD：无RTS流控	一直发送

当采用 RS-422 通信方式时，DIP 开关设置如下：

主站：1 = ON；2、3 = OFF；5 = ON；6 = ON。

从站 0：1 = OFF；2、3 = OFF；5 = ON；6 = ON。

从站 1：1 = ON；2、3 = OFF；5 = ON；6 = ON。

4. PLC 系统设定

(1) 主站侧的设定　主站侧的设定如图 13-8 所示。

1) 根据 CP1W-CIF11 的安装位置，将“串口 2-模式”中设定为“PC Link (主站)”。

2) 将“PC 链接模式”设定为“全部”。

3) 设定“链接字”(1～10)。

4) 设定“NT/PC 链接最大”为“1”(即链接从站分别为#0、#1)。

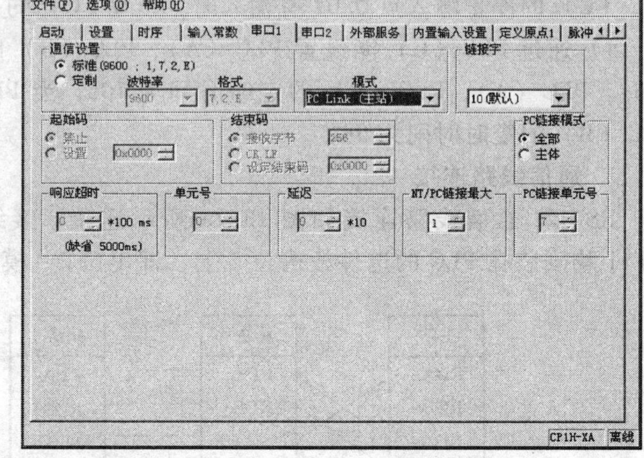

图 13-8　主站侧的设定

(2) 从站侧的设定　从站侧的设定如图 13-9 所示。

1) 根据 CP1W-CIF11 的安装位置，将“串口 2-模式”设定为“PC Link (从站)”。

2) 设定从站 0“PC 链接单元号”为“0”，设定从站 1“PC 链接单元号”为“1”。

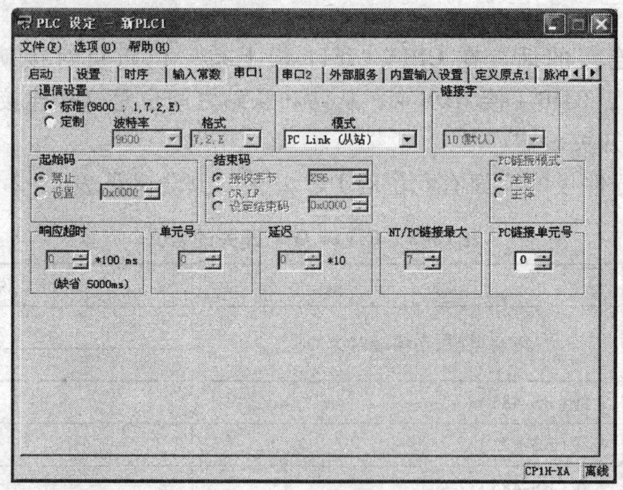

图 13-9　从站侧的设定

5. 程序编写

PLC (主站)、PLC (从站 0) 和 PLC (从站 1) 上的梯形图分别如图 13-10a、b、c 所示。

在图 13-10 中，PLC 主站通过 3100.00 控制 PLC 从站 0，PLC 从站 0 通过 3110.00 控制 PLC 从站 1，PLC 从站 1 通过 3121 控制 PLC 主站和 PLC 从站 0 的延时时间。

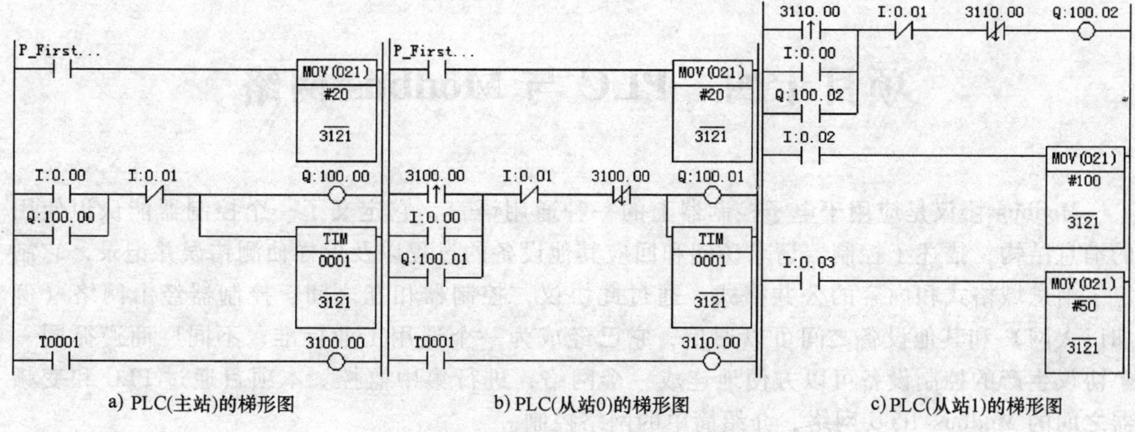

a) PLC(主站)的梯形图　　b) PLC(从站0)的梯形图　　c) PLC(从站1)的梯形图

图 13-10　三个 PLC 上的梯形图

13.3　回忆思考

1. 主站是通过哪个地址的继电器来将启动信号传送到从站 0 的？
2. 从站 0 是通过哪个地址的继电器来将启动信号传送到从站 1 的？
3. 主站是以什么方式来关闭从站 0 和从站 1 的输出点的？
4. 从站能控制主站吗？如可以，请试一试。

13.4　拓展创新

用一台 CP1H 作为主站，三台 CP1H 作为从站，采用 RS-485 连接。当主站发出启动信号时，从站 0 的 100.01 输出周期为 2s 的对称脉冲信号，从站 1 的 100.02 输出周期为 4s 的对称脉冲信号，从站 2 的 100.03 输出常 ON，并将各站的输出状态在主站的 100.01、100.02、100.03 反映出来；当主站发出停止信号时，从站停止输出。

（提示：RS-485 连接方式、参数设置参考 CP1H 用户手册，脉冲输出参见项目三。）

项目十四 PLC 与 Modbus 网络

Modbus 协议是应用于电子控制器上的一种通用语言，它定义了一个控制器能认识使用的消息结构，描述了控制器请求访问和回应其他设备的过程以及怎样侦测错误并记录，它制定了消息域格式和内容的公共格式。通过此协议，控制器相互之间、控制器经由网络（例如以太网）和其他设备之间可以通信，它已经成为一个通用工业标准，不同厂商遵循同一个协议生产的控制设备可以方便地连成一个网络，进行集中监控。本项目通过 PLC 和变频器之间的 Modbus-RTU 网络，介绍简单的网络控制。

14.1 训练准备

14.1.1 器材配置

OMRON PLC（CP1H）一台，计算机一台，RS-422A/485 选件板（CP1W-CIF11）一套，3G3MV 型变频器两台（至少两台），双绞线若干。

14.1.2 入门引导

1. Modbus-RTU 通信方式

Modbus 是 OSI 模型第 7 层上的应用层报文传输协议，在不同类型总线或网络的设备之间提供客户机/服务器通信。远程终端 RTU（Remote Terminal Unit）负责对现场信号、工业设备的监测和控制。RTU 将测得的状态或信号转换成可在通信媒体上发送的数据格式，它还将从中央计算机发送来的数据转换成命令，实现对现场设备的控制。

Modbus 协议把通信参与者分为一个主站（Master）和若干个从站（Slave），每个从站分配一个惟一的地址。数据和信息的通信遵从主/从模式，采用命令/应答的通信方式，通信时主站发出请求，从站应答请求并送回数据或状态信息。

Modbus 协议定义了一个与基础通信层无关的简单协议数据单元（PDU）。总线上的 Modbus 协议映射在应用数据单元（ADU）上引入一些附加域，如地址域和差错校验，ADU 的地址域中只含有从站地址，差错校验根据使用的传输模式（RTU 或 ASCII）采用不同的计算方法，串行链路上的 Modbus 帧如图 14-1 所示。

2. Modbus-RTU 网络结构

Modbus 协议可以方便地在各种网络体系结构内进行通信，具有 Modbus 通信接口的 PLC、HMI、控制面板、变频器、运动控制单元、I/O 等设备都能使用 Modbus 协议来启动远程操作，其常用的网络结构如图 14-2 所示。

3. 用于变频器的组网技术

以 1 台 PLC（CP1H-X40CDT）和 2 台（最多可达 31 台）变频器（3G3MV）的组网为例，介绍基于 Modbus-RTU 的变频器组网技术。

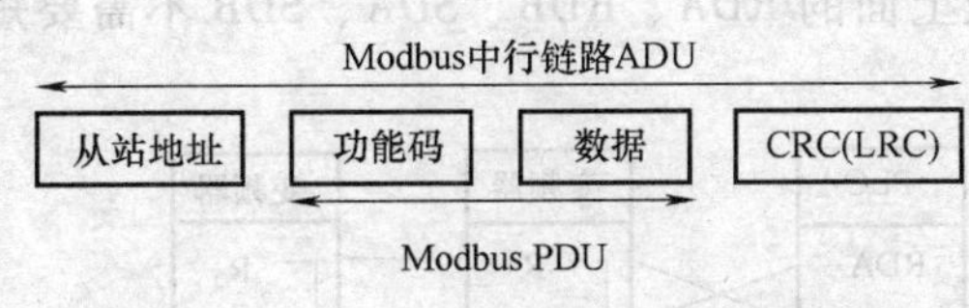

图 14-1　串行链路上的 Modbus 帧

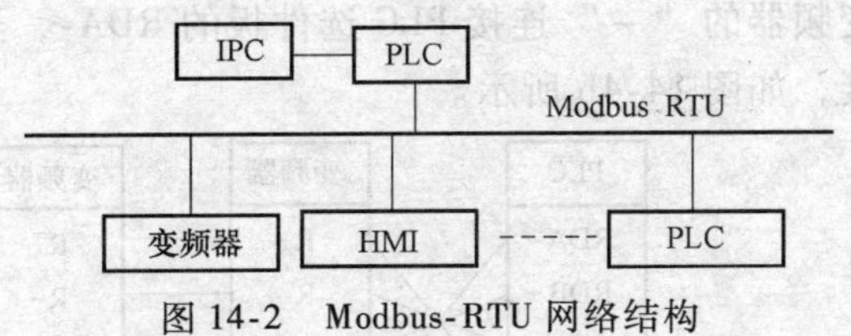

图 14-2　Modbus-RTU 网络结构

(1) IPC、PLC 和变频器的硬件连接　IPC 通过 RS-232 或 USB 接口和 PLC 连接，PLC 通过 RS-422A/485 选件板和变频器相连。

(2) 通信格式　通信速率为 9600bit/s；数据长度为 8 位；数据校验为偶校验；停止位为 1 位；通信协议为 Modbus（RTU 模式）。

(3) Modbus-RTU 主站　PLC 作为 Modbus-RTU 的主站，通过操作软件开关，来发送 Modbus-RTU 命令，达到控制变频器等 Modbus 从站设备的目的。主站 PLC 按指定编号发送控制信号，从站设备得到主站 PLC 的指令后，实施动作驱动，并把现场参数信号反馈给主站 PLC。PLC 通信设置和数据有 CIF11 DIP 开关、串口网关参数设置、通信数据及格式等。

(4) Modbus-RTU 从站　作为 Modbus-RTU 从站的变频器，通信设置和数据有终端电阻、通信参数和通信数据。

14.2　操作训练

1. 控制要求

通过安装在 CP1H 上的串行端口 2 向地址为 1 和 2 的变频器发送指令；和 0.04 相连接的开关是单机/双机起动选择开关 SK；在双机起动方式时，当按下和 0.01 相连接的按钮 SB1 时，能使和变频器 1、2 连接的电动机相继起动，分别以 30Hz 和 60Hz 运行；在单机起动方式时，当按下和 0.01 相连接的按钮 SB1 时，使和变频器 1 连接的电动机起动，以 30Hz 运行；当按下和 0.02 相连接的按钮 SB2 时，使和变频器 2 连接电动机以 60Hz 的频率运行；当按下和 0.03 相连接的按钮 SB3 时，两电动机停止转动。

要实现以上的控制要求，必须完成以下几个步骤：①PLC 和变频器之间的接线；②变频器开关设置，变频器通信参数设置；③PLC 插件 CIF11 开关设置、PLC 通信参数设置；④掌握 PLC 及变频器的通信数据及格式；⑤编写程序，通过 PLC 向变频器发送指令并接收数据。

2. PLC 和变频器的连接

PLC 通过 RS-422A/485 选件板和变频器（3G3MV）的连接如图 14-3 所示。以 RS-422 接线方式为例具体的接线如图 14-4a 所示。如采用 RS-485 通信，可将变频器侧 S+ 和 R+，S- 和 R- 分别短接；然后把变频器的“+”连接 PLC 选件板的 RDB+，

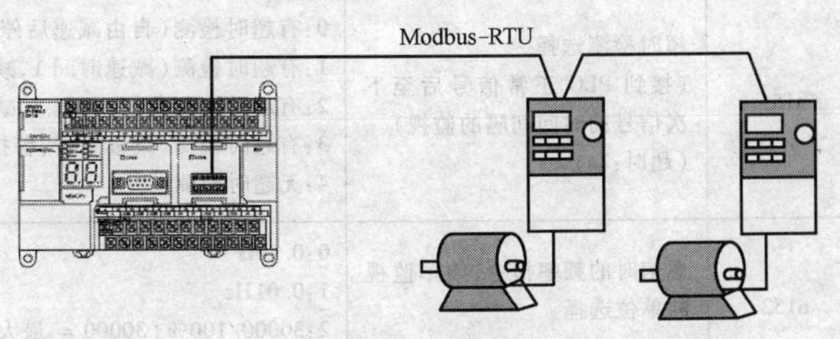

图 14-3　PLC（CP1H）和变频器（3G3MV）的连接

变频器的“-”连接PLC选件板的RDA-，选件板上面的RDA、RDB、SDA、SDB不需要短接，如图14-4b所示。

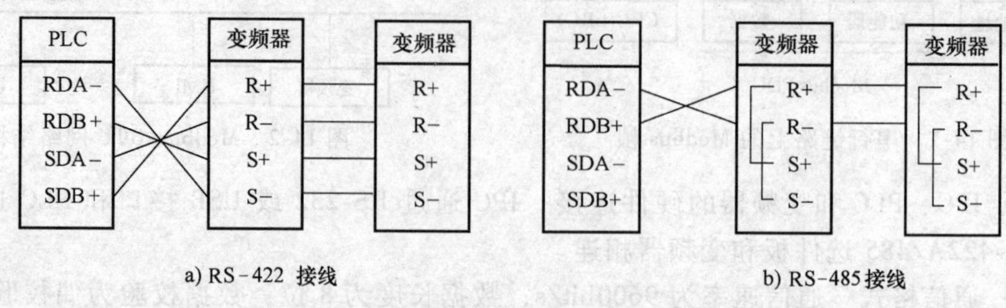

图14-4 PLC和变频器之间的接线方式

3. 变频器参数设置

（1）终端电阻 终端电阻的作用是消除在通信电缆中的信号反射。在RS-422、RS-485通信时，从PLC看终端变频器时，将SW2的ON/OFF开关放在ON侧，如图14-5所示。

（2）参数设置 与PLC通信时，需要设定与通信有关的参数，主要参数见表14-1，其中n152-n157在通信时不能进行设定，必在通信前进行设定。

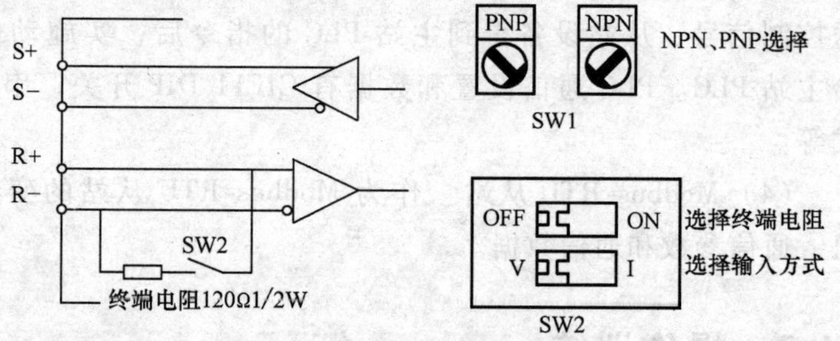

图14-5 串行通信接线端子

表14-1 变频器上设置的主要参数

参数No.	名称	说明	初期值	通信设置
n003	运行指令选择	0:操作器 1:控制回路端子 2:通信	0	2
n004	频率指令选择	0:旋钮(操作器) 1:频率指令1(n024) 2:控制回路端子(电压0~10V) 3:控制回路端子(电流4~20mA) 4:控制回路端子(电流0~20mA) 5:脉冲数 6:通信控制(寄存器编号0002H)	0	6
n151	超时检测选择 (接到PLC正常信号后至下次信号的时间间隔的监视) (超时:2s)	0:有超时检测(自由减速后停止) 1:有超时检测(减速时间1,减速停止) 2:有超时检测(减速时间2,减速停止) 3:有超时检测(继续运行,警报表示) 4:无超时检测	0	4
n152	通信时的频率指令,频率监视的单位选择	0:0.1Hz 1:0.01Hz 2:30000/100%(30000 = 最大输出频率) 3:0.1%	0	0

（续）

参数No.	名　称	说　明	初期值	通信设置
n153	驱动器地址	设定范围:0～32＊ 0:全部显示	0	第1台:1 第2台:2
n154	通信速度选择	0:2400bit/s 1:4800bit/s 2:9600bit/s 3:19200bit/s	2	2
n155	奇偶选择	0:偶数(E) 1:奇数(O) 2:无奇偶(N)	0	0
n156	发信等待时间	设定范围:10～65ms 设定单位:1ms	10ms	10ms
n157	RTS控制	0:有RTS控制 1:无RTS控制 (RS-422A:1对1传送时)	0	0

另将第1台变频器的加速时间设为3s（n019＝3.0）减速时间设为1s（n020＝1.0）；将第2台变频器的加速时间设为0s（由程序控制加速时间），减速时间仍设为1s。

4. PLC参数设置

(1) CIF11 DIP开关设定　1：ON；2：OFF（RS-422方式）；3：OFF（RS-422方式）；4：(空)；5：ON；6：ON。如果是RS—485通信，选件板上面的DIP开关，除了4号开关，其余的全部置成ON。

(2) 串口网关参数设置　在CX-P编程软件上的“切换工程工作区”内双击“设置”，选“串口2”，即可打开串口网关设置画面，如图14-6所示。在“通信设置”中选择“定制”，波特率为“9600”，格式为“8，1，E”；模式为“串口网关”。

5. PLC的通信数据及格式

Modbus-RTU简易主站用DM固定分配区域在以下的DM区域（串行端口1：D32200～D32249。串行端口2：D32300～D32349）记载了Modbus-RTU的指令。将“Modbus-RTU简易主站功能执行开关”由OFF→ON后，发送命令，应答则被保存到以下的DM区域（串行端口1：D32250～D32299。串行端口2：D32350～D32399）。具体内容见表14-2。

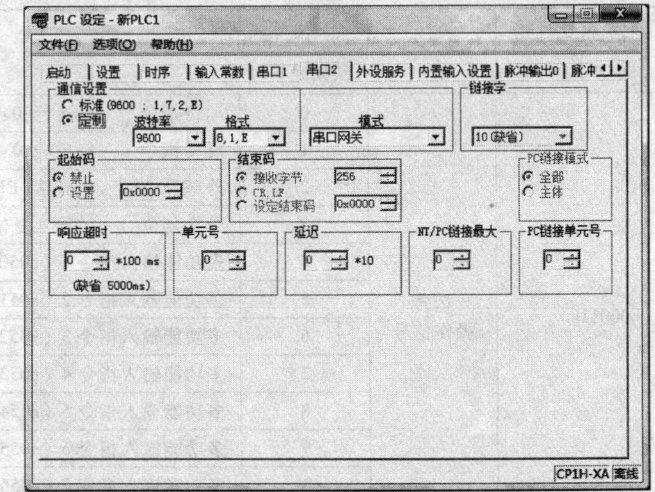

图14-6　串口网关的设置

表 14-2 串口通信设定内容一览表

通道		位		设定内容
串行端口 1	串行端口 2			
D32200	D32300	07 ~ 00	指令	从站地址（00 H ~ 1F H）
		15 ~ 08		系统保留（请设为 00H）
D32201	D32301	07 ~ 00		指令编号
		15 ~ 08		系统保留（请设为 00H）
D32202	D32302	15 ~ 00		通信数据字节数（0000 H ~ 005E H）
D32203 ~ D32249	D32303 ~ D32349	15 ~ 00		通信数据（最大 94 字节）
D32250	D32350	07 ~ 00	响应	从站地址（01 H ~ 1F H）
		15 ~ 08		系统保留（请设为 00H）
D32251	D32351	07 ~ 00		指令编号
		15 ~ 08		保留
D32252	D32352	07 ~ 00		出错代码
		15 ~ 08		系统保留（请设为 00H）
D32253	D32353	15 ~ 00		应答字节数（0000 H ~ 03EA H）
D32254 ~ D32299	D32354 ~ D32399	15 ~ 00		应答（最大 92 字节）

变频器地址为 0 ~ 31（00H ~ 1FH），设定为 0 时，同时一齐发送（变频器不响应）。表 14-2 中的指令编号有以下 3 种，03H 为保存内容读出，08H 为回路反馈测试，10H 为保存记录写入。当指令编号为 10H 时，通信过程中主控制器（CP1H PLC 等）对驱动器（3G3MV）发出指令，驱动器进行响应。随指令功能内容不同，数据部分的长度有所变化。

6. 变频器通信数据及格式

变频器的数据有显示数据（只可写入）、指令数据（可阅读及写入）和监视内容（只可阅读）。其中指令数据和监视内容见表 14-3、表 14-4。

表 14-3 指令数据

记录编号		位	内容
0000 H	预设完毕		
0001H	运转操作信号	0	运行指令 1:运行;0:停止
		1	反转指令 1:反转;0:正转
		2	外部异常 1:异常（EFO）
		3	异常复位 1:异常复位指令
		4	多功能输入指令 1（n050 功能选择）
		5	多功能输入指令 2（n051 功能选择）
		6	多功能输入指令 3（n052 功能选择）
		7	多功能输入指令 4（n053 功能选择）
		8	多功能输入指令 5（n054 功能选择）
		9	多功能输入指令 6（n055 功能选择）
		A	多功能输入指令 7（n056 功能选择）
		B ~ F	（未使用）

（续）

记录编号		位	内　容	
0002H			频率指令（单位按参数 n152）	
0003H			V/f 增益(1000/100%),设定范围:2.0% ~200.0%	
0004H ~0008H		0	多功能输入指令 1 (n057 =18 时有效)	1:MA “ON”
0009H		1	多功能输入指令 2 (n058 =18 时有效)	1:P1 “ON”
		2	多功能输入指令 3 (n059 =18 时有效)	1:P2 “ON”
		3 ~F	未使用	
000AH ~001FH	预设完毕			

表 14-4　监视内容

记录编号		位	内　容	
0020H	状态信号	0	运行中	1:运行中 0:停止中
		1	反转中	1:反转中 0:正转中
		2	变频器运转完毕	1:准备完毕 0:准备未完
		3	异常	1:异常
		4	数据设定错误	1:异常
		5	多功能输出指令 1	(1:MA ON。0:MA OFF)
		6	多功能输出指令 2	(1:P1 ON。0:OFF)
		7	多功能输出指令 3	(1:P2 ON。0:OFF)
		8 ~F	未使用	
0021H	异常内容	0	过电流(OC)	1:MA “ON”
		1	过电压(OV)	1:P1 “ON”
		2	变频器过载(OL2)	1:P2 “ON”
		3	变频器过热(OH)	
		4	(未使用)	
		5	(未使用)	
		6	PID 反馈丧失(FbL)	
		7	外部异常(EF, EFO), 紧急停止(STP)	
		8	硬件异常(FXX)	
		9	电动机过载(OL1)	
		A	过力矩检测(OL3)	
		B	(未使用)	
		C	停电(UV1)	
		D	控制电源异常(UV2)	
		E	MEMOBUS 通信超时(CE)	
		F	操作器连接异常(OPR)	

（续）

记录编号		位	内　容
0023H	频率指令(单位按参数 n152)		
0024H	频率指令(单位按参数 n152)		
0025H、0026H	预设完毕		
0027H	输出电流(10/1A)		
0028H	输出电压指令(1/1V)		
0029H～002AH	预设完毕		
002CH	变频器状态	0	运行中　　1:运行中
		1	零速中　　1:零速中
		2	频率一致　　1:一致
		3	轻故障中(报警表示中)
		4	频率检测 1　　1:输出频率≤(n095)
		5	频率检测 2　　1:输出频率≥(n095)
		6	变频器运行准备完毕　1:运行准备完毕
		7	低电压检测中　　1:低电压检测中
		8	基本封锁中　　1:变频器基本封锁中
		9	频率指令方式　　1:通信以外
		A	运行指令方式　　1:通信以外
		B	过力矩检测　　1:检测中或过力矩异常
		C	(未使用)
		D	异常复位再试中
		E	异常(包括 Memobus 通信超时)　　1:异常
		F	Memeobus 通信超时　1:超时
其余详见使用手册			

7. 通信程序编写

在完成了 PLC 和变频器之间的接线、变频器开关设置、变频器通信参数设置、PLC 插件 CIF11 开关设置、PLC 通信参数设置，了解了 PLC 及变频器的通信数据及格式后，即可编写程序，通过 PLC 向变频器发送指令并接收数据。

(1) 数据写入　如要求通过串行端口 2 向地址为 1 的变频器发送指令，使该变频器开始驱动所带的电动机以 60Hz 的频率开始转动。根据前面所述，向 D32300～32307 中传送以下数据见表 14-5。

表 14-5　向 D32300～32307 中传送的数据

通　道	数　据	说　明
D32300	0001	从站地址:1
D32301	0010	指令编号,记录写入
D32302	0009	发送字 9 个字节
D32303	0001	记录编号从 1 开始
D32304	0002	共 2 个记录
D32305	0400	04 为 2 个记录,共包含 4 个字节
D32306	0102	0001 为记录 1 的内容:运行
D32307	5800	0258 为记录 2 的内容:60Hz 的 16 进制表示

从表中看出，“运行指令”0001 安排在 D32305 的低八位和 D32306 的高八位，“频率指令”0258 安排在 D32306 的低八位和 D32307 的高八位，是分开填写的，这给后面的数据处理带来了困难。

（2）数据发送 在程序中将通过对以下的“Modbus-RTU 简易主站功能执行开关”的操作（OFF→ON），按照 DM 固定分配区域中设定的内容，Modbus-RTU 命令自动发出，正常结束/异常结束反映到标志上，见表 14-6，表中只列出了串行端口 1 的内容，串行端口 2 的通道为 A640 CH，其余相同。

表 14-6 “Modbus-RTU 简易主站功能执行开关”设定内容一览表

通 道	对象串行端口	位	设定内容
A641CH	串行端口 1	02	Modbus-RTU 简易主站功能执行出错结束标志 1:执行异常结束 0:执行正常结束或执行中
		01	Modbus-RTU 简易主站功能执行正常结束标志 0→1:执行开始 1:执行正常结束 0:执行异常结束或执行中
A640CH	串行端口 2	00	Modbus-RTU 简易主站功能执行开关 1:执行中 0:非执行中或执行结束

（3）梯形图 符合控制要求，通过软开关 A640.00 向变频器发送数据的梯形图如图 14-7所示。

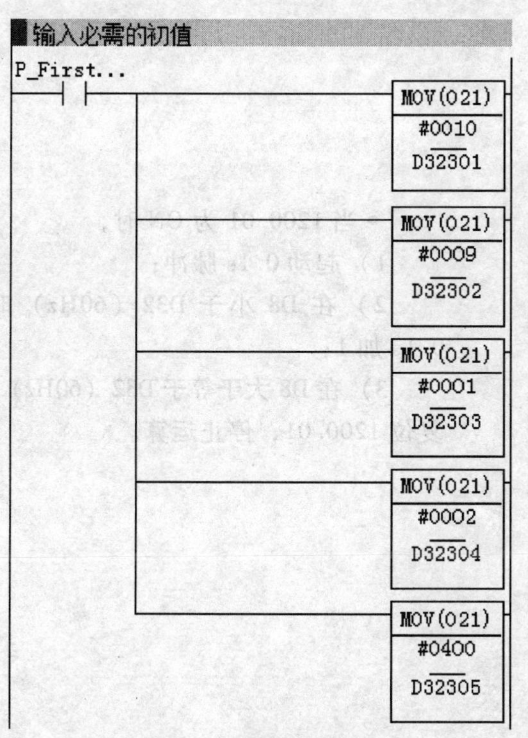

图 14-7 通信控制程序

● 输入必需的初值。包括指令编号（10）、发送字字节数（09）、记录编号（01）、记录个数（02）和记录字节数（04），这些数据不常变动，一开始运行就输入。

输入节点(1)、动作(起动)、频率30Hz)

I:0.01
1200.03
I:0.04
MOV(021) #1 D1
MOV(021) #1 D21
MOV(021) #30 D2
T0000
1200.03
TIM 0000 #1

• 输入节点号（1）、动作起动（1）、频率数据（30Hz）。这些数据需经常改动，单独输入，当然可用触摸屏或组态软件输入。

• 0.04 为单机/双机起动选择，当 0.04 闭合时，按下起动按钮（0.01），1200.03 得电并自锁，定时器开始定时，0.1s 后起动输入节点 2。

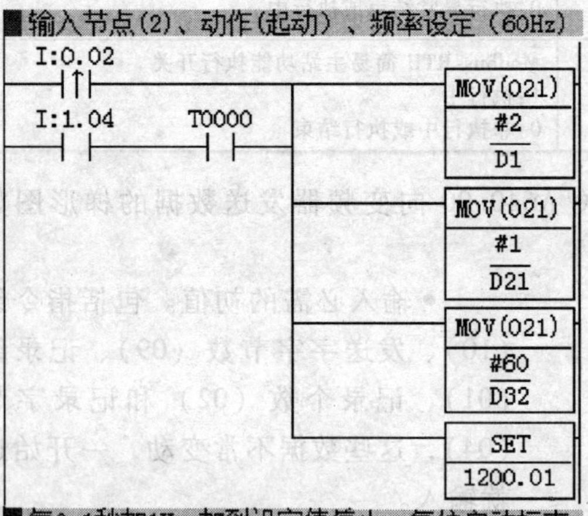

• 输入节点号（2）、动作起动（1）、频率数据（60Hz）。同时置位 1200.01，用于频率增加运算。

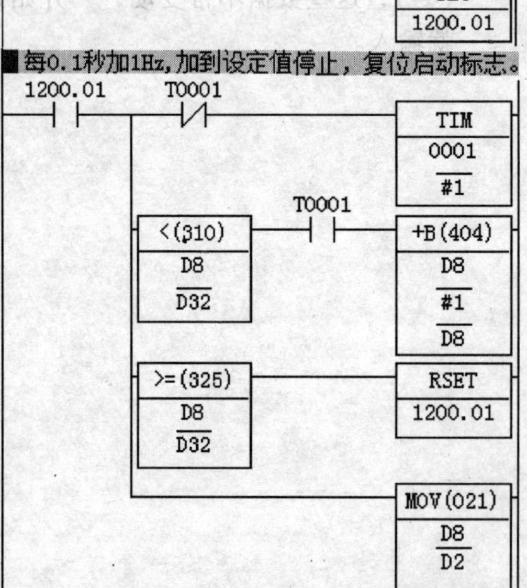

• 当 1200.01 为 ON 时，

1）起动 0.1s 脉冲；

2）在 D8 小于 D32（60Hz）时每 0.1s 加 1；

3）在 D8 大于等于 D32（60Hz）时，复位 1200.01，停止运算。

图 14-7 通信控制程序（续）

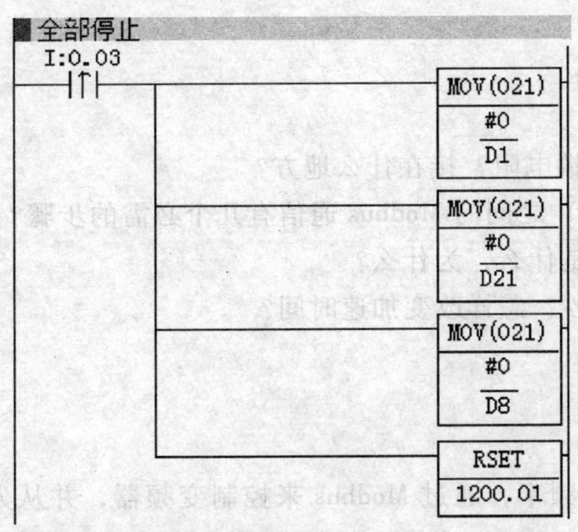

• 停止时，节点号为 0，动作数据为 0，全部停止。

• 同时对 D8 清零，复位 1200. 01。

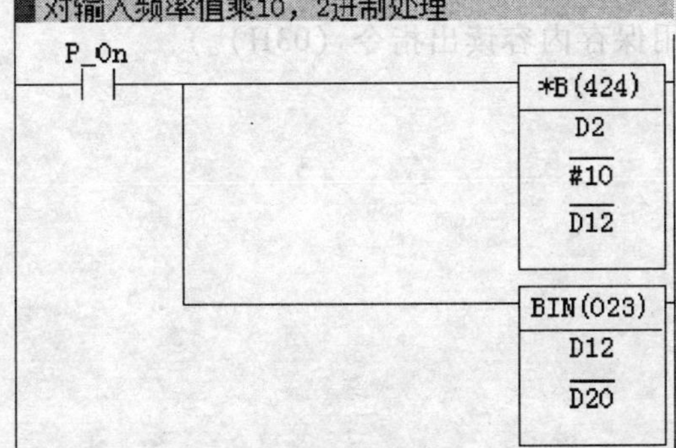

• 对输入频率值处理。通常输入的是十进制的频率数，还要乘倍率和转换成 2 进制数。

• 如 D2 = 60 时，那么 D12 = 600，D20 = 0258。

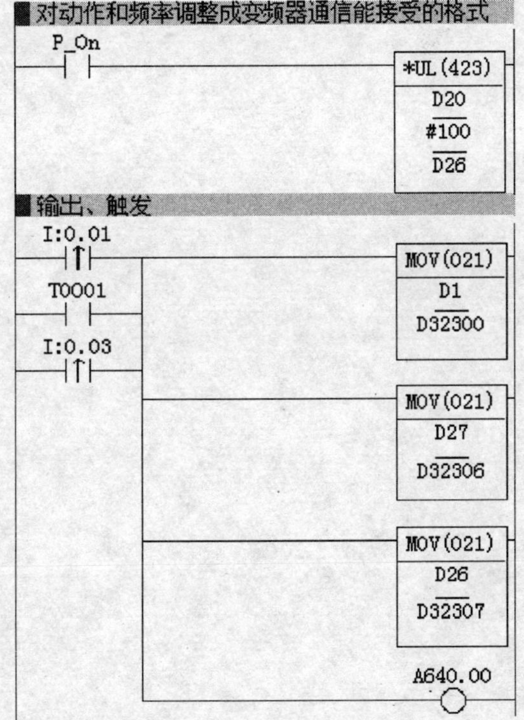

• 将 D21（0001）、D20（0258）乘以 100H，乘积存放在 D29（0000）、D28（0000）、D27（0102）、D26（5800），结果调整成变频器通信能接受的格式。

• 输出、触发。对照表 14-5，将节点、动作、频率数据传送到规定的数据存储器，并起动软开关。

图 14-7 通信控制程序（续）

14.3 回忆思考

1. 在组建 Modbus 网络时，为什么要接终端电阻？接在什么地方？
2. 完成 PLC（CP1H）和变频器（3G3MV）之间的 Modbus 通信有几个必需的步骤？
3. 图 14-7 中梯形图的倒数第二条的目的是什么，为什么？
4. 图 14-7 中输入节点 2 的加速时间是几秒？怎样改变加速时间？

14.4 拓展创新

使用人机交互界面，设置节点号、动作和频率，通过 Modbus 来控制变频器，并从人机交互界面上读出变频器的当前状态。

（提示：参见表 14-4 中监视内容，考虑使用保存内容读出指令（03H）。）

参考文献

[1] 戴一平. 可编程序控制器逻辑控制案例 [M]. 北京：高等教育出版社，2007.

[2] 张万忠，等. 可编程控制器入门及应用实例 [M]. 北京：中国电力出版社，2008.

[3] 姜治臻. PLC 项目实训 [M]. 北京：高等教育出版社，2008.

[4] 王阿根. PLC 控制程序精编 108 例 [M]. 北京：电子工业出版社，2009.

[5] 肖峰，贺哲荣. PLC 编程 100 例 [M]. 北京：中国电力出版社，2009.

[6] 李俊秀，赵黎明. 可编程控制器应用技术实训指导 [M]. 2 版. 北京：化学工业出版社，2010.

[7] 戴一平. 可编程控制器技术及应用 [M]. 2 版. 北京：机械工业出版社，2010.